珠江流域广西主要江河鱼类资源调查与研究

李桂峰 等 编著

U0213203

科学出版社

北 京

内 容 简 介

本书是作者近 5 年来对珠江流域广西主要江河进行鱼类资源调查研究的成果。全书共分 7 章,详细记述了珠江流域广西主要江河的生境概况、浮游生物、鱼类资源现状、主要鱼类资源生物学、鱼类群落及其多样性、主要大型水库鱼类资源评估、常见鱼类遗传多样性等相关研究内容,是目前介绍珠江流域广西主要江河鱼类资源较为系统的专著。

本书适合水产、生物多样性、鱼类资源保护等相关领域的科研人员与管理工作者阅读参考,也可供大专院校相关专业的研究生和教师使用。

图书在版编目(CIP)数据

珠江流域广西主要江河鱼类资源调查与研究/ 李桂峰等编著. —北京:
科学出版社,2020.3

ISBN 978-7-03-062153-5

Ⅰ. ①珠… Ⅱ. ①李… Ⅲ. ①珠江流域 – 鱼类资源 – 研究 – 广西
Ⅳ. ①S922.67

中国版本图书馆 CIP 数据核字(2019)第 181917 号

责任编辑:王海光 赵小林 / 责任校对:郑金红
责任印制:吴兆东 / 封面设计:北京图阅盛世文化传媒有限公司

科 学 出 版 社 出版

北京东黄城根北街 16 号
邮政编码:100717
http://www.sciencep.com

北京盛通商印快线网络科技有限公司 印刷
科学出版社发行 各地新华书店经销

*

2020 年 3 月第 一 版 开本:787×1092 1/16
2020 年 3 月第一次印刷 印张:16
字数:376 000

定价:148.00 元
(如有印装质量问题,我社负责调换)

前　言

　　广西内陆江河大部分隶属于珠江流域，其鱼类资源是珠江流域鱼类资源的重要组成部分，同时也是维系珠江(广西)水域生态系统稳定不可缺少的组成部分。据 20 世纪 80 年代初《广西壮族自治区内陆水域渔业自然资源调查研究报告》记载，珠江(广西)流经多种地质地貌生境，流域共有鱼类 209 种，是珠江流域中生境多样性、群落多样性、物种多样性最丰富的地区，珠江(广西)流域是珠江鱼类资源与鱼类种质资源的重要保护地。珠江(广西)流域鱼类资源不仅丰富，在特殊、多样的生境条件下，其鱼类资源还具有独特的代表性。记载中的唇鲮、大眼鳜、鳡、倒刺鲃、草鱼、乌原鲤、斑鳠、卷口鱼、结鱼等在 20 世纪 80 年代初是珠江(广西)流域中的特有种、优势种、常见种，丰富的渔获多样性成为当时江河鱼类捕捞与江河鱼类资源结构的重要特征。

　　珠江(广西)流域鱼类资源的系统调查最早源自 20 世纪 80 年代初，在原农牧渔业部水产局和原广西农业自然资源区划委员会的支持下，广西壮族自治区水产科学研究院(原广西水产研究所)组织科研力量，历时 4 年，开展了系统的珠江(广西)流域鱼类自然资源调查研究，获取了大量珍贵的调查资料，在此基础上形成的《珠江水系渔业资源》与《广西壮族自治区内陆水域渔业自然资源调查研究报告》成为后人开展珠江(广西)流域鱼类资源保护与利用的重要参考资料。此后 30 余年，有关珠江(广西)流域鱼类资源局部和零星的调查工作一直没有间断，但系统全面的珠江(广西)流域鱼类调查与评估工作却一直没有开展。30 余年来，珠江(广西)流域生境多样性的格局发生了显著变化，从而使鱼类群落多样性、江河鱼类资源结构发生了显著的改变，局部和零星的调查结果显示：不论是渔获组成、渔获量，还是江河渔业的形式等均与历史调查结果有很大不同。

　　为系统理清当前珠江流域鱼类资源状况，以及今后开展包括广西在内的珠江流域鱼类资源保护和发展工作提供科学依据，2013 年，原农业部科教司通过设立公益性行业(农业)科研专项"珠江及其河口渔业资源评价和增殖养护技术研究与示范"，开展了新一轮为期 5 年的珠江流域鱼类资源调查与评价的科考工作。

　　自项目立项以来，中山大学、广西壮族自治区水产科学研究院、华南农业大学等单位及有关科研人员，反复深入珠江(广西)流域鱼类资源调查站点，通过实验科考、现场记录、随船调查、数据分析、查阅历史资料等多种方式，获取了大量的本底调查资料与数据。为了与 20 世纪 80 年代初的鱼类资源调查结果具有最大限度的可比性，本次调查基本保留原来的所有调查站点设置，并在传统的调查方法基础上，采用了先进的声学、分子生物学、统计分析、水下影像、标志识别等技术与方法，丰富了分析内容与调查结果。在传统调查结果的基础上，增加了常见鱼类的种质资源遗传分析、典型水域重要鱼类资源与行为的声学评估、鱼类多样性及鱼类群落组成分析结果等。基于调查结果，弄清了珠江(广西)流域鱼类资源状况；获得了珠江(广西)流域常见鱼类的种质资源遗传信息、浮游生物组成、大型水库重要鱼类资源评估技术、人工生境对土著鱼类资源保护效果等一批具有重要科学价值的成果。

值本书出版之际，感谢 5 年来共同参与珠江(广西)流域鱼类资源调查工作的各个单位及各位同事，是大家的精诚合作、努力工作与无私付出，使我们收获了本书的成果。感谢农业农村部科技教育司(原国家农业部科教司)、广西壮族自治区科学技术厅、原广西壮族自治区水产畜牧兽医局对本研究的支持。感谢有害生物控制与资源利用国家重点实验室、原农业部重要经济鱼类健康养殖综合技术研发创新团队、水生经济动物良种繁育广东省重点实验室、广东省重要经济鱼类健康养殖工程技术研究中心对本研究提供的帮助。

李桂峰

2019 年 8 月 31 日

目　　录

第一章 生 境 概 况

第一节 水 系 分 布

珠江流域广西境内河流纵横，西江干流横贯广西中部，由南盘江、红水河、黔江、浔江、西江等河段组成；主要支流有郁江、柳江、桂江、贺江等。主要江河概况如下。

一、南盘江

全长 914km，发源于云南省曲靖市乌蒙山余脉马雄山东麓，流经曲靖、陆良、宜良、开远、弥勒等县市。

二、红水河

全长 659km，发源于云南省曲靖市沾益区马雄山，南流至开远折而东，至望谟县与北盘江汇合，因流经红色砂页岩层，水色红褐而得名(周解，2006)。

三、黔江

全长 122km，发源于广西壮族自治区象州县石龙镇三江口与柳江汇合处，至桂平市郁江河口结束，上游为红水河段，下游为浔江段。

四、浔江

全长 172km，发源于广西壮族自治区桂平市区三角咀黔江、郁江汇合口，流经桂平市、平南县、藤县、苍梧县、梧州市等县市，在梧州市桂江汇入后即称西江。

五、西江

全长 2214km，南盘江与红水河为西江上游，黔江与浔江为中游，梧州以下为下游，以下至珠海市磨刀门为河口段。

六、郁江

全长 1179km，其上源分为左右二江，二者在邕宁区宋村汇合后至横县河段称为邕江，汇武鸣河入横县至桂平江段称为郁江。

(一)右江

全长 417km，发源于云南省广南县龙山，上游干流为西洋江，与西林的驮娘江汇合后至云南省的剥隘称为剥隘河，入广西后称右江，沿途有普宁河、乐里河、澄碧河、龙须河汇入(郑慈英，1989)。

（二）左江

全长 1152km，发源于越南与广西交界的枯隆山，在我国境内长 470km，上游是平而河，源于越南谅山市北岑，主要支流有明江、水口河、黑水河。左江流经百色、南宁，至桂平与黔江相汇流入浔江(郑慈英，1989)。

七、柳江

全长 539km，发源于贵州省独山县更顶山，上游称都柳江，入广西三江县老堡后称融江，流至柳城县凤山汇龙江后称柳江。流经广西的三江、融安、融水、柳城、柳江、象州等 6 县市，至象州石龙与红水河汇合流入黔江，主要支流有龙胜的寻江和鹿寨的洛清江。

八、桂江

全长 438km，发源于广西兴安县的猫儿山，上游称漓江，与荔浦河、恭城河汇合后称桂江，经昭平与思勤江汇合，经梧州注入浔江(周解，2006；覃永义等，2014)。

九、贺江

全长 352km，发源于广西富川瑶族自治县麦岭乡黄沙岭，流经富川瑶族自治县、钟山县、八步区，至广东封开县江口镇注入西江下游。

第二节　气候与水文特征

一、气候类型

广西属亚热带季风气候区，"立体气候"明显，小气候生态环境多样化，日照适中，冬短夏长，北部夏季长达 4～5 个月，冬季仅 2 个月左右；南部从 5 月到 10 月均为夏季，冬季不足 2 个月，全年日照时长为 1400～2000h，各地区年均气温较高，除北部和西北部高山地区外，年均气温从桂北往桂南递增，由河谷平原向丘陵山区递减，年均气温为16.5～23.1℃，各地极端最高气温为 33.7～42.5℃，极端最低气温为−8.4～2.9℃(李增崇和罗绍鹏，2001)。

二、径流量特征

广西境内河流以雨量补给类型为主，各地降水分布不均；多年平均降水量约为 3628亿 m³，折合降水深度为 1533.1mm，为全国平均降水深度(648mm)的 2.37 倍。受西南暖湿气流和北方变性冷气团的交替影响，暴雨洪涝气象等灾害较为常见。境内河流有规律的汛期，集中了江河径流量的 70%～80%。贺江等桂东北河流汛期多出现于 3～8 月，浔江、右江等桂西南河流的汛期多发生在 5～10 月，红水河、柳江、左江、郁江、黔江、西江等桂中诸河流汛期多发生在 4～9 月。近年来，由于建设了大量的水利枢纽和电站，2014 年珠江水系广西境内主要江河(桂江、郁江、右江、左江)年均水位分别为 129.4m、47.5m、245.8m、93.8m，相比 1981 年水位统计结果(分别为 141.5m、62.8m、110.3m、

106.2m），2014 年除右江流域水位大幅升高外，其他流域水位均有所下降；2014 年各流域年均流量分别为 254.3m³/s、1274.6m³/s、157.2m³/s、267.2m³/s，相比 1981 年各流域年均流量统计结果（分别为 256m³/s、1420m³/s、221m³/s、348m³/s），2014 年各流域年均流量统计结果均呈下降趋势。

主要江河水文站近年水文数据特征如下。

红水河迁江站：多年平均径流量为 696 亿 m³，平均径流深为 543.1mm。汛期为 4～9 月，径流量为 544 亿 m³，占年径流量的 78.16%。最大径流量出现在 7 月，达 141 亿 m³；最枯径流量出现在 3 月，只有 12.6 亿 m³。河流平均含沙量迁江站为 0.67kg/m³，侵蚀模数为 316t/km²；天峨站含沙量达 0.91kg/m³，侵蚀模数为 444t/km²。近 30 年来，红水河含沙量虽然呈下降趋势，但仍是广西含沙量最高的河流。

郁江贵港站：多年平均径流量为 479 亿 m³，径流深为 545.7mm。汛期为 5～10 月，径流量为 400 亿 m³，占年径流量的 83.51%。河流平均含沙量为 0.34kg/m³，侵蚀模数为 107t/km²。

柳江柳州站：多年平均径流量为 410 亿 m³，径流深为 871.0mm。汛期为 4～9 月，径流量为 335 亿 m³，占年径流量的 81.71%。河流平均含沙量为 0.11kg/m³，侵蚀模数为 92.4t/km²，是西江水系四大支流中含沙量最少的支流。

桂江桂林站：多年平均径流量为 42.4 亿 m³，径流深为 1481.8mm。汛期为 4～7 月，径流量为 28.4 亿 m³，占年径流量的 66.98%。河流平均含沙量为 0.092kg/m³，侵蚀模数为 129t/km²。

桂江马江站：多年平均径流量为 175 亿 m³，径流深为 1020.7mm。汛期为 3～8 月，径流量为 145.2 亿 m³，占年径流量的 82.97%。河流平均含沙量为 0.13kg/m³，侵蚀模数为 129t/km²。桂江上游汛期为 4 个月，下游达 6 个月。

贺江信都站：多年平均径流量为 64.4 亿 m³，径流深为 1015.5mm。汛期为 3～8 月，径流量为 49.4 亿 m³，占年径流量的 76.71%。河流平均含沙量为 0.24kg/m³，侵蚀模数为 234t/km²，含沙量较大。

第三节　渔业环境概况

一、水质状况

广西内陆水域水质状况较好，包括珠江流域在内的 68 条主要河流、12 座水库水质监测结果显示：水质整体上以 I～III 类为主，pH 的变动范围为 6.4～8.5。监测发现，与 20 世纪 80 年代调查结果相比，2014 年桂江、郁江、右江各流域总磷与氨氮浓度均明显降低（左江氨氮浓度除外）。2014 年的调查结果为：全流域年均氨氮浓度为 0.117mg/L，年均总磷浓度为 0.031mg/L。20 世纪 80 年代的调查结果为：全流域年均氨氮浓度为 0.129mg/L，年均总磷浓度为 0.057mg/L（广西壮族自治区水利厅，2014）。

二、初级生产力

广西境内主要水域初级生产力与历史调查数据相比有较明显变化。

20 世纪 80 年代农牧渔业部水产局(尤炳赞,1986)进行的珠江全流域资源调查数据显示,西江和浔江初级生产力水平最高[2.261mg C/(m^3·h)],其次为红水河[0.582mg C/(m^3·h)]、桂江[0.536mg C/(m^3·h)]和郁江[0.535mg C/(m^3·h)],各江段初级生产力均值达到 1.235mg C/(m^3·h)(广西壮族自治区水产研究所,1984)。21 世纪初,广西各位点调查结果显示,红水河初级生产力变动范围为 0.216~0.435mg C/(m^3·h);黔江初级生产力变动范围为 0.258~1.025mg C/(m^3·h);浔江初级生产力变动范围为 0.144~1.274mg C/(m^3·h)。

第四节　水工建设与开发

广西境内现有水库 4556 座(大型水库 61 座,中型水库 231 座,小型水库 4264 座),总库容 717.99 亿 m^3。其中,已建水库 4537 座,总库容 663.97 亿 m^3;在建水库 19 座,总库容 54.02 亿 m^3(陆炳群,2013)。

一、尚未开发的江河概况

广西江河开发强度较高,郁江干流河段已全部开发。

桂江流域未开发河段约 104km。其中溶江镇到阳朔段约 80km,旺村梯级以下至桂江口约 24km。

黄泥河口以下的红水河干流至西江梧州桂粤界首段(含黔江、浔江、西江),全长约 1170km,未开发的河段 214km。其中,红水河桥巩梯级以下至红水河口 68km,黔江 122km,浔江长洲枢纽以下至浔江末端 14km,西江梧州至界首 10km。

柳江干流未开发河段有 168km,其中都柳江黔桂省界至洋溪河段 66km,柳江红花电站以下至柳江末端河段 102km。

二、主要水利工程概况

红水河干流规划 11 级开发方案。已建天生桥一级、天生桥二级、平班、龙滩、岩滩、大化、百龙滩、乐滩、桥巩和长洲 10 个梯级电站。大藤峡梯级在建。

郁江干流广西河段规划弄瓦、百色、东笋、那吉、鱼梁、金鸡滩、老口、邕宁、西津、贵港和桂平 11 个梯级。已建百色、东笋、那吉、鱼梁、金鸡滩、西津、贵港和桂平 8 个梯级。老口、邕宁、弄瓦 3 个梯级在建。

柳江干流广西河段长 456km,规划有梅林、洋溪、麻石、浮石、古顶、大埔、红花 7 个梯级,已建有麻石、浮石、古顶、大埔、红花 5 个梯级电站,各梯级电站均为低水头径流式电站,已开发的河段长 288km。

桂江干流规划采用斧子口等 8 级开发方案。第一段溶江镇以上,主要兴建水源水库;第二段溶江镇到阳朔县;第三段阳朔县到梧州市。桂江恭城河汇入以下至桂江河口,规划的巴江口、昭平、下福、白沙、京南、旺村 6 个梯级已全部建成,开发河段长 195km。

第二章 浮 游 生 物

第一节 浮 游 植 物

广西主要江河浮游植物种类丰富，隶属 140 属，其中绿藻门 70 属，硅藻门 32 属，蓝藻门 20 属，裸藻门、甲藻门、黄藻门、金藻门各 4 属，红藻门 2 属。以江段计，南盘江 61 属、红水河 62 属、黔江 49 属、浔江 86 属、柳江 96 属、郁江 96 属、桂江 91 属、左江 74 属、右江 77 属、西江 74 属、贺江 50 属。各门属数所占比例：绿藻门 50.00%，硅藻门 22.86%，蓝藻门 14.29%，裸藻门、甲藻门、黄藻门和金藻门各占 2.86%，红藻门 1.43%。直链藻属、小环藻属、卵形藻属、异极藻属、舟形藻属、双菱藻属、转板藻属、水绵属、裸藻属、囊裸藻属等为广西各江段浮游植物优势属（表 2-1）（广西壮族自治区水产研究所，1984）。

表 2-1　广西主要江河常见浮游植物名录与分布

分类地位	江河										
	南盘江	红水河	黔江	浔江	柳江	郁江	桂江	左江	右江	西江	贺江
硅藻门 BACILLARIOPHYTA											
直链藻属 *Melosira*	+	+	+	+	+	+	+	+	+	+	+
小环藻属 *Cyclotella*	+	+	+	+	+	+	+	+	+	+	+
冠盘藻属 *Stephanodiscus*		+	+			+			+	+	
根管藻属 *Rhizosolenia*					+	+					
四棘藻属 *Attheya*				+		+					
三角藻属 *Triceratium*		+		+	+	+	+	+	+	+	+
平板藻属 *Tabellaria*	+				+		+			+	
脆杆藻属 *Fragilaria*	+	+	+	+	+	+	+	+	+	+	+
针杆藻属 *Synedra*	+	+	+	+	+	+	+	+	+	+	
星杆藻属 *Asteionella*	+	+	+	+	+	+	+	+	+	+	
短缝藻属 *Eunotia*	+	+			+	+		+		+	+
曲壳藻属 *Achnanthes*	+	+	+	+	+	+	+	+	+	+	+
卵形藻属 *Cocconeis*	+	+	+	+	+	+	+	+	+	+	+
双眉藻属 *Amphora*		+	+		+	+	+	+	+	+	
桥弯藻属 *Cymbella*	+	+	+	+	+	+	+	+	+	+	+
异极藻属 *Gomphonema*	+	+	+	+	+	+	+	+	+	+	+
茧形藻属 *Amphiprora*	+			+		+		+	+	+	
胸隔藻属 *Mastogloia*							+	+		+	

续表

分类地位	江河										
	南盘江	红水河	黔江	浔江	柳江	郁江	桂江	左江	右江	西江	贺江
布纹藻属 Gyrosigma			+	+	+	+	+	+	+	+	+
羽纹藻属 Pinnularia	+	+	+	+	+	+	+	+	+	+	+
舟形藻属 Navicula	+	+	+	+	+	+	+	+	+	+	+
棒杆藻属 Rhopalodia	+	+	+	+	+	+	+				
窗纹藻属 Epithemia	+		+	+	+	+			+		+
棍形藻属 Bacillaria	+	+	+	+	+	+	+	+	+	+	+
菱形藻属 Nitzschia	+	+	+	+	+	+	+	+	+	+	+
波纹藻属 Cymatopleura	+			+		+			+	+	
菱板藻属 Hantzschia				+					+	+	
双菱藻属 Surirella	+	+	+	+	+	+	+	+	+	+	+
马鞍藻属 Campylodiscus		+	+	+	+	+	+	+	+	+	
肋缝藻属 Frustulia							+				
美壁藻属 Calonris							+				
双壁藻属 Diploneis	+										
蓝藻门 CYANOPHYTA											
蓝纤维藻 Dactylococcopsis	+	+	+	+	+	+	+	+	+	+	+
平裂藻属 Merismopedia				+	+	+	+	+		+	+
索球藻属 Gomphosphaeria							+				
腔球藻属 Coelosphaerium				+	+	+					
微囊藻属 Microcystis	+	+		+	+	+	+	+	+	+	+
隐杆藻属 Aphanothece									+		
色球藻属 Chroococcus	+			+	+	+	+	+	+		
粘杆藻属 Gloeothece	+	+				+	+		+	+	+
颤藻属 Oscillatoria	+	+	+	+	+	+	+	+	+	+	+
螺旋藻属 Spirulina	+	+	+	+	+	+	+	+	+	+	+
席藻属 Phormidium	+		+	+	+	+	+		+	+	+
鞘丝藻属 Lyngbya	+			+	+	+	+	+			
拟鱼腥藻属 Anabaenopsis				+							
鱼腥藻属 Anabaena				+	+	+	+	+			
念珠藻属 Nostoc			+		+	+	+	+	+		
须藻属 Homoeothrix				+	+		+	+	+		+
胶须藻属 Rivularia					+		+		+		
眉藻属 Calothrix		+					+	+	+	+	
顶胞藻属 Gloeotrichia	+	+		+	+		+				
微毛藻属 Microchaete						+			+		

续表

分类地位	江河										
	南盘江	红水河	黔江	浔江	柳江	郁江	桂江	左江	右江	西江	贺江
绿藻门 CHLOROPHYTA											
衣藻属 *Chlamydomonas*	+	+	+	+	+	+	+	+	+	+	
四鞭藻属 *Carteria*	+						+			+	
盘藻属 *Gonium*				+	+	+		+		+	
实球藻属 *Pandorina*						+				+	
团藻属 *Volvox*						+		+	+	+	
杂球藻属 *Pleodorina*							+	+	+		
空球藻属 *Eudorina*			+	+	+	+	+	+	+	+	+
星球藻属 *Asterococcus*			+		+						
球囊藻属 *Sphaerocystis*					+	+					+
四胞藻属 *Tetraspora*										+	+
小椿藻属 *Characium*		+									
角棘藻属 *Tetraedron*	+						+	+	+		
顶棘藻属 *Chodatella*		+								+	+
伏氏藻属 *Franceia*							+		+		
多芒藻属 *Golenkinia*					+				+	+	
四棘藻属 *Treubaria*	+	+		+	+		+			+	
小球藻属 *Chlorella*			+	+	+		+		+		
四集藻属 *Quadrigula*	+										
绿球藻属 *Chlorococcum*				+			+	+		+	
蹄形藻属 *Kirchneriella*					+	+					
两胞藻属 *Oocystis*					+						
肾胞藻属 *Nephrocytium*							+				
纤维藻属 *Ankistrodesmus*	+	+		+	+	+	+	+	+	+	+
聚镰藻属 *Selenastrum*					+		+				
十字藻属 *Crucigenia*		+		+	+	+	+	+	+	+	
网球藻属 *Dictyosphaerium*					+	+	+	+			
韦氏藻属 *Westella*				+		+			+		
双形藻属 *Dimorphococcus*						+					
水网藻属 *Hydrodictyon*	+	+	+	+	+	+	+	+		+	+
栅列藻属 *Scenedesmus*	+	+		+	+	+	+		+	+	+
四星藻属 *Tetrastrum*	+				+		+			+	
盘星藻属 *Pediastrum*	+	+	+	+	+	+	+	+	+	+	+
集星藻属 *Actinastrum*		+		+	+	+	+	+		+	
腔星藻属 *Coelastrum*				+	+	+	+		+		

分类地位	江河										
	南盘江	红水河	黔江	浔江	柳江	郁江	桂江	左江	右江	西江	贺江
微胞藻属 Microspora	+	+		+		+	+				
丝藻属 Ulothrix	+	+	+	+	+	+		+	+	+	+
毛枝藻属 Stigeoclonium	+	+	+	+	+	+	+	+			
竹枝藻属 Draparnaldia		+	+	+	+				+		
鞘藻属 Oedogonium		+		+	+	+	+		+	+	+
基枝藻属 Basicladia				+		+				+	
根枝藻属 Rhizoclonium		+	+	+	+	+			+		
刚毛藻属 Cladophora	+	+		+	+	+	+	+	+		+
双星藻属 Zygnema	+			+	+	+			+		
转板藻属 Mougeotia	+	+	+	+	+	+	+	+	+	+	+
水绵属 Spirogyra	+	+	+	+	+	+	+	+	+	+	+
膝接藻属 Zygogonium		+	+	+		+		+		+	+
柱形鼓藻属 Penium				+		+	+				
新月鼓藻属 Closterium	+	+	+	+	+	+	+	+	+	+	+
宽带鼓藻属 Pleurotaenium		+		+	+					+	
角星鼓藻属 Staurastrum	+			+	+	+	+	+	+	+	+
凹顶藻属 Euastrum				+	+	+		+	+		
微星鼓藻属 Micrasterias	+		+	+	+	+	+	+	+	+	+
鼓藻属 Cosmarium	+	+	+	+	+	+	+	+	+	+	+
多棘鼓藻属 Xanthidium				+	+	+				+	
顶接鼓藻属 Spondylosium					+	+	+	+			
圆丝鼓藻属 Hyalotheca					+	+	+	+			
四角鼓藻属 Phymatodocis					+	+		+	+		
角丝鼓藻属 Desmidium				+	+		+				
角星藻属 Cerasterias				+						+	
浮球藻属 Planktosphaeria				+	+						
双月藻属 Dicloster					+						
柯氏藻属 Chodatella					+						
拟新月藻属 Closteriopsis					+						
鞘丝藻属 Lyngbya					+					+	
棒形鼓藻属 Gonatozygon					+						
筒接藻属 Cylindrocystis							+				
双形藻属 Dimophococcus						+					
四鞭藻属 Tetrablepharis							+				
拟双星藻属 Zygnemopsis							+				

续表

分类地位	江河										
	南盘江	红水河	黔江	浔江	柳江	郁江	桂江	左江	右江	西江	贺江
黑胞藻属 *Pithophora*							+				
裸藻门 EUGLENOPHYTA											
裸藻属 *Euglena*	+	+	+	+	+	+	+	+	+	+	+
囊裸藻属 *Trachelomonas*	+	+	+	+	+	+	+	+	+	+	+
扁裸藻属 *Phacus*				+	+	+	+	+			
柄裸藻属 *Colacium*	+	+	+	+				+	+	+	
甲藻门 PYRROPHYTA											
隐藻属 *Cryptomonas*	+	+	+	+	+	+	+	+	+	+	+
多甲藻属 *Peridinium*	+	+	+	+			+	+	+	+	+
光甲藻属 *Glenodinium*	+					+		+		+	
角甲藻属 *Ceratium*	+		+	+	+		+	+	+	+	+
黄藻门 XANTHOPHYTA											
黄丝藻属 *Tribonema*		+				+	+	+			+
球柄藻属 *Stipitococcus*	+	+			+	+	+	+		+	
葡萄藻属 *Botryococcus*			+	+		+					
蛇胞藻属 *Ophiocytium*									+		
金藻门 CHRYSOPHYTA											
椎囊藻属 *Dinobryon*	+	+	+	+		+	+		+		+
鱼鳞藻属 *Mallomonas*		+		+	+	+		+			
金囊藻属 *Chrysocapsa*				+	+						
合尾藻属 *Synura*						+					
红藻门 RHODOPHYTA											
奥杜藻属 *Audouinella*	+	+	+	+		+	+	+	+	+	+
串珠藻属 *Batrachospermum*							+				

注:"+"代表该属物种在该地区有分布

第二节 浮 游 动 物

广西主要江河浮游动物种类丰富,共计 275 种,其中枝角类 66 种、桡足类 53 种、原生动物 74 种、轮虫 82 种。以江段计,南盘江 52 种、红水河 45 种、黔江 50 种、柳江 130 种、左江 113 种、右江 96 种、郁江 113 种、西江 72 种、桂江 90 种、贺江 42 种。短尾秀体溞、颈沟基合溞、吻状异尖额溞、锯缘真剑水蚤、毛饰拟剑水蚤、针刺匣壳虫、螺形龟甲轮虫等为广西各江段浮游动物优势种。柳江浮游动物种类最丰富(130 种),枝角类有 41 种、桡足类有 17 种、原生动物有 30 种、轮虫有 42 种(表 2-2)(广西壮族自治区水产研究所,1984)。

表 2-2　广西主要江河常见浮游动物名录与分布

分类地位	江河										
	南盘江	红水河	黔江	浔江	柳江	郁江	桂江	左江	右江	西江	贺江
枝角类 Cladocera											
仙达溞科 Sididae											
晶莹仙达溞 *Sidacry stallina*				+	+	+				+	
秀体溞 *Diaphanosoma* sp.					+	+				+	
短尾秀体溞 *D. brachyurum*	+	+	+	+	+	+	+	+	+	+	+
双棘伪仙达溞 *Pseudosida bidentata*							+				
溞科 Daphniidae											
溞 *Daphnia* sp.		+		+			+			+	
蚤状溞 *D. pulex*							+				
短钝溞 *D. obtusa*				+			+				
长刺溞 *D. longispina*				+	+		+		+		
僧帽溞 *D. cucullata*						+	+				+
老年低额溞 *Simocephalus vetulus*		+	+	+	+	+	+	+	+	+	+
网纹溞 *Ceriodaphnia* sp.	+	+	+			+	+		+	+	+
钩弧网纹溞 *C. lenodaphnia*							+		+		
角突网纹溞 *C. cornuta*				+	+	+			+	+	+
宽尾网纹溞 *C. laticaudata*						+	+				
平突船卵溞 *Scapholeberis mucronata*					+	+	+		+		
壳纹船卵溞 *S. kingi*		+	+	+	+	+	+	+	+	+	+
裸腹溞科 Moinidae											
裸腹溞 *Moina* sp.	+	+	+				+			+	
微型裸腹溞 *M. micrura*				+	+	+	+		+	+	
多刺裸腹溞 *M. macrocopa*							+				
双卵裸腹溞 *M. geei*							+				
象鼻溞科 Bosminidae											
象鼻溞 *Bosmina* sp.		+	+	+	+	+			+	+	
长额象鼻溞 *B. longirostris*	+			+	+	+	+			+	
简弧象鼻溞 *B. coregoni*			+	+	+	+				+	+
颈沟基合溞 *Bosminopsis deitersi*		+	+	+	+	+	+		+	+	+
粗毛溞科 Macrothricidae											
泥溞 *Ilyocryptus* sp.							+				
底栖泥溞 *I. sordidus*		+		+					+		
活泼泥溞 *I. agilis*				+				+		+	+
寡刺泥溞 *I. spinifer*				+							

分类地位	江河										
	南盘江	红水河	黔江	浔江	柳江	郁江	桂江	左江	右江	西江	贺江
粗毛溞 *Macrothrix* sp.	+	+	+	+	+	+	+	+	+	+	
粉红粗毛溞 *M. rosea*					+					+	
多刺粗毛溞 *M. spinosa*	+				+				+	+	
宽角粗毛溞 *M. laticornis*				+	+			+		+	+
盘肠溞科 Chydoridae											
直额弯尾溞 *Camptocercus rectirostris*			+	+	+	+	+			+	+
东方宽额溞 *Euryalona orientalis*						+					
大尾溞 *Leydigia* sp.					+	+	+	+		+	
无刺大尾溞 *L. acanthocercoides*					+	+	+	+	+	+	
粗刺大尾溞 *L. leydigii*									+	+	
纤毛大尾溞 *L. ciliata*									+		
龟状笔纹溞 *Graptoleberis testudinaria*			+			+	+	+			
尖额溞 *Alona* sp.	+	+	+	+	+	+	+	+		+	
隅齿尖额溞 *A. karua*					+						
奇异尖额溞 *A. eximia*				+	+			+	+		+
中型尖额溞 *A. intermedia*	+				+			+	+		
方形尖额溞 *A. quadrangularis*	+				+				+	+	
近亲尖额溞 *A. affinis*	+				+		+		+		
秀体尖额溞 *A. diaphana*					+						
点滴尖额溞 *A. guttata*	+				+				+	+	+
肋形尖额溞 *A. costata*								+	+		
巾帼尖额溞 *A. virago*							+				
美丽尖额溞 *A. pulchella*						+					
瘤突尖额溞 *A. verrucosa*					+						
环纹细额溞 *Oxyurella singalensis*					+				+		
异形单眼溞 *Monospilus dispar*							+		+	+	
吻状异尖额溞 *Disparalona rostrata*	+	+	+	+	+	+	+	+	+	+	+
球形锐额溞 *Alonella globulosa*							+		+		
棘突靴尾溞 *Dunhevedia crassa*	+		+		+				+		
平直溞 *Pleuroxus* sp.	+				+				+		
三角平直溞 *P. trigonellus*	+							+	+		
异形平直溞 *P. assimilis*								+			
光滑平直溞 *P. laevis*					+						
盘肠溞 *Chydorus* sp.	+	+	+		+	+	+	+	+	+	
圆形盘肠溞 *C. sphaericus*			+		+		+	+	+		

续表

分类地位	江河										
	南盘江	红水河	黔江	浔江	柳江	郁江	桂江	左江	右江	西江	贺江
卵形盘肠溞 *C. ovalis*			+	+				+		+	
锯唇盘肠溞 *C. barroisi*								+			
球形伪盘肠溞 *Pseudochydorus globosus*		+		+			+		+		
大眼独特溞 *Dadaya macrops*				+							
桡足类 Copepods											
伪镖水蚤科 Pseudodiaptomidae											
指状许水蚤 *Schmackeria inopinus*										+	
杓状许水蚤 *S. spatulata*			+	+			+			+	+
镖水蚤科 Diaptomidae											
交指拟镖水蚤 *Paradiaptomus greeni*				+							
翼突舌镖水蚤 *Ligulodiaptomus alatus*						+					
锥肢蒙镖水蚤 *Mongolodiaptomus birulai*					+				+	+	
镰钩明镖水蚤 *Heliodiaptomus falxus*			+		+	+			+	+	
薄片明镖水蚤 *H. lamellatus*						+					
大型中镖水蚤 *Sinodiaptomus sarsi*						+					
右突新镖水蚤 *Neodiaptomus schmackeri*					+		+		+	+	+
长江新镖水蚤 *N. yangtsekiangensis*				+		+				+	
舌状叶镖水蚤 *Phyllodiaptomus tunguidus*			+	+	+	+	+		+	+	+
凶猛甲镖水蚤 *Argyrodiaptomus ferus*				+		+					
岩洞甲镖水蚤 *A. cavernicolax*						+					
叶颚猛水蚤科 Phyllognathopodidae											
叶颚猛水蚤 *Phyllognathopus* sp.										+	
猛水蚤科 Harpacticidae											
湖泊拟猛水蚤 *Harpacticella lacustris*						+					
异足猛水蚤科 Canthocamptidae											
异足猛水蚤 *Canthocamptus* sp.	+							+	+	+	
高加索瘦猛水蚤 *Bryocamptus. zschokkei caucasicus*						+					
棘猛水蚤 *Attheyella* sp.	+					+	+			+	
伊兰猛水蚤 *Elaphoidella* sp.						+	+				
花冠伊兰猛水蚤 *E. bidens coronata*	+			+						+	
老丰猛水蚤科 Laophontidae											
模式有爪猛水蚤 *Onychocamptus mohammed*				+	+						

续表

分类地位	江河										
	南盘江	红水河	黔江	浔江	柳江	郁江	桂江	左江	右江	西江	贺江
短角猛水蚤科 Cletodidae											
窄肢湖角猛水蚤 Limnocletodes angustodes				+							
苗条猛水蚤科 Parastenocarididae											
苗条猛水蚤 Parastenocaris sp.		+									
长腹剑水蚤科 Oithonidae											
窄腹剑水蚤 Limnoithona sp.	+										
剑水蚤科 Cyclopidae											
宽足咸水剑水蚤 Halicyclops latus							+				
中华咸水剑水蚤 H. sinensis					+	+				+	
大剑水蚤 Macrocyclops sp.	+						+	+			
白色大剑水蚤 M. albidus				+			+	+			
锯缘真剑水蚤 Eucyclops serrulatus serrulatus	+	+	+	+	+	+	+	+	+	+	+
近剑水溞 Tropocyclops sp.								+	+	+	
绿色近剑水蚤 T. prasinus					+	+					
泽西近剑水蚤 T. jerseyensis					+						
毛饰拟剑水蚤 Paracyclops fimbriatus	+	+	+	+	+	+	+	+	+	+	+
胸饰外剑水蚤 Ectocyclops phaleratus					+	+				+	
剑水蚤 Cyclops sp.							+				
近邻剑水蚤 C. vicinusvicinus						+					
棘剑水蚤 Acanthocyclops sp.								+			
克里刺剑水蚤 A. crassicaudiscretensis				+			+	+		+	
小剑水蚤 Microcyclops sp.	+			+	+	+	+	+	+	+	
跨立小剑水蚤 M. varicans					+	+		+	+	+	
微红小剑水蚤 M. rubellus					+						
等形小剑水蚤 M. subaequalis								+			
异剑水蚤 Apocyclops sp.							+				
后剑水蚤 Metacyclops sp.				+			+	+			
广布中剑水蚤 Mesocyclops leuckarti		+	+	+	+	+	+		+	+	+
温剑水蚤 Thermocyclops sp.					+		+			+	+
台湾温剑水蚤 T. taihokuensis			+				+	+	+		
蒙古温剑水蚤 T. mongolicus			+			+	+				
透明温剑水蚤 T. hyalinus							+				
等刺温剑水蚤 T. kawamurai							+				
虫宿温剑水蚤 T. vermifer									+		

续表

分类地位	江河										
	南盘江	红水河	黔江	浔江	柳江	郁江	桂江	左江	右江	西江	贺江
短尾温剑水蚤 *T. brevifurcatus*						+					
无节幼体	+	+	+	+	+	+	+	+	+	+	+
原生动物 Protozoa											
表壳科 Arcellidae											
表壳虫 *Arcella* sp.	+	+		+	+	+		+	+	+	
砂壳科 Difflugiidae											
瓜形虫 *Cucurbitella* sp.		+		+	+	+		+	+		+
砂壳虫 *Difflugia* sp.	+	+	+	+		+	+	+		+	
尖顶砂壳虫 *D. acuminata*				+	+	+				+	
圆钵砂壳虫 *D. urceolata*	+	+		+	+	+	+	+			
冠晃砂壳虫 *D. corona*				+				+			
藻壳砂壳虫 *D. bacillariarum*								+			
梨形砂壳虫 *D. pyriformis*		+		+	+	+	+	+			+
叶口砂壳虫 *D. lobostoma*			+		+	+		+		+	
壶形砂壳虫 *D. lebes*					+	+		+			
粗糙砂壳虫 *D. horrida*	+							+			
球形砂壳虫 *D. globulosa*					+					+	
偏孔砂壳虫 *D. constricta*										+	
太阳科 Actinophryidae											
太阳虫 *Actinophrys sol*				+							
变形科 Amoebidae											
变形虫 *Amoeba* sp.	+	+			+	+		+	+		
辐射变形虫 *A. radiosa*		+		+				+			
栉毛科 Didiniidae											
焰毛虫 *Askenasia* sp.		+									
鼻栉毛虫 *Didinium nasutum*		+									
双环栉毛虫 *D. bolbianii*	+	+		+	+	+		+	+	+	+
栉毛虫 *D.* sp.	+		+	+	+	+			+		
滚动焰虫 *Askenasia volvox*										+	
缨球虫 *Cyclotrichium* sp.				+	+						
榴弹科 Colepidae											
榴弹虫 *Coleps* sp.					+						
多毛榴弹虫 *C. hirtus*					+				+		
八刺榴弹虫 *C. octospinus*					+						
纯毛科 Holophryidae											

分类地位	江河										
	南盘江	红水河	黔江	浔江	柳江	郁江	桂江	左江	右江	西江	贺江
匕口虫 *Lagynophtya* sp.										+	
泡形纯毛虫 *Holophrya vesiculosa*	+						+	+	+	+	
纯毛虫 *H.* sp.									+		
袋形虫 *Bursella* sp.					+						
天鹅长吻虫 *Lacrymaria olor*							+	+			+
裂口科 Amphileptidae											
片状漫游虫 *Litonotus fasciola*										+	
前口科 Frontoniidae											
前口虫 *Frontonia leucax*	+				+		+			+	
帆口科 Pleuronematidae					+						
瓜形膜袋虫 *Cyclidium citrullus*					+	+					
单一膜袋虫 *C. singulare*	+								+		
纵长膜袋虫 *C. elongatum*							+				
筒壳科 Tintinnidae											
似铃壳虫 *Tintinnopsis* sp.			+		+		+	+	+	+	
筒壳虫 *Tintinnidium* sp.							+	+	+		
锥形似铃壳虫 *T. conicus*					+	+					
湖沼似铃壳虫 *T. lacustris*						+			+		
王氏似铃壳虫 *T. wangi*	+			+		+					
拟急游虫 *Strombidinosis* sp.				+					+		
钟形科 Vorticellidae											
钟形虫 *Vorticella* sp.	+	+					+		+		
污钟虫 *V. putrina*		+									
迈氏钟形虫 *V. mayerii*		+									
小口钟虫 *V. microstoma*		+									
沟钟虫 *V. convallaria*					+						
春钟虫 *V. vernalis*					+						
累枝科 Epistylidae											
小盖虫 *Opercularis minima*		+									+
累枝虫 *Epistylis* sp.	+	+	+		+	+			+		+
褶累枝虫 *Epistylis plicatilis*					+						
匣壳科 Centropyxidae											
针刺匣壳虫 *Centropyxis aculeata*	+	+	+	+	+	+	+	+	+	+	+
压缩匣壳虫 *C. constricta*									+		
无刺匣壳虫 *C. ecornis*	+								+		

续表

分类地位	江河										
	南盘江	红水河	黔江	浔江	柳江	郁江	桂江	左江	右江	西江	贺江
匣壳虫 *C*. sp.	+	+	+	+	+	+		+	+	+	+
四膜科 Tetrahymenidae											
梨形四膜虫 *Tetrahymena priformis*				+	+	+	+	+			
田膜科 Turaniellidae											
弯豆形虫 *Colpidium campylum*	+					+		+			
弹跳科 Halteriidae											
急游虫 *Strombidium* sp.						+		+		+	
圆口科 Tracheliidae											
伪多核虫 *Pseudodileptus* sp.								+			
Heterophryidae科											
多足异足虫 *Heterophrys myriapoda*						+					
楯纤科 Aspidiscidae											
棘刺楯纤虫 *Aspidisca aculeata*									+		+
肾形科 Colpodidae											
僧帽肾形虫 *Colpoda cucullus*									+		+
游仆科 Euplotidae											
游仆虫 *Euplotes* sp.									+		
刺胞科 Acanthocystidae											
刺胞虫 *Acanthocysyis* sp.											+
尖毛科 Oxytrichidae											
近亲殖口虫 *Gonostomum affine*			+								
草履科 Parameciidae											
草履虫 *Paramecium* sp.				+				+			
大草履虫 *P. caudatum*									+		
双核草履虫 *P. aurelia*										+	
戎装科 Chlamydodontidae											
钩刺斜管虫 *Chilodonella uncinata*										+	
侠盗科 Strobididae											
侠盗虫 *Strobilidium* sp.											+
鳞壳科 Euglyphidae											
有刺鳞壳虫 *Euglypha acanthophora*						+					
鳞壳虫 *Euglypha* sp.					+	+					
矛状鳞壳虫 *E. laevis*						+					
未定科											
楔颈虫 *Sphenoderia* sp.				+							

续表

分类地位	江河										
	南盘江	红水河	黔江	浔江	柳江	郁江	桂江	左江	右江	西江	贺江
盾滴虫 *Thylacomonas* sp.									+		
轮虫 Rotifera											
旋轮科 Philodinidae											
转轮虫 *Rotaria rotatoria*					+				+		
臂尾轮科 Brachionidae											
钩状狭甲轮虫 *Colurella uncinata*							+				
双尖钩状狭甲轮虫 *C. bicuspidata*			+	+				+			
狭甲轮虫 *C.* sp.					+				+	+	
半圆鞍甲轮虫 *Lepadella apsida*	+										
鞍甲轮虫 *L.* sp.			+	+	+	+			+	+	
盘状鞍甲轮虫 *L. patella*			+		+						
卵形鞍甲轮虫 *L. ovalis*			+		+			+			
近距多棘轮虫 *Macrochaetus subquadritus*							+	+			
多棘轮虫 *M.* sp.							+	+			
方块鬼轮虫 *Trichotria tetractis*	+	+	+		+		+				
台杯鬼轮虫 *T. pocillum*					+		+	+			
鬼轮虫 *T.* sp.	+	+			+		+				
蒲达臂尾轮虫 *Brachionus budapestiensis*		+							+		
萼花臂尾轮虫 *B. calyciflorus*		+					+	+			
矩形臂尾轮虫 *B. leydigi*		+			+	+	+	+			+
花篋臂尾轮虫 *B. capsuliflorus*					+		+	+			
角突臂尾轮虫 *B. angularis*					+						
剪形臂尾轮虫 *B. forficula*					+		+				+
镰形臂尾轮虫 *B. falcatus*					+		+				
臂尾轮虫 *B.* sp.		+	+		+	+	+	+	+		+
裂足轮虫 *Schizocerca diversicornis*					+	+	+	+	+		
四角平甲轮虫 *Platyias quadricornis*					+			+		+	+
十指平甲轮虫 *P. militaris*				+	+	+					
腹棘管轮虫 *Mytilina ventralis*			+		+				+		
侧扁棘管轮虫 *M. compressa*								+			
台式合甲轮虫 *Diplois daviesiae*								+			
竖琴须足轮虫 *Euchlanis lyra*					+						
须足轮虫 *E.* sp.			+	+	+				+		+
大肚须足轮虫 *E. dilatata*							+	+			

续表

分类地位	江河										
	南盘江	红水河	黔江	浔江	柳江	郁江	桂江	左江	右江	西江	贺江
三翼须足轮虫 E. triquetra						+		+			
透明须足轮虫 E. pellucida								+			
裂痕龟纹轮虫 Anuraeopsis fissa								+			
螺形龟甲轮虫 Keratella cochlearis		+	+	+	+	+	+	+	+	+	+
矩形龟甲轮虫 K. quadrata				+					+		
曲腿龟甲轮虫 K. valga	+			+			+	+	+		+
唇形叶轮虫 Notholca labis			+	+	+	+	+	+			
尖削叶轮虫 N. acuminata				+	+						
鳞状叶轮虫 N. squamula								+			
盖氏轮虫 Kellicottia sp.									+		
腔轮科 Lecanidae											
月形腔轮虫 Lecane luna				+	+		+	+	+	+	
腔轮虫 L. sp.			+	+		+		+	+		
蹄形腔轮虫 L. ungulata				+				+			
尾片腔轮虫 L. leontina								+			
单趾轮虫 Monostula sp.	+		+	+	+	+	+	+	+	+	+
四齿单趾轮虫 M. quadridentata					+			+			
尖角单趾轮虫 M. hamata								+			
尖趾单趾轮虫 M. closterocerca					+			+			
囊形单趾轮虫 M. bulla	+			+			+	+	+		
精致单趾轮虫 M. elachis								+			
晶囊轮科 Asplancchnidae											
晶囊轮虫 Asplanchna sp.				+	+	+		+	+	+	+
前节晶囊轮虫 A. priodonta	+			+				+		+	
盖氏晶囊轮虫 A. girodi									+		
椎轮科 Notommatidae											
小巨头轮虫 Cephalodella exigna					+	+					
巨头轮虫 C. sp.					+						
高跷轮虫 Scaridium longcaudum	+							+	+		
腹尾轮科 Gastropodidae											
腹足腹尾轮虫 Gastropus hyptopus					+	+					
腹尾轮虫 C. sp.									+		
彩胃轮虫 Chromogaster sp.					+	+					
弧形彩胃轮虫 C. testudo									+		
无柄轮虫 Ascomorpha sp.			+	+	+	+		+	+		

续表

分类地位	江河										
	南盘江	红水河	黔江	浔江	柳江	郁江	桂江	左江	右江	西江	贺江
舞跃无柄轮虫 A. saltans	+						+	+			
鼠尾轮科 Trichocercidae											
韦氏同尾轮虫 Diurella weberi			+								
同尾轮虫 D. sp.			+		+		+		+		
腕状同尾轮虫 D. brachyura								+			
冠饰异尾轮虫 Trichocerca lophoessa				+	+	+	+				
异尾轮虫 T. sp.				+	+	+		+	+		
长刺异尾轮虫 T. longiseta					+	+					
暗小异尾轮虫 T. pusilla					+			+			
疣毛轮科 Synchaetidae											
针簇多肢轮虫 Polyarthra trigla					+			+			
多肢轮虫 P. sp.						+	+		+		
皱甲轮虫 Ploesoma sp.	+		+				+				
截头皱甲轮虫 P. truncatum			+								
郝氏皱甲轮虫 P. hudsoni						+	+				
晶体皱甲轮虫 P. lenticulare						+		+			
镜轮科 Testudinellidae											
镜轮虫 Testudinella sp.					+	+			+		
奇异巨腕轮虫 Pedalia mira	+										
臂三肢轮虫 Filinia brachiata					+	+					
三肢轮虫 F. sp.					+						
长三肢轮虫 F. longiseta					+			+			
聚花轮科 Conochilidae											
聚花轮虫 Conochilus sp.					+						
团状聚花轮虫 C. hippocrepis					+						

注：“+”代表该物种在该地区有分布

第三章 鱼类资源现状

珠江流域广西主要江河鱼类资源丰富。20 世纪 80 年代,珠江流域广西主要江河(桂江、郁江、右江、左江、红水河、柳江等)共调查有鱼类 165 种(陆奎贤,1990)。近年来,有关广西主要江河鱼类资源调查结果显示:鱼类资源结构发生了显著的改变,如在左江,鱼类资源日益衰退,渔获物呈现种类少、个体小、渔获量少的特点(李增崇和罗绍鹏,2001);在右江田阳、田东江段鱼类资源调查中,共记录鱼类 44 种,且外来物种在渔获物中所占比例较大,威胁着土著鱼类的生存(周辉明等,2011);在桂江主要江段调查中,鲤形目鱼类占绝对优势,拦河筑坝改变了土著鱼类的栖息环境,使鱼类群落结构发生了改变(覃永义等,2014)。

为系统地弄清珠江流域广西主要江河鱼类资源现状,我们在 2013～2015 年(以下简称为"本次调查")对珠江流域广西主要江河的鱼类资源进行了多次调查和深入分析,调查位点包括兴安、桂平、隆安、扶绥、天峨、三江、白垢等 37 个位点(表 3-1)。

表 3-1 广西主要江河鱼类资源调查位点分布

流域	桂江	郁江	右江	左江	红水河	柳江	贺江
调查位点	兴安(S1)	桂平(S7)	隆安(S10)	扶绥(S19)	天峨(S24)	三江(S29)	白垢(S34)
	潭下(S2)	贵港(S8)	平果(S11)	崇左(S20)	东兰(S25)	融水(S30)	南丰(S35)
	阳朔(S3)	横县(S9)	田东(S12)	宁明(S21)	来宾(S26)	融安(S31)	贺街(S36)
	恭城(S4)		田阳(S13)	龙州(S22)	都安(S27)	柳城(S32)	富川(S37)
	平乐(S5)		百色(S14)	靖西(S23)	巴马(S28)	象州(S33)	
	昭平(S6)		田林(S15)				
			弄瓦(S16)				
			西林(S17)				
			德保(S18)				

注:S1～S37 分别代表 37 个调查位点

结果显示,珠江流域广西主要江河共有鱼类 158 种(附录 1),隶属于 9 目 26 科 103 属。其中鲤形目 108 种,占鱼类总物种数的 68.35%;鲇形目 22 种,鲈形目 17 种,分别占鱼类总物种数的 13.92%、10.76%;其余各目物种数共占鱼类总物种数的 6.96%(表 3-2)。

本次调查与 20 世纪 80 年代调查相比,未见物种 46 种(主要包括暗色唇鲮、秉氏爬岩鳅、赤魟、大刺鳅等);新增物种 39 种(主要包括斑点叉尾鮰、多条鳍吸口鲇、条纹鲮脂鲤、露斯塔野鲮等);共有物种 119 种(附录 2)。

表3-2　珠江流域广西主要江河鱼类分类(目、科、属、种)

目	科	属	种
鲱形目	1	1	1
鲑形目	1	2	2
合鳃鱼目	2	2	3
鲤形目	3	72	108
鲈形目	7	10	17
鳗鲡目	1	1	2
鲇形目	8	12	22
鲀形目	1	1	1
脂鲤目	2	2	2
合计	26	103	158

本次调查各主要江河的鱼类种类组成、丰度、生物量等分析结果如下。

第一节　桂　江

一、鱼类种类组成

桂江共记录鱼类 83 种,隶属于 6 目 19 科 59 属(附录 1)。与 20 世纪 80 年代调查到的 137 种鱼类相比,本次调查未见物种有 66 种,主要包括漓江鳜、鳡、瓣结鱼等;新增物种 12 种,主要包括柳州鳜、斑点叉尾鲴、革胡子鲇等;共有物种 71 种,主要包括鲤、鲫、鳘等(附录 3)。

在 20 世纪 80 年代的调查和本次调查中,桂江鱼类分类组成均以鲤形目、鲇形目、鲈形目为主,鲤形目种类组成占绝对优势。本次调查较 20 世纪 80 年代鲤形目物种数所占比例下降了 11.80 个百分点;鲈形目物种数所占比例增加了 4.97 个百分点;鲇形目物种数所占比例增加了 5.92 个百分点(表 3-3)。

表3-3　桂江各目鱼类百分比(%)组成

	鲤形目	鲇形目	鲈形目	鲑形目	合鳃鱼目	鲱形目	鳗鲡目	鲻形目
20 世纪 80 年代	74.45	10.95	9.49	0.73	2.19	0.73	0.73	0.73
2013~2015 年	62.65	16.87	14.46	1.20	3.61	0.00	1.20	0.00

本次调查鲤形目鱼类 52 种,主要包括 3 科 15 亚科,较 20 世纪 80 年代减少了 50 种,减少的主要为鲃亚科、野鲮亚科、沙鳅亚科等鱼类。本次调查中,鮈亚科、鲌亚科、鲃亚科鱼类在鲤形目鱼类组成中所占比例分别为 25.00%、17.31%、11.54%;在 20 世纪 80 年代的调查中,三者在鲤形目鱼类组成中所占比例分别为 17.65%、12.75%、16.67%。本次调查中,鲃亚科与野鲮亚科鱼类在鲤形目中所占比例分别下降了 5.13 个百分点和 3.99 个百分点;而鮈亚科、鲌亚科鱼类在鲤形目鱼类中所占比例分别升高了 7.35 个百分点和 4.56 个百分点(图 3-1)。

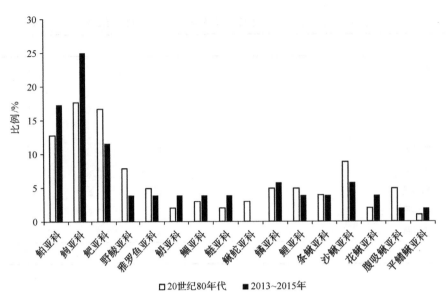

图 3-1　桂江鲤形目主要亚科鱼类百分比组成

二、鱼类丰度组成

(一)年度鱼类丰度组成

桂江的鱼类资源结构中(表 3-4)，年度累积鱼类丰度百分比＞20%的种类有 5 种(鳘、黄颡鱼、宽鳍鱲、泥鳅和中华沙塘鳢)，为桂江鱼类丰度优势种，占鱼类物种数的 6%。上述种类年度鱼类丰度百分比分别为 6.44%、11.08%、6.46%、12.94%和 5.48%，累积鱼类丰度百分比占桂江年度总鱼类丰度的 42.4%。泥鳅、黄颡鱼、宽鳍鱲、鳘、中华沙塘鳢、鲫、银鮈、瓦氏黄颡鱼、带半刺光唇鱼、黄鳝、马口鱼、子陵吻虾虎鱼、高体鳑鲏、大眼华鳊、粗唇鮠、鲤、大刺鳅、南方拟鳘、海南似鱎、刺鳅、斑鳢、点纹银鮈、鲇、斑鳜、广西副鳈、中国少鳞鳜 26 种鱼类累积丰度百分比占桂江年度鱼类丰度的 90.85%，其他种类累积丰度百分比不足 10%。

表 3-4　桂江各季节鱼类丰度百分比(%)组成

种名	春季	夏季	秋季	冬季	平均
暗斑银鮈 *Squalidus atromaculatus*	0.00	0.19	0.00	0.00	0.05
白肌银鱼 *Leucosoma chinensis*	0.00	0.00	0.00	0.09	0.02
斑点叉尾鮰 *Ictalurus punctatus*	0.00	0.44	0.00	0.00	0.11
斑鳜 *Siniperca scherzeri*	1.00	0.71	0.53	2.37	1.15
斑鳠 *Mystus guttatus*	1.02	2.23	1.00	1.74	1.50
斑鳢 *Channa maculata*	0.27	0.30	0.27	0.43	0.32
斑纹薄鳅 *Leptobotia zebra*	0.00	0.00	0.01	0.00	0.00
棒花鱼 *Abbottina rivularis*	0.07	0.08	0.08	0.37	0.15
鳊 *Parabramis pekinensis*	0.04	0.06	0.00	0.00	0.03

续表

种名	春季	夏季	秋季	冬季	平均
波纹鳜 *Siniperca undulata*	0.00	0.00	0.00	0.02	0.00
鳘 *Hemiculter leucisculus*	1.53	7.96	8.82	7.45	6.44
草鱼 *Ctenopharyngodon idellus*	0.25	0.18	0.47	0.36	0.32
侧条光唇鱼 *Acrossocheilus parallens*	0.65	0.04	0.16	0.00	0.21
叉尾斗鱼 *Macropodus opercularis*	0.00	0.60	0.36	0.04	0.25
唇鲭 *Hemibarbus labeo*	0.00	0.08	0.16	0.00	0.06
刺鳅 *Mastacembelus aculeatus*	1.16	2.71	2.08	0.26	1.55
粗唇鮠 *Leiocassis crassilabris*	1.15	1.58	4.68	1.88	2.32
大刺鳅 *Mastacembelus armatus*	2.41	2.61	1.99	0.61	1.90
大鳍鳠 *Mystus macropterus*	0.07	0.00	0.00	0.05	0.03
大眼鳜 *Siniperca kneri*	0.00	0.10	0.01	0.00	0.03
大眼华鳊 *Sinibrama macrops*	2.18	1.59	2.57	3.38	2.43
带半刺光唇鱼 *Acrossocheilus hemispinus cinctus*	2.93	2.66	2.02	6.54	3.54
倒刺鲃 *Spinibarbus denticulatus denticulatus*	0.01	0.01	0.01	0.03	0.01
点纹银鮈 *Squalidus wolterstorffi*	0.37	2.68	0.76	0.97	1.19
福建纹胸鮡 *Glyptothorax fukiensis fukiensis*	0.10	0.08	0.00	0.54	0.18
高体鳑鲏 *Rhodeus ocellatus*	5.43	1.52	1.03	1.90	2.47
革胡子鲇 *Clarias gariepinus*	0.00	0.00	0.03	0.00	0.01
光倒刺鲃 *Spinibarbus hollandi*	0.07	0.13	0.19	0.39	0.19
广西副鱲 *Paracheilognathus meridianus*	3.39	0.06	1.00	0.00	1.11
广西华平鳅 *Sinohomaloptera kwangsiensis*	0.11	0.00	0.00	0.00	0.03
桂林似鮈 *Pseudogobio guilinensis*	0.00	0.09	0.04	0.60	0.18
海南鲌 *Culter recurviceps*	0.00	0.08	0.14	0.00	0.06
海南华鳊 *Sinibrama melrosei*	0.40	2.12	0.00	0.00	0.63
海南拟鳘 *Pseudohemiculter hainanensis*	0.00	0.19	0.75	0.21	0.29
海南似鲚 *Toxabramis houdemeri*	1.45	0.21	1.16	3.82	1.66
黑鳍鳈 *Sarcocheilichthys nigripinnis*	0.04	0.03	0.05	0.00	0.03
横纹南鳅 *Schistura fasciolata*	0.19	0.25	0.05	2.18	0.67
胡子鲇 *Clarias fuscus*	0.95	0.64	0.52	0.13	0.56
花鲭 *Hemibarbus maculatus*	0.02	0.00	0.00	0.08	0.03
黄颡鱼 *Pelteobagrus fulvidraco*	11.60	10.50	13.1	9.10	11.08
黄鳝 *Monopterus albus*	2.68	3.28	4.27	1.84	3.02
鲫 *Carassius auratus*	4.55	4.87	5.00	4.64	4.76
间鲭 *Hemibarbus medius*	1.33	0.07	0.00	0.84	0.56
江西鳈 *Sarcocheilichthys kiangsiensis*	0.00	0.02	0.00	0.32	0.08
宽鳍鱲 *Zacco platypus*	14.92	6.97	1.54	2.41	6.46
鲤 *Cyprinus carpio*	1.61	0.96	2.83	3.67	2.27

续表

种名	春季	夏季	秋季	冬季	平均
鲢 *Hypophthalmichthys molitrix*	0.00	0.00	0.11	0.00	0.03
柳州鳜 *Siniperca liuzhouensis*	0.00	0.00	0.00	0.01	0.00
马口鱼 *Opsariichthys bidens*	1.89	3.17	4.78	1.76	2.90
麦穗鱼 *Pseudorasbora parva*	0.00	0.42	0.27	0.00	0.17
美丽沙鳅 *Sinibotia pulchra*	0.00	0.04	0.03	0.83	0.23
美丽小条鳅 *Traccatichthys pulcher*	0.10	0.20	0.05	1.39	0.43
莫桑比克罗非鱼 *Oreochromis mossambicus*	0.00	0.00	0.03	0.00	0.01
南方拟鱎 *Pseudohemiculter dispar*	0.93	1.92	3.44	1.05	1.83
尼罗罗非鱼 *Oreochromis niloticus*	0.13	0.18	0.12	0.61	0.26
泥鳅 *Misgurnus anguillicaudatus*	19.58	12.65	11.50	8.03	12.94
鲇 *Silurus asotus*	0.59	1.31	1.53	1.27	1.17
平舟原缨口鳅 *Vanmanenia pingchowensis*	0.80	0.10	0.00	0.37	0.32
翘嘴鲌 *Culter alburnus*	0.13	0.00	0.00	0.05	0.04
青鱼 *Mylopharyngodon piceus*	0.00	0.03	0.02	0.02	0.02
日本鳗鲡 *Anguilla japonica*	0.00	0.01	0.00	0.00	0.00
蛇鮈 *Saurogobio dabryi*	0.38	0.00	0.00	0.00	0.10
中国少鳞鳜 *Coreoperca whiteheadi*	0.72	0.09	0.11	3.44	1.09
四须盘鮈 *Discogobio tetrabarbatus*	0.00	0.59	0.15	0.17	0.23
条纹小鲃 *Puntius semifasciolatus*	0.00	0.12	0.39	0.00	0.13
瓦氏黄颡鱼 *Pelteobagrus vachelli*	3.19	2.58	4.51	4.75	3.76
西江鲇 *Silurus gilberti*	0.00	0.06	0.00	0.00	0.02
细身光唇鱼 *Acrossocheilus elongatus*	0.00	0.00	0.00	0.06	0.02
细体拟鲿 *Pseudobagrus pratti*	0.02	0.00	0.00	0.00	0.01
小鳔 *Sarcocheilichthy sparvus*	0.00	0.00	0.00	0.10	0.02
异华鲮 *Parasinilabeo assimilis*	0.16	0.00	0.00	0.00	0.04
银鲴 *Xenocypris argentea*	0.00	0.08	0.00	0.00	0.02
银鮈 *Squalidus argentatus*	0.72	6.87	8.09	1.47	4.29
鳙 *Aristichthys nobilis*	0.00	0.01	0.04	0.00	0.01
圆吻鲴 *Distoechodon tumirostris*	0.00	0.28	0.14	1.33	0.44
月鳢 *Channa asiatica*	0.00	0.10	0.01	0.00	0.03
越南鱊 *Acheilognathus tonkinensis*	0.15	0.50	0.10	0.40	0.29
越南鲇 *Silurus cochinchinensis*	0.00	0.07	0.00	0.00	0.02
长臀鮠 *Cranoglanis bouderius*	0.02	0.00	0.01	0.00	0.01
中华花鳅 *Cobitis sinensis*	0.18	0.41	0.00	1.29	0.47
中华沙塘鳢 *Odontobutis sinensis*	5.75	3.61	4.12	8.45	5.48
壮体沙鳅 *Sinibotia robusta*	0.00	1.08	1.75	0.00	0.71
子陵吻虾虎鱼 *Rhinogobius giurinus*	0.59	4.69	0.99	3.87	2.54

（二）各季节鱼类丰度组成

桂江各季节累积鱼类丰度百分比大于 20% 的种类中，泥鳅和黄颡鱼在各季节鱼类丰度百分比均在 5% 以上，为桂江年度鱼类丰度优势群体。部分鱼类丰度表现出一定的季节性，如䱗在春季鱼类丰度百分比相对较低，为 1.53%；带半刺光唇鱼在冬季鱼类丰度百分比相对较高，为 6.54%；高体鳑鲏在春季鱼类丰度百分比较高，为 5.43%；银鮈在夏季和秋季鱼类丰度百分比分别为 6.87% 和 8.09%；鲫和瓦氏黄颡鱼在各季节鱼类丰度百分比相对稳定，维持在 2.58%～5.00%。

三、鱼类生物量组成

（一）年度鱼类生物量组成

桂江年度鱼类生物量占比较高的主要有黄颡鱼、鲤、泥鳅、鲫、瓦氏黄颡鱼、鲇、草鱼、䱗、大眼华鳊、斑鳜、粗唇鮠、黄鳝、大刺鳅、中华沙塘鳢、带半刺光唇鱼、宽鳍鱲、斑鳠、胡子鲇、斑鳢、马口鱼、刺鳅、中国少鳞鳜、光倒刺鲃、南方拟䱗24 种，共占桂江各位点年度鱼类生物量的 90.78%（表 3-5）。年度累积鱼类生物量百分比大于 20% 的种类主要有：黄颡鱼、鲤、泥鳅、鲫和瓦氏黄颡鱼，其年度生物量分别占桂江年度鱼类生物量的 11.59%、10.96%、6.99%、6.44% 和 5.65%，累积鱼类生物量百分比达 41.63%，为桂江鱼类生物量优势种。

表 3-5　桂江各季节鱼类生物量百分比（%）组成

种名	春季	夏季	秋季	冬季	平均
暗斑银鮈 *Squalidus atromaculatus*	0.00	0.10	0.00	0.00	0.03
白肌银鱼 *Leucosoma chinensis*	0.00	0.00	0.00	0.04	0.01
斑点叉尾鲴 *Ictalurus punctatus*	0.00	2.42	0.00	0.00	0.61
斑鳜 *Siniperca scherzeri*	2.78	2.58	2.44	3.89	2.92
斑鳠 *Mystus guttatus*	2.20	3.49	2.44	1.60	2.43
斑鳢 *Channa maculata*	1.98	1.93	1.56	2.15	1.91
斑纹薄鳅 *Leptobotia zebra*	0.00	0.00	0.01	0.00	0.00
棒花鱼 *Abbottina rivularis*	0.03	0.10	0.02	0.08	0.06
鳊 *Parabramis pekinensis*	0.21	0.66	0.00	0.00	0.22
波纹鳜 *Siniperca undulata*	0.00	0.00	0.00	0.02	0.01
䱗 *Hemiculter leucisculus*	1.29	5.67	5.71	3.35	4.01
草鱼 *Ctenopharyngodon idellus*	4.29	3.06	5.33	5.68	4.59
侧条光唇鱼 *Acrossocheilus parallens*	0.13	0.01	0.04	0.00	0.05
叉尾斗鱼 *Macropodus opercularis*	0.00	0.10	0.04	0.02	0.04
唇鲴 *Hemibarbus labeo*	0.00	0.06	0.30	0.00	0.09
刺鳅 *Mastacembelus aculeatus*	1.25	1.99	2.18	0.24	1.42

续表

种名	春季	夏季	秋季	冬季	平均
粗唇鮠 *Leiocassis crassilabris*	1.51	2.22	4.54	2.82	2.77
大刺鳅 *Mastacembelus armatus*	3.59	2.75	3.68	0.92	2.74
大鳍鳠 *Mystus macropterus*	0.18	0.00	0.00	0.18	0.09
大眼鳜 *Siniperca knerii*	0.00	0.20	0.10	0.00	0.08
大眼华鳊 *Sinibrama macrops*	2.44	4.71	2.79	3.28	3.31
带半刺光唇鱼 *Acrossocheilushemis pinuscinctus*	1.90	1.93	3.30	3.05	2.55
倒刺鲃 *Spinibarbus denticulatus denticulatus*	0.19	0.06	0.29	0.80	0.34
点纹银鮈 *Squalidus wolterstorffi*	0.06	0.51	0.14	0.13	0.21
福建纹胸鮡 *Glyptothorax fukiensis fukiensis*	0.04	0.06	0.00	0.25	0.09
高体鳑鲏 *Rhodeus ocellatus*	0.82	0.27	0.11	0.26	0.37
革胡子鲇 *Clarias gariepinus*	0.00	0.00	0.22	0.00	0.06
光倒刺鲃 *Spinibarbus hollandi*	0.82	1.05	2.34	1.25	1.37
广西副鱊 *Paracheilognathus meridianus*	0.48	0.01	0.12	0.00	0.15
广西华平鳅 *Sinohomaloptera kwangsiensis*	0.03	0.00	0.00	0.00	0.01
桂林似鮈 *Pseudogobio guilinensis*	0.00	0.18	0.05	0.47	0.18
海南鲌 *Culter recurviceps*	0.00	0.35	0.77	0.00	0.28
海南华鳊 *Sinibrama melrosei*	0.59	0.79	0.00	0.00	0.35
海南拟䱗 *Pseudohemiculter hainanensis*	0.00	0.25	0.59	0.14	0.25
海南似鳊 *Toxabramis houdemeri*	0.36	0.03	0.12	0.48	0.25
黑鳍鳈 *Sarcocheilichthys nigripinnis*	0.03	0.02	0.02	0.00	0.02
横纹南鳅 *Schistura fasciolata*	0.07	0.08	0.01	1.19	0.34
胡子鲇 *Clarias fuscus*	2.91	3.00	1.85	0.71	2.12
花䱻 *Hemibarbus maculatus*	0.01	0.00	0.00	0.11	0.03
黄颡鱼 *Pelteobagrus fulvidraco*	11.55	12.88	11.54	10.38	11.59
黄鳝 *Monopterus albus*	2.50	3.58	3.47	1.49	2.76
鲫 *Carassius auratus*	6.51	6.30	5.37	7.57	6.44
间䱻 *Hemibarbus medius*	1.23	0.35	0.00	0.79	0.59
江西鳈 *Sarcocheilichthys kiangsiensis*	0.00	0.01	0.00	0.08	0.02
宽鳍鱲 *Zacco platypus*	6.75	1.85	0.40	0.78	2.45
鲤 *Cyprinus carpio*	15.63	5.50	11.68	11.01	10.96
鲢 *Hypophthalmichthys molitrix*	0.00	0.00	1.08	0.00	0.27
柳州鳜 *Siniperca liuzhouensis*	0.00	0.00	0.00	0.04	0.01
马口鱼 *Opsariichthys bidens*	0.80	2.19	2.25	1.17	1.60
麦穗鱼 *Pseudorasbora parva*	0.00	0.07	0.04	0.00	0.03
美丽沙鳅 *Sinibotia pulchra*	0.00	0.02	0.01	0.23	0.07
美丽小条鳅 *Traccatichthys pulcher*	0.03	0.08	0.02	0.52	0.16

续表

种名	春季	夏季	秋季	冬季	平均
莫桑比克罗非鱼 Oreochromis mossambicus	0.00	0.00	0.05	0.00	0.01
南方拟鲦 Pseudohemiculter dispar	0.68	1.57	2.02	1.06	1.33
尼罗罗非鱼 Oreochromis niloticus	0.45	0.83	0.11	0.85	0.56
泥鳅 Misgurnus anguillicaudatus	9.45	7.29	4.81	6.39	6.99
鲇 Silurus asotus	4.49	4.70	5.37	4.87	4.86
平舟原缨口鳅 Vanmaneniaping chowensis	0.15	0.04	0.00	0.11	0.08
翘嘴鲌 Culter alburnus	0.30	0.00	0.00	0.11	0.10
青鱼 Mylopharyngodon piceus	0.00	0.41	0.02	0.21	0.16
日本鳗鲡 Anguilla japonica	0.00	0.15	0.00	0.00	0.04
蛇鮈 Saurogobio dabryi	0.14	0.00	0.00	0.00	0.04
中国少鳞鳜 Coreoperca whiteheadi	0.98	0.50	0.26	3.77	1.38
四须盘鮈 Discogobio tetrabarbatus	0.00	0.13	0.21	0.07	0.10
条纹小鲃 Puntius semifasciolatus	0.00	0.02	0.03	0.00	0.01
瓦氏黄颡鱼 Pelteobagrus vachelli	5.36	3.96	6.09	7.19	5.65
西江鲇 Silurus gilberti	0.00	0.04	0.00	0.00	0.01
细身光唇鱼 Acrossocheilus elongatus	0.00	0.00	0.00	0.04	0.01
细体拟鲿 Pseudobagrus pratti	0.07	0.00	0.00	0.00	0.02
小鳈 Sarcocheilichthys parvus	0.00	0.00	0.00	0.02	0.01
异华鲮 Parasinilabeo assimilis	0.03	0.00	0.00	0.00	0.01
银鲴 Xenocypris argentea	0.00	0.40	0.00	0.00	0.10
银鮈 Squalidus argentatus	0.10	1.47	0.78	0.55	0.73
鳙 Aristichthys nobilis	0.00	0.01	0.66	0.00	0.17
圆吻鲴 Distoechodon tumirostris	0.00	0.64	0.28	1.32	0.56
月鳢 Channa asiatica	0.00	0.40	0.02	0.00	0.11
越南鱊 Acheilognathus tonkinensis	0.02	0.10	0.01	0.05	0.05
越南鲇 Silurus cochinchinensis	0.00	0.10	0.00	0.00	0.03
长臀鮠 Cranoglanis bouderius	0.04	0.00	0.02	0.00	0.02
中华花鳅 Cobitis sinensis	0.08	0.17	0.00	0.38	0.16
中华沙塘鳢 Odontobutis sinensis	2.40	2.05	1.55	4.53	2.63
壮体沙鳅 Sinibotia robusta	0.00	0.52	0.60	0.00	0.28
子陵吻虾虎鱼 Rhinogobius giurinus	0.10	1.00	0.13	1.33	0.64

(二)各季节鱼类生物量组成

　　桂江各季节累积鱼类生物量百分比大于 20%的种类中，黄颡鱼、鲫、鲤在各季节鱼类生物量百分比均大于 5%，为全年鱼类生物量优势群体。泥鳅在秋季鱼类生物量百分比相对较小，为 4.81%；瓦氏黄颡鱼在夏季鱼类生物量百分比为 3.96%，在其他各季节鱼类生物量百分比均大于 5%；鳘在夏、秋两季鱼类生物量百分比较高，分别为 5.67%和5.71%；草鱼在秋、冬两季鱼类生物量百分比较高，分别为 5.33%和 5.68%；宽鳍鱲为桂江春季鱼类生物量优势群体，所占百分比为 6.75%。

四、鱼类优势度特征

(一)年度鱼类相对重要性指数

年度渔获中优势种(相对重要性指数 IRI＞500)主要有黄颡鱼、泥鳅、鲤、鲫、中华沙塘鳢、瓦氏黄颡鱼和宽鳍鱲，其相对重要性指数分别为 2234.42、1957.25、1088.10、991.86、665.44、664.98 和 618.04(表 3-6)。除鳘的年度鱼类相对重要性指数相对较低外，其他种类组成与桂江鱼类丰度和生物量优势群体的组成基本一致。年度渔获中常见种有 18 种，包括鳘、鲇、黄鳝、带半刺光唇鱼、大刺鳅、斑鳜、斑鳠、马口鱼、大眼华鳊、草鱼、银鮈、粗唇鮠、刺鳅、子陵吻虾虎鱼、南方拟鳘、高体鳑鲏、斑鳢、胡子鲇等，常见种与优势种种类组成与桂江年度渔获中鱼类丰度和生物量累积占比达 90%以上的种类基本一致。

表 3-6　桂江各鱼类物种相对重要性指数与分类

种名	相对重要性指数	分类
黄颡鱼 Pelteobagrus fulvidraco	2234.42	★
泥鳅 Misgurnus anguillicaudatus	1957.25	★
鲤 Cyprinus carpio	1088.10	★
鲫 Carassius auratus	991.86	★
中华沙塘鳢 Odontobutis sinensis	665.44	★
瓦氏黄颡鱼 Pelteobagrus vachelli	664.98	★
宽鳍鱲 Zacco platypus	618.04	★
鳘 Hemiculter leucisculus	492.55	▲
鲇 Silurus asotus	477.42	▲
黄鳝 Monopterus albus	438.56	▲
带半刺光唇鱼 Acrossocheilus hemispinus cinctus	427.80	▲
大刺鳅 Mastacembelus armatus	369.51	▲
斑鳜 Siniperca scherzeri	288.17	▲
斑鳠 Mystus guttatus	285.92	▲
马口鱼 Opsariichthys bidens	283.89	▲
大眼华鳊 Sinibrama macrops	280.52	▲
草鱼 Ctenopharyngodon idellus	273.39	▲
银鮈 Squalidus argentatus	252.15	▲
粗唇鮠 Leiocassis crassilabris	250.38	▲
刺鳅 Mastacembelus aculeatus	237.59	▲
子陵吻虾虎鱼 Rhinogobius giurinus	138.44	▲
南方拟鳘 Pseudohemiculter dispar	131.24	▲

续表

种名	相对重要性指数	分类
高体鳑鲏 *Rhodeus ocellatus*	129.33	▲
斑鳢 *Channa maculata*	118.69	▲
胡子鲇 *Clarias fuscus*	108.38	▲
中国少鳞鳜 *Coreoperca whiteheadi*	52.45	■
光倒刺鲃 *Spinibarbus hollandi*	51.66	■
点纹银鮈 *Squalidus wolterstorffi*	34.61	■
间鮊 *Hemibarbus medius*	22.95	■
尼罗罗非鱼 *Oreochromis niloticus*	21.33	■
壮体沙鳅 *Sinibotia robusta*	21.28	■
海南似鲚 *Toxabramis houdemeri*	20.90	■
广西副鱊 *Paracheilognathus meridianus*	18.52	■
中华花鳅 *Cobitis sinensis*	17.78	■
横纹南鳅 *Schistura fasciolata*	15.77	■
圆吻鲴 *Distoechodon tumirostris*	14.06	■
海南华鳊 *Sinibrama melrosei*	13.22	■
美丽小条鳅 *Traccatichthys pulcher*	11.23	■
斑点叉尾鮰 *Ictalurus punctatus*	9.93	●
四须盘鮈 *Discogobio tetrabarbatus*	6.85	●
海南拟䱻 *Pseudohemiculter hainanensis*	6.73	●
叉尾斗鱼 *Macropodus opercularis*	6.29	●
越南鱊 *Acheilognathus tonkinensis*	5.47	●
桂林似鮈 *Pseudogobio guilinensis*	4.35	●
平舟原缨口鳅 *Vanmanenia pingchowensis*	3.76	●
侧条光唇鱼 *Acrossocheilus parallens*	3.55	●
福建纹胸鮡 *Glyptothorax fukiensis fukiensis*	3.22	●
海南鲌 *Culter recurviceps*	3.19	●
棒花鱼 *Abbottina rivularis*	3.18	●
倒刺鲃 *Spinibarbus denticulatus*	2.37	●
青鱼 *Mylopharyngodon piceus*	2.02	●
鲢 *Hypophthalmichthys molitrix*	2.01	●
鳊 *Parabramis pekinensis*	1.83	●
麦穗鱼 *Pseudorasbora parva*	1.68	●
月鳢 *Channa asiatica*	1.47	●
美丽沙鳅 *Sinibotia pulchra*	1.38	●
大眼鳜 *Siniperca knerii*	1.07	●
唇鮊 *Hemibarbus labeo*	1.05	●

种名	相对重要性指数	分类
条纹小鲃 *Puntius semifasciolatus*	0.92	☆
鳙 *Aristichthys nobilis*	0.80	☆
翘嘴鲌 *Culter alburnus*	0.76	☆
黑鳍鳈 *Sarcocheilichthys nigripinnis*	0.66	☆
银鮈 *Xenocypris argentea*	0.66	☆
大鳍鳠 *Mystus macropterus*	0.62	☆
江西鳈 *Sarcocheilichthys kiangsiensis*	0.61	☆
革胡子鲇 *Clarias gariepinus*	0.28	☆
越南鲇 *Silurus cochinchinensis*	0.26	☆
蛇鮈 *Saurogobio dabryi*	0.23	☆
暗斑银鮈 *Squalidus atromaculatus*	0.22	☆
日本鳗鲡 *Anguilla japonica*	0.21	☆
花鮹 *Hemibarbus maculatus*	0.17	☆
西江鲇 *Silurus gilberti*	0.16	☆
异华鲮 *Parasinilabeo assimilis*	0.09	☆
长臀鮠 *Cranoglanis bouderius*	0.08	☆
广西华平鳅 *Sinohomaloptera kwangsiensis*	0.06	☆
细体拟鲿 *Pseudobagrus pratti*	0.04	☆
小鳈 *Sarcocheilichthys parvus*	0.04	☆
白肌银鱼 *Leucosoma chinensis*	0.04	☆
莫桑比克罗非鱼 *Oreochromis mossambicus*	0.04	☆
细身光唇鱼 *Acrossocheilus elongatus*	0.03	☆
柳州鳜 *Siniperca liuzhouensis*	0.02	☆
波纹鳜 *Siniperca undulata*	0.01	☆
斑纹薄鳅 *Leptobotia zebra*	0.01	☆

注：★代表优势种；▲代表常见种；■代表一般种；●代表少见种；☆代表稀有种

(二) 各位点鱼类相对重要性指数

桂江各位点渔获中鱼类优势群体组成差异显著(表 3-7)，其中黄颡鱼和泥鳅为全流域优势种，其他优势群体的分布表现出一定的地域性。例如，中国少鳞鳝仅为桂江昭平江段的优势群体；光倒刺鲃仅为恭城江段的优势群体；斑鳠、草鱼、刺鳅、粗唇鮠在阳朔江段的优势度明显高于其在桂江其他位点的优势度；高体鳑鲏和马口鱼在兴安江段的优势度高于桂江其他调查位点。

表 3-7　桂江各位点鱼类相对重要性指数（IRI）

种名	昭平	平乐	恭城	阳朔	潭下	兴安
黄颡鱼 *Pelteobagrus fulvidraco*	2205.4	1907.5	1767.3	3062.4	3267.5	1598.9
泥鳅 *Misgurnus anguillicaudatus*	1048.4	1814.7	2424.6	1330.8	3073.5	2750.2
鲤 *Cyprinus carpio*	1215.8	1345.2	320.0	1386.6	1364.4	1462.7
鲫 *Carassius auratus*	1234.1	1029.4	330.4	684.9	1462.8	1729.7
中华沙塘鳢 *Odontobutis sinensis*	453.9	618.0	814.8	328.2	1740.4	874.4
瓦氏黄颡鱼 *Pelteobagrus vachelli*	741.4	602.1	197.6	1543.0	796.0	677.0
宽鳍鱲 *Zacco platypus*	182.7	573.6	1024.9	640.6	664.6	787.5
鳘 *Hemiculter leucisculus*	1857.9	842.8	502.2	130.4	8.0	251.3
鲇 *Silurus asotus*	164.5	416.6	440.4	396.6	645.2	1290.7
带半刺光唇鱼 *Acrossocheilus hemispinus cinctus*	684.9	1016.7	501.9	75.1	276.9	247.6
黄鳝 *Monopterus albus*	194.9	353.1	600.5	338.3	377.7	731.6
大眼华鳊 *Sinibrama macrops*	801.3	1120.7	535.1	35.6	0.0	1.3
大刺鳅 *Mastacembelus armatus*	309.1	265.2	529.8	1151.0	56.2	171.6
斑鱯 *Mystus guttatus*	218.4	454.2	482.1	871.5	36.8	18.8
马口鱼 *Opsariichthys bidens*	297.0	353.1	184.3	147.0	24.5	1041.2
草鱼 *Ctenopharyngodon idellus*	236.2	396.4	176.5	553.2	490.3	17.5
粗唇鮠 *Leiocassis crassilabris*	571.3	136.5	458.4	588.2	84.1	10.8
斑鳜 *Siniperca scherzeri*	439.5	270.8	372.6	465.1	202.5	94.8
银鮈 *Squalidus argentatus*	437.9	552.0	195.9	21.9	22.4	225.4
刺鳅 *Mastacembelus aculeatus*	229.0	236.1	152.3	605.1	48.5	117.3
高体鳑鲏 *Rhodeus ocellatus*	68.4	226.2	13.3	0.0	153.2	776.6
南方拟鳘 *Pseudohemiculter dispar*	344.0	196.9	442.4	2.7	29.9	2.5
斑鳢 *Channa maculata*	280.3	213.2	10.7	52.3	18.1	340.3
子陵吻虾虎鱼 *Rhinogobius giurinus*	127.0	268.0	58.4	52.4	115.2	147.6
胡子鲇 *Clarias fuscus*	309.2	49.0	7.9	43.4	180.3	173.1
中国少鳞鳜 *Coreoperca whiteheadi*	588.8	8.2	25.3	2.3	22.1	53.3
光倒刺鲃 *Spinibarbus hollandi*	21.7	88.6	506.5	32.4	0.0	0.0
海南似鲚 *Toxabramis houdemeri*	53.0	73.8	0.0	0.0	0.0	195.3
尼罗罗非鱼 *Oreochromis niloticus*	186.7	79.1	7.2	0.0	0.0	0.0
间鳑 *Hemibarbus medius*	71.8	140.7	38.8	0.0	0.0	4.6
广西副鱎 *Paracheilognathus meridianus*	61.8	7.5	7.4	88.9	0.0	10.1
点纹银鮈 *Squalidus wolterstorffi*	27.5	38.2	35.0	11.7	19.0	43.7
壮体沙鳅 *Sinibotia robusta*	53.2	16.6	64.9	0.0	0.0	18.6
中华花鳅 *Cobitis sinensis*	15.5	10.3	0.0	75.6	17.6	32.9
横纹南鳅 *Schistura fasciolata*	6.8	14.9	35.9	21.8	58.5	1.3
美丽小条鳅 *Traccatichthys pulcher*	5.9	1.7	55.6	68.4	1.6	0.0
圆吻鲴 *Distoechodon tumirostris*	31.1	10.6	0.0	0.0	32.0	53.2

续表

种名	昭平	平乐	恭城	阳朔	潭下	兴安
四须盘鉤 Discogobio tetrabarbatus	0.2	1.8	99.2	5.1	0.0	0.0
桂林似鉤 Pseudogobio guilinensis	0.0	33.0	59.5	0.0	0.0	0.0
海南华鳊 Sinibrama melrosei	56.5	14.9	5.4	13.2	0.0	0.0
海南拟鰲 Pseudohemiculter hainanensis	15.7	6.1	65.6	0.0	0.0	0.0
平舟原缨口鳅 Vanmanenia pingchowensis	0.0	0.0	34.3	0.0	38.0	0.0
福建纹胸鮡 Glyptothorax fukiensis fukiensis	0.0	2.4	53.0	0.6	2.5	0.0
斑点叉尾鮰 Ictalurus punctatus	18.0	2.3	20.4	6.4	0.0	2.7
倒刺鲃 Spinibarbus denticulatus denticulatus	0.0	8.4	0.0	40.4	0.0	0.0
越南鱊 Acheilognathus tonkinensis	28.4	4.0	3.8	4.6	0.0	3.4
叉尾斗鱼 Macropodus opercularis	20.4	15.4	6.1	0.0	0.0	0.3
海南鲌 Culter recurviceps	18.3	19.8	0.0	0.0	0.0	0.0
鲢 Hypophthalmichthys molitrix	34.1	0.4	0.0	0.0	0.0	0.0
美丽沙鳅 Sinibotia pulchra	0.8	0.0	0.0	0.0	1.6	29.5
麦穗鱼 Pseudorasbora parva	0.0	3.7	0.0	0.0	0.0	23.5
棒花鱼 Abbottina rivularis	0.0	3.6	1.3	6.9	1.9	13.2
侧条光唇鱼 Acrossocheilus parallens	0.5	4.3	13.4	1.0	7.6	0.0
青鱼 Mylopharyngodon piceus	0.7	3.6	0.0	20.6	0.0	0.0
条纹小鲃 Puntius semifasciolatus	0.0	2.0	0.0	0.0	0.0	17.6
鳊 Parabramis pekinensis	3.5	0.0	2.1	12.8	0.0	0.0
月鳢 Channa asiatica	14.8	0.0	0.0	0.0	0.0	3.6
翘嘴鲌 Culter alburnus	1.6	14.8	0.0	0.0	0.0	0.0
鳙 Aristichthys nobilis	16.3	0.0	0.0	0.0	0.0	0.0
江西鳑 Sarcocheilichthys kiangsiensis	0.0	5.2	3.5	0.0	1.9	0.0
唇鲭 Hemibarbus labeo	2.2	2.1	5.8	0.0	0.0	0.0
革胡子鲇 Clarias gariepinus	0.0	8.3	0.0	0.0	0.0	0.0
大鳍鳠 Mystus macropterus	2.1	1.7	4.1	0.0	0.0	0.0
蛇鉤 Saurogobio dabryi	7.4	0.0	0.0	0.0	0.0	0.0
大眼鳜 Siniperca knerii	1.4	1.9	0.0	1.9	0.0	2.0
黑鳍鳈 Sarcocheilichthys nigripinnis	4.4	2.0	0.0	0.8	0.0	0.0
银鲴 Xenocypris argentea	0.0	5.7	0.0	0.0	0.0	1.5
暗斑银鉤 Squalidus atromaculatus	0.0	4.1	0.0	0.0	0.0	0.0
异华鲮 Parasinilabeo assimilis	0.0	0.0	4.0	0.0	0.0	0.0
日本鳗鲡 Anguilla japonica	4.0	0.0	0.0	0.0	0.0	0.0
花鲭 Hemibarbus maculatus	0.5	0.0	3.4	0.0	0.0	0.0
越南鲇 Silurus cochinchinensis	0.0	0.0	2.3	1.6	0.0	0.0
西江鲇 Silurus gilberti	0.1	0.0	2.3	0.0	0.0	0.0
细身光唇鱼 Acrossocheilus elongatus	0.0	0.0	2.2	0.0	0.0	0.0
白肌银鱼 Leucosoma chinensis	0.0	2.0	0.0	0.0	0.0	0.0

续表

种名	昭平	平乐	恭城	阳朔	潭下	兴安
广西华平鳅 Sinohomaloptera kwangsiensis	2.0	0.0	0.0	0.0	0.0	0.0
小鳈 Sarcocheilichthys parvus	0.0	1.7	0.0	0.0	0.0	0.0
长臀鮠 Cranoglanis bouderius	0.3	0.0	0.0	1.1	0.0	0.0
细体拟鲿 Pseudobagrus pratti	0.0	1.3	0.0	0.0	0.0	0.0
莫桑比克罗非鱼 Oreochromis mossambicus	0.9	0.0	0.0	0.0	0.0	0.0
柳州鳜 Siniperca liuzhouensis	0.8	0.0	0.0	0.0	0.0	0.0
波纹鳜 Siniperca undulata	0.0	0.6	0.0	0.0	0.0	0.0
斑纹薄鳅 Leptobotia zebra	0.0	0.0	0.0	0.3	0.0	0.0

年度渔获中鱼类相对重要性指数(表 3-6)及其在各位点的分布(表 3-7)显示,桂江鱼类稀有种有 25 种,占桂江总鱼类物种数的 30.12%。其分布具有空间差异,如日本鳗鲡、柳州鳜、广西华平鳅等主要分布于昭平;细体拟鲿、小鳈、暗斑银鮈、白肌银鱼、波纹鳜等主要分布于平乐;细身光唇鱼、异华鲮等主要分布于恭城。

(三)各季节鱼类相对重要性指数

渔获中鱼类相对重要性指数分析结果显示(表 3-8),黄颡鱼、泥鳅、鲫为桂江各个季节共有优势群体(IRI>500);其他种类优势度季节差异明显。鳘在春季的优势度相对较低,为 19.41;粗唇鮠在秋季的优势度较高,为 844.88;带半刺光唇鱼在冬季的优势度较高,为 719.22;黄鳝在夏季和秋季的优势度较高,分别为 571.21 和 645.13;宽鳍鱲在春季和夏季的优势度分别为 1805.61 和 735.1;鲇在夏季和秋季的优势度分别为 550.88 和632.79;银鮈在秋季的优势度相对较高,为 591.69;中华沙塘鳢为春季和冬季优势群体,其相对重要性指数分别为 746.69 和 1297.83。

表 3-8　桂江各季节优势种类(IRI>500)相对重要性指数

种名	春季	夏季	秋季	冬季
鳘 Hemiculter leucisculus	19.41	981.47	766.87	540.05
粗唇鮠 Leiocassis crassilabris	66.62	158.24	844.88	195.83
带半刺光唇鱼 Acrossocheilus hemispinus cinctus	241.93	420.65	442.87	719.22
黄颡鱼 Pelteobagrus fulvidraco	2314.58	2337.85	2467.12	1786
黄鳝 Monopterus albus	388.42	571.21	645.13	166.85
鲫 Carassius auratus	1014.37	1116.52	863.93	1017.41
宽鳍鱲 Zacco platypus	1805.61	735.1	96.62	159.66
鲤 Cyprinus carpio	1292.67	484.98	1450.77	1468.15
泥鳅 Misgurnus anguillicaudatus	2903.35	1994.36	1630.6	1202.15
鲇 Silurus asotus	338.23	550.88	632.79	409.58
瓦氏黄颡鱼 Pelteobagrus vachelli	498.74	381.13	1059.19	994.98
银鮈 Squalidus argentatus	13.68	417.32	591.69	84.24
中华沙塘鳢 Odontobutis sinensis	746.69	471.24	472.65	1297.83

五、鱼类个体生态特征

(一)食性特征

鱼类食性特征从丰度和生物量上分析显示(图 3-2),各位点以杂食性鱼类为主,其丰度百分比为 67%～75%,生物量百分比为 57%～68%;其次为肉食性鱼类,在各位点的鱼类丰度百分比为 14%～23%,生物量百分比为 22%～30%;以水草、浮游生物与藻类为食的鱼类在各位点的鱼类丰度和生物量百分比几乎都小于 10%,草食性鱼类在阳朔和潭下鱼类生物量百分比相对较高,分别为 10.83%和 7.23%。

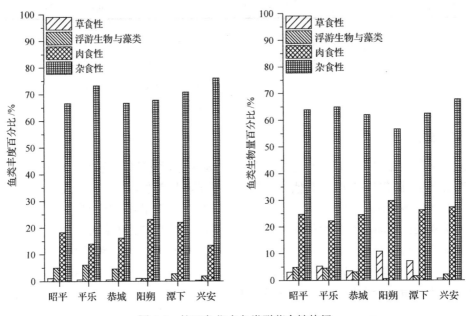

图 3-2　桂江各位点鱼类群落食性特征

(二)栖息水层分布特征

桂江各位点鱼类组成以底栖种类为主,鱼类丰度和生物量百分比分别为 55%～76%和 58%～76%(图 3-3)。其中,阳朔与潭下底栖种类的鱼类丰度和生物量百分比最高。各位点中上层种类的鱼类丰度和生物量百分比分别为 12%～29%和 3%～16%,其中,阳朔与潭下中上层种类丰度和生物量相对较低。中下层种类的鱼类丰度和生物量百分比分别为 8%～15%和 20%～26%,各位点间差异较小。

此外,中上层种类丰度百分比明显高于中下层种类,而鱼类生物量百分比则表现出相反的趋势,说明桂江中下层种类个体均重明显大于中上层种类。

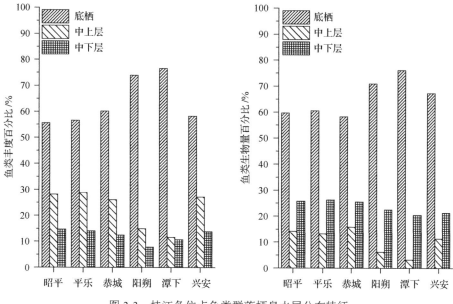

图 3-3　桂江各位点鱼类群落栖息水层分布特征

(三)栖息水流特征

各位点鱼类组成以喜缓流性鱼类为主,鱼类丰度和生物量百分比分别为 41%~64% 和 52%~72%,其中,阳朔喜缓流性鱼类所占比例最高,恭城最低。各位点中喜急流性鱼类丰度百分比明显低于喜静水的鱼类;而喜急流性鱼类和喜静水鱼类的生物量百分比未表现出一致的趋势,昭平、恭城和阳朔喜急流性鱼类的生物量百分比高于喜静水鱼类的生物量百分比,其他调查位点则表现出相反的趋势(图 3-4)。

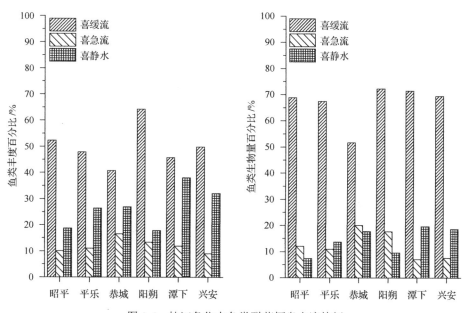

图 3-4　桂江各位点鱼类群落栖息水流特征

第二节　郁　　江

一、鱼类种类组成

郁江共记录鱼类 63 种，隶属于 6 目 16 科 52 属（附录 1）。与 20 世纪 80 年代调查到的 73 种鱼类相比，本次调查未见物种 31 种，主要包括赤魟、鳡、鲸等；新增物种 21 种，主要包括麦瑞加拉鲮、露斯塔野鲮、革胡子鲇等；共有物种 42 种，主要包括鲤、鲫、鳘、草鱼等（附录 3）。

在 20 世纪 80 年代的调查和本次调查中，郁江鱼类分类组成均以鲤形目、鲈形目、鲇形目为主，鲤形目种类组成占绝对优势。本次调查较 20 世纪 80 年代鲤形目物种数所占比例下降了 4.78 个百分点；鲈形目物种数所占比例增加了 1.52 个百分点；鲇形目物种数所占比例增加了 6.28 个百分点（表 3-9）。

表 3-9　郁江各目鱼类百分比（%）组成

	鲤形目	鲈形目	鲇形目	鲑形目	合鳃鱼目	鲱形目	鳗鲡目	鳉形目	鳐形目
20 世纪 80 年代	69.86	9.59	9.59	1.37	2.74	1.37	1.37	2.74	1.37
2013～2015 年	65.08	11.11	15.87	0.00	4.76	1.59	1.59	0.00	0.00

本次调查鲤形目鱼类 41 种，主要包括 2 科 12 亚科；较 20 世纪 80 年代减少了 10 种，减少的主要为雅罗鱼亚科、鲌亚科及鲃亚科鱼类。本次调查中，鲌亚科、鮈亚科、野鲮亚科鱼类在鲤形目鱼类组成中所占比例分别为 21.95%、17.07%、14.63%；在 20 世纪 80 年代的调查中，三者在鲤形目鱼类组成中所占比例分别为 29.41%、11.76%、13.73%。其中鲌亚科、雅罗鱼亚科鱼类所占比例分别下降了 7.46 个百分点和 4.44 个百分点；而鮈亚科鱼类所占比例增加了 5.31 个百分点（图 3-5）。

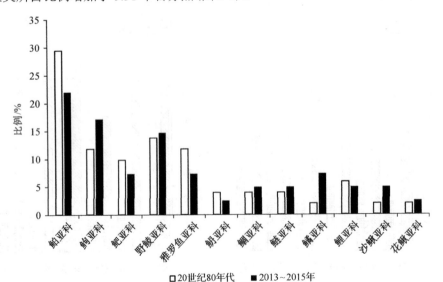

图 3-5　郁江鲤形目主要亚科鱼类百分比组成

二、鱼类丰度组成

(一)年度鱼类丰度组成

郁江的鱼类资源结构中(表 3-10),年度累积鱼类丰度>20%的种类有 6 种(鰲、尼罗罗非鱼、鲫、黄颡鱼、泥鳅和银鮈),占鱼类物种数的 9.52%。上述种类年度鱼类丰度百分比分别为 11.91%、8.77%、7.78%、6.39%、5.53%和 5.30%,累积鱼类丰度百分比占郁江年度总鱼类丰度的 45.68%,为郁江鱼类丰度优势群体。鰲、尼罗罗非鱼、鲫、黄颡鱼、泥鳅、银鮈、莫桑比克罗非鱼、鲮、鲤、黄鳝、瓦氏黄颡鱼、纹唇鱼、七丝鲚、赤眼鳟、南方拟鰲、粗唇鮠、胡子鲇、大眼华鳊、鲇、高体鳑鲏、马口鱼、斑鳠、大眼鳜、海南似鲚、麦穗鱼、斑点叉尾鮰、斑鳢、鲢 28 种鱼类累积丰度百分比占郁江年度鱼类丰度的 90.66%,其他种类累积丰度百分比不足 10%。

表 3-10 郁江各季节鱼类丰度百分比(%)组成

种名	春季	夏季	秋季	冬季	平均
白甲鱼 *Onychostoma simum*	0.00	0.02	0.00	0.00	0.01
斑点叉尾鮰 *Ictalurus punctatus*	0.00	1.18	0.06	2.52	0.94
斑鳜 *Siniperca scherzeri*	0.03	0.00	0.12	1.04	0.30
斑鳠 *Mystus guttatus*	0.36	1.09	1.32	1.70	1.12
斑鳢 *Channa maculata*	0.54	1.04	1.06	0.97	0.90
棒花鱼 *Abbottina rivularis*	0.28	0.00	0.08	0.48	0.21
鳊 *Parabramis pekinensis*	1.27	0.32	0.14	0.04	0.44
鰲 *Hemiculter leucisculus*	17.18	11.39	12.15	6.91	11.91
草鱼 *Ctenopharyngodon idellus*	0.46	0.23	1.01	0.36	0.52
赤眼鳟 *Squaliobarbus curriculus*	1.08	2.28	4.04	2.40	2.45
唇鮠 *Hemibarbus labeo*	0.00	0.00	0.00	0.71	0.18
刺鳅 *Mastacembelus aculeatus*	0.00	1.12	0.72	0.00	0.46
粗唇鮠 *Pseudobagrus crassilabris*	1.04	2.90	4.79	0.88	2.40
大刺鳅 *Mastacembelus armatus*	0.00	1.90	0.96	0.00	0.72
大眼鳜 *Siniperca kneri*	0.57	0.04	1.44	2.28	1.08
大眼华鳊 *Sinibrama macrops*	0.00	3.03	1.87	0.00	1.23
倒刺鲃 *Spinibarbus denticulatus denticulatus*	0.00	0.04	0.00	0.00	0.01
东方墨头鱼 *Garra orientalis*	0.00	0.00	1.01	0.00	0.25
短须鱊 *Acheilognathus barbatulus*	0.00	0.00	0.00	0.30	0.08
多条鳍吸口鲇 *Pterygoplichthys multiradiatus*	0.00	0.00	0.00	0.15	0.04
高体鳑鲏 *Rhodeus ocellatus*	1.43	1.47	0.86	0.97	1.18
革胡子鲇 *Clarias gariepinus*	0.00	0.00	0.00	0.11	0.03
广西副鱊 *Paracheilognathus meridianus*	1.69	0.00	0.76	0.00	0.61
海南鲌 *Culter recurviceps*	0.50	1.16	0.85	0.00	0.63
海南似鲚 *Toxabramis houdemeri*	0.00	2.10	1.09	0.73	0.98

续表

种名	春季	夏季	秋季	冬季	平均
红鳍原鲌 *Cultrichthys erythropterus*	0.00	0.18	0.00	0.24	0.11
胡子鲇 *Clarias fuscus*	1.37	2.08	1.18	1.51	1.54
花鳕 *Hemibarbus maculatus*	0.00	0.00	0.08	1.07	0.29
黄颡鱼 *Pelteobagrus fulvidraco*	5.02	6.91	4.92	8.70	6.39
黄鳝 *Monopterus albus*	4.13	5.64	2.87	1.72	3.59
鲫 *Carassius auratus*	9.42	5.59	5.25	10.86	7.78
间鳕 *Hemibarbus medius*	0.37	0.00	0.27	0.36	0.25
卷口鱼 *Ptychidio jordani*	0.00	0.00	1.31	0.64	0.49
鲤 *Cyprinus carpio*	5.31	1.39	3.04	5.71	3.86
鲢 *Hypophthalmichthys molitrix*	0.72	0.89	0.75	0.96	0.83
鲮 *Cirrhinus molitorella*	0.72	5.64	3.14	7.48	4.25
露斯塔野鲮 *Labeo rohita*	0.20	0.00	0.00	0.00	0.05
马口鱼 *Opsariichthys bidens*	2.10	1.49	1.04	0.00	1.16
麦瑞加拉鲮 *Cirrhinus mrigala*	0.00	0.07	0.00	0.06	0.03
麦穗鱼 *Pseudorasbora parva*	1.95	0.00	0.00	1.94	0.97
美丽沙鳅 *Sinibotia pulchra*	0.00	0.11	0.00	0.00	0.03
莫桑比克罗非鱼 *Oreochromis mossambicus*	5.28	3.05	3.67	5.84	4.46
南方拟鳘 *Pseudohemiculter dispar*	4.10	2.84	2.70	0.00	2.41
尼罗罗非鱼 *Oreochromis niloticus*	6.98	8.58	6.81	12.69	8.77
泥鳅 *Misgurnus anguillicaudatus*	7.34	7.75	4.57	2.45	5.53
鲇 *Silurus asotus*	1.08	0.87	0.88	2.07	1.23
飘鱼 *Pseudolaubuca sinensis*	2.03	0.00	0.00	0.00	0.51
七丝鲚 *Coilia grayii*	0.00	4.48	3.22	2.12	2.46
翘嘴鲌 *Culter alburnus*	0.57	0.29	0.24	0.72	0.46
青鱼 *Mylopharyngodon piceus*	0.00	0.00	0.15	0.04	0.05
日本鳗鲡 *Anguilla japonica*	0.00	0.16	0.08	0.00	0.06
蛇鮈 *Saurogobio dabryi*	0.00	0.00	2.41	0.12	0.63
四须盘鮈 *Discogobio tetrabarbatus*	0.00	0.10	0.00	0.00	0.03
瓦氏黄颡鱼 *Pelteobagrus vachelli*	3.50	2.39	2.90	3.89	3.17
纹唇鱼 *Osteochilus salsburyi*	1.94	3.34	1.93	3.85	2.77
银鲴 *Xenocypris argentea*	0.00	0.00	0.29	0.00	0.07
银鮈 *Squalidus argentatus*	6.92	2.63	11.66	0.00	5.30
鳙 *Aristichthys nobilis*	0.17	0.28	0.18	0.58	0.30
圆吻鲴 *Distoechodon tumirostris*	0.00	0.00	0.05	0.27	0.08
月鳢 *Channa asiatica*	0.00	0.07	0.00	0.00	0.02
长臀鮠 *Cranoglanis bouderius*	0.00	0.00	0.00	1.57	0.39
壮体沙鳅 *Sinibotia robusta*	0.00	1.89	0.10	0.00	0.50
子陵吻虾虎鱼 *Rhinogobius giurinus*	2.36	0.00	0.00	0.00	0.59

（二）各季节鱼类丰度组成

郁江各季节累积鱼类丰度百分比大于 20% 的种类中，鳘、鲫和尼罗罗非鱼在各季节鱼类丰度百分比均在 5% 以上，为郁江全年丰度优势群体。部分鱼类丰度季节变动较大，除上述种类外，郁江春季鱼类丰度百分比在 5% 以上的鱼类还包括：泥鳅（7.34%）、银鮈（6.92%）、鲤（5.31%）、莫桑比克罗非鱼（5.28%）和黄颡鱼（5.02%）；夏季鱼类丰度优势群体包括泥鳅（7.75%）、黄颡鱼（6.91%）、黄鳝（5.64%）、鲹（5.64%）；秋季丰度优势群体为银鮈（11.66%）；冬季丰度优势群体主要包括黄颡鱼（8.70%）、鲹（7.48%）、莫桑比克罗非鱼（5.84%）、鲤（5.71%）。

三、鱼类生物量组成

（一）年度鱼类生物量组成

郁江年度鱼类生物量占比较高的主要有尼罗罗非鱼、鲤、鳘、鲫、赤眼鳟、鳊、黄颡鱼、鲹、鲇、草鱼、莫桑比克罗非鱼、瓦氏黄颡鱼、鲢、胡子鲇、黄鳝、斑鳠、粗唇鮠、南方拟鳘、斑鳜、泥鳅、大眼鳜 21 种，共占郁江各位点年度鱼类生物量的 90.65%（表 3-11）。年度累积鱼类生物量百分比大于 20% 的种类主要有：尼罗罗非鱼、鲤、鳘、鲫、赤眼鳟、鳊、黄颡鱼和鲹，分别占郁江各位点年度鱼类生物量的 11.56%、10.70%、7.71%、6.37%、6.18%、5.53%、5.47% 和 5.17%，累积鱼类生物量百分比达 58.69%，为郁江鱼类生物量优势种。

表 3-11 郁江各季节鱼类生物量百分比（%）组成

种名	春季	夏季	秋季	冬季	平均
白甲鱼 *Onychostoma simum*	0.00	0.07	0.00	0.00	0.02
斑点叉尾鮰 *Ictalurus punctatus*	0.00	0.75	0.38	0.72	0.46
斑鳜 *Siniperca scherzeri*	0.15	0.00	0.47	0.23	0.21
斑鳠 *Mystus guttatus*	0.76	1.56	2.58	1.18	1.52
斑鳢 *Channa maculata*	2.00	3.66	2.02	1.09	2.19
棒花鱼 *Abbottina rivularis*	0.11	0.00	0.01	0.09	0.05
鳊 *Parabramis pekinensis*	2.53	1.07	0.42	0.27	1.07
鳘 *Hemiculter leucisculus*	10.77	7.02	7.88	5.15	7.71
草鱼 *Ctenopharyngodon idellus*	5.12	1.59	4.26	3.49	3.62
赤眼鳟 *Squaliobarbus curriculus*	4.64	4.47	9.71	5.88	6.18
唇鮹 *Hemibarbus labeo*	0.00	0.00	0.00	0.40	0.10
刺鳅 *Mastacembelus aculeatus*	0.00	0.92	0.96	0.00	0.47
粗唇鮠 *Leiocassis crassilabris*	0.91	2.17	4.14	0.69	1.98
大刺鳅 *Mastacembelus armatus*	0.00	1.84	2.23	0.00	1.02
大眼鳜 *Siniperca kneri*	1.08	0.09	1.56	3.03	1.44

续表

种名	春季	夏季	秋季	冬季	平均
大眼华鳊 *Sinibrama macrops*	0.00	2.21	1.75	0.00	0.99
倒刺鲃 *Spinibarbus denticulatus denticulatus*	0.00	0.23	0.00	0.00	0.06
东方墨头鱼 *Garra orientalis*	0.00	0.00	0.81	0.00	0.20
短须鱊 *Acheilognathus barbatulus*	0.00	0.00	0.00	0.06	0.02
多条鳍吸口鲇 *Pterygoplichthys multiradiatus*	0.00	0.00	0.00	0.14	0.04
高体鳑鲏 *Rhodeus ocellatus*	0.33	0.31	0.07	0.09	0.20
革胡子鲇 *Clarias gariepinus*	0.00	0.00	0.00	0.23	0.06
广西副鱊 *Paracheilognathus meridianus*	0.13	0.00	0.05	0.00	0.05
海南鲌 *Culter recurviceps*	0.76	1.71	1.82	0.00	1.07
海南似鲚 *Toxabramis houdemeri*	0.00	0.18	0.47	0.05	0.18
红鳍原鲌 *Cultrichthys erythropterus*	0.00	0.32	0.00	0.36	0.17
胡子鲇 *Clarias fuscus*	2.70	4.10	1.82	1.50	2.53
花䱻 *Hemibarbus maculatus*	0.00	0.00	0.25	0.36	0.15
黄颡鱼 *Pelteobagrus fulvidraco*	2.81	6.50	5.91	6.66	5.47
黄鳝 *Monopterus albus*	2.20	3.87	1.44	1.50	2.25
鲫 *Carassius auratus*	8.41	4.37	5.05	7.63	6.37
间䱻 *Hemibarbus medius*	0.19	0.00	0.08	0.20	0.12
卷口鱼 *Ptychidio jordani*	0.00	0.00	1.18	0.33	0.38
鲤 *Cyprinus carpio*	20.81	4.53	8.38	9.08	10.70
鲢 *Hypophthalmichthys molitrix*	2.02	2.21	2.33	3.61	2.54
鲮 *Cirrhinus molitorella*	1.68	5.85	4.61	8.52	5.17
露斯塔野鲮 *Labeo rohita*	0.51	0.00	0.00	0.00	0.13
马口鱼 *Opsariichthys bidens*	0.61	0.42	0.59	0.00	0.41
麦瑞加拉鲮 *Cirrhinus mrigala*	0.00	0.29	0.00	0.22	0.13
麦穗鱼 *Pseudorasbora parva*	0.37	0.00	0.00	0.18	0.14
美丽沙鳅 *Sinibotia pulchra*	0.00	0.03	0.00	0.00	0.01
莫桑比克罗非鱼 *Oreochromis mossambicus*	3.58	2.42	2.19	5.55	3.44
南方拟䱗 *Pseudohemiculter dispar*	2.25	2.94	2.52	0.00	1.93
尼罗罗非鱼 *Oreochromis niloticus*	10.21	12.82	9.68	13.51	11.56
泥鳅 *Misgurnus anguillicaudatus*	2.05	2.47	0.76	0.67	1.49
鲇 *Silurus asotus*	2.88	7.58	2.01	4.86	4.33
飘鱼 *Pseudolaubuca sinensis*	0.53	0.00	0.00	0.00	0.13
七丝鲚 *Coilia grayii*	0.00	1.08	0.49	0.17	0.44
翘嘴鲌 *Culter alburnus*	0.51	0.34	0.72	0.28	0.46

续表

种名	春季	夏季	秋季	冬季	平均
青鱼 *Mylopharyngodon piceus*	0.00	0.00	0.19	0.17	0.09
日本鳗鲡 *Anguilla japonica*	0.00	0.22	0.89	0.00	0.28
蛇鮈 *Saurogobio dabryi*	0.00	0.00	0.68	0.04	0.18
四须盘鮈 *Discogobio tetrabarbatus*	0.00	0.02	0.00	0.00	0.01
瓦氏黄颡鱼 *Pelteobagrus vachelli*	2.88	2.80	2.45	2.65	2.70
纹唇鱼 *Osteochilus salsburyi*	0.80	1.59	1.15	1.11	1.16
银鲴 *Xenocypris argentea*	0.00	0.00	0.49	0.00	0.12
银鮈 *Squalidus argentatus*	0.72	0.58	1.15	0.00	0.61
鳙 *Aristichthys nobilis*	12.22	2.17	1.29	6.43	5.53
圆吻鲴 *Distoechodon tumirostris*	0.00	0.00	0.10	0.40	0.13
月鳢 *Channa asiatica*	0.00	0.18	0.00	0.00	0.05
长臀鮠 *Cranoglanis bouderius*	0.00	0.00	0.00	1.24	0.31
壮体沙鳅 *Sinibotia robusta*	0.00	0.44	0.02	0.00	0.12
子陵吻虾虎鱼 *Rhinogobius giurinus*	0.17	0.00	0.00	0.00	0.04

(二)各季节鱼类生物量组成

郁江各季节累积鱼类生物量百分比大于 20%的种类中，鲮和尼罗罗非鱼各季节鱼类生物量百分比均大于 5%，为全年鱼类生物量优势群体。鲮、鲤和鳙在春季鱼类生物量百分比明显较高；赤眼鳟在春、夏两季鱼类生物量百分比相对较小，分别为 4.64%和 4.47%；黄颡鱼在春季鱼类生物量百分比为 2.81%，在其他各季节鱼类生物量百分比均大于 5%；鲫和鲤在夏季鱼类生物量百分比相对较小，分别占郁江各位点年度鱼类生物量的 4.37%和 4.53%；鲇在春、秋两季鱼类生物量百分比分别为 1.68%和 4.61%。

四、鱼类优势度特征

(一)年度鱼类相对重要性指数

年度渔获中优势种(IRI＞500)主要有尼罗罗非鱼、鲮、鲤、鲫、黄颡鱼、鲇、赤眼鳟和莫桑比克罗非鱼，其相对重要性指数分别为 1932.51、1712.18、1310.48、1299.83、1049.64、675.11、670.99 和 643.71(表 3-12)，其组成与年度鱼类丰度和生物量优势群体的组成大体相同。鳙在郁江年度鱼类丰度中所占比例相对较小，因而其相对重要性指数相对较低。莫桑比克罗非鱼在郁江年度鱼类丰度和生物量中均占有较高比例，且分布范围较广，相对重要性指数较高，为郁江年度鱼类优势群体。年度渔获中常见种有 17 种，主要包括瓦氏黄颡鱼、黄鳝、泥鳅、鲇、银鮈、粗唇鮠、草鱼、胡子鲇、纹唇鱼等。郁江鱼类组成优势集中度相对较低，具体表现为优势种类数较多但所占比例相对较小。

表 3-12 郁江各鱼类物种相对重要性指数(IRI)与分类

种名	相对重要性指数	分类
尼罗罗非鱼 *Oreochromis niloticus*	1932.51	★
鳘 *Hemiculter leucisculus*	1712.18	★
鲤 *Cyprinus carpio*	1310.48	★
鲫 *Carassius auratus*	1299.83	★
黄颡鱼 *Pelteobagrus fulvidraco*	1049.64	★
鲮 *Cirrhinus molitorella*	675.11	★
赤眼鳟 *Squaliobarbus curriculus*	670.99	★
莫桑比克罗非鱼 *Oreochromis mossambicus*	643.71	★
瓦氏黄颡鱼 *Pelteobagrus vachelli*	481.56	▲
黄鳝 *Monopterus albus*	451.77	▲
泥鳅 *Misgurnus anguillicaudatus*	445.53	▲
鲇 *Silurus asotus*	413.33	▲
银鮈 *Squalidus argentatus*	346.55	▲
粗唇鮠 *Leiocassis crassilabris*	265.95	▲
草鱼 *Ctenopharyngodon idellus*	259.60	▲
胡子鲇 *Clarias fuscus*	254.69	▲
纹唇鱼 *Osteochilus salsburyi*	252.57	▲
斑鳢 *Channa maculata*	235.55	▲
南方拟鳘 *Pseudohemiculter dispar*	230.93	▲
斑鱯 *Mystus guttatus*	199.60	▲
鲢 *Hypophthalmichthys molitrix*	191.24	▲
鳙 *Aristichthys nobilis*	159.14	▲
七丝鲚 *Coilia grayii*	151.87	▲
大眼鳜 *Siniperca kneri*	114.39	▲
大眼华鳊 *Sinibrama macrops*	100.16	▲
海南鲌 *Culter recurviceps*	88.51	■
大刺鳅 *Mastacembelus armatus*	78.19	■
马口鱼 *Opsariichthys bidens*	69.11	■
高体鳑鲏 *Rhodeus ocellatus*	66.56	■
鳊 *Parabramis pekinensis*	38.56	■
刺鳅 *Mastacembelus aculeatus*	37.27	■
斑点叉尾鮰 *Ictalurus punctatus*	30.04	■
卷口鱼 *Ptychidio jordani*	22.17	■
翘嘴鲌 *Culter alburnus*	22.13	■
蛇鮈 *Saurogobio dabryi*	16.88	■

续表

种名	相对重要性指数	分类
海南似鲚 *Toxabramis houdemeri*	16.69	■
麦穗鱼 *Pseudorasbora parva*	15.66	■
斑鳜 *Siniperca scherzeri*	11.44	■
壮体沙鳅 *Sinibotia robusta*	11.08	■
东方墨头鱼 *Garra orientalis*	6.53	●
日本鳗鲡 *Anguilla japonica*	6.10	●
间鲃 *Hemibarbus medius*	5.17	●
广西副鱊 *Paracheilognathus meridianus*	4.43	●
长臀鮠 *Cranoglanis bouderius*	4.41	●
唇鲃 *Hemibarbus labeo*	3.72	●
棒花鱼 *Abbottina rivularis*	3.59	●
花鲃 *Hemibarbus maculatus*	2.97	●
红鳍原鲌 *Cultrichthys erythropterus*	2.41	●
飘鱼 *Pseudolaubuca sinensis*	2.19	●
子陵吻虾虎鱼 *Rhinogobius giurinus*	2.10	●
圆吻鲴 *Distoechodon tumirostris*	2.00	●
青鱼 *Mylopharyngodon piceus*	1.91	●
麦瑞加拉鲮 *Cirrhinus mrigala*	1.52	●
银鲴 *Xenocypris argentea*	1.51	●
露斯塔野鲮 *Labeo rohita*	0.67	☆
革胡子鲇 *Clarias gariepinus*	0.55	☆
倒刺鲃 *Spinibarbus denticulatus denticulatus*	0.39	☆
月鳢 *Channa asiatica*	0.36	☆
短须鱊 *Acheilognathus barbatulus*	0.32	☆
多条鳍吸口鲇 *Pterygoplichthys multiradiatus*	0.22	☆
美丽沙鳅 *Sinibotia pulchra*	0.21	☆
四须盘鮈 *Discogobio tetrabarbatus*	0.20	☆
白甲鱼 *Onychostoma simum*	0.13	☆

注：★代表优势种；▲代表常见种；■代表一般种；●代表少见种；☆代表稀有种

(二)各位点鱼类相对重要性指数

郁江各位点渔获中鱼类优势群体的组成基本一致(表 3-13)，其中鳘、黄颡鱼、鲤、鲫和尼罗罗非鱼为全流域优势种，其他优势群体的分布表现出一定的地域性。例如，黄鳝、鲮和泥鳅在桂平江段优势度明显高于其在郁江其他调查位点的优势度，为桂平渔获中鱼类优势群体；草鱼、鲢、鲇为贵港渔获中鱼类优势群体。

表 3-13　郁江各位点鱼类相对重要性指数（IRI）

种名	桂平	贵港	横县
尼罗罗非鱼 *Oreochromis niloticus*	1712.7	1473.1	2622.4
鳘 *Hemiculter leucisculus*	1255.6	1642.7	2193.6
鲤 *Cyprinus carpio*	1355.8	1961.7	1034.0
鲫 *Carassius auratus*	1364.3	1058.9	1660.8
黄颡鱼 *Pelteobagrus fulvidraco*	1457.9	696.8	888.6
鲮 *Cirrhinus molitorella*	1261.9	490.2	400.7
莫桑比克罗非鱼 *Oreochromis mossambicus*	434.7	614.7	1092.3
赤眼鳟 *Squaliobarbus curriculus*	984.1	692.9	415.0
瓦氏黄颡鱼 *Pelteobagrus vachelli*	589.7	297.4	581.6
鲇 *Silurus asotus*	337.8	921.3	147.4
泥鳅 *Misgurnus anguillicaudatus*	654.2	434.7	198.8
黄鳝 *Monopterus albus*	591.5	219.7	424.9
银鮈 *Squalidus argentatus*	302.2	447.2	370.8
草鱼 *Ctenopharyngodon idellus*	226.0	592.3	140.9
鲢 *Hypophthalmichthys molitrix*	96.0	644.0	66.4
粗唇鮠 *Leiocassis crassilabris*	407.0	229.3	130.5
纹唇鱼 *Osteochilus salsburyi*	52.6	228.7	474.3
胡子鲇 *Clarias fuscus*	141.1	123.4	477.0
南方拟鳘 *Pseudohemiculter dispar*	200.0	192.5	285.7
斑鳢 *Channa maculata*	177.2	234.3	247.0
斑鳠 *Mystus guttatus*	339.6	73.9	200.2
鳙 *Aristichthys nobilis*	128.1	289.3	146.2
大眼鳜 *Siniperca kneri*	282.5	175.6	24.4
七丝鲚 *Coilia grayii*	86.4	41.9	255.9
大眼华鳊 *Sinibrama macrops*	160.3	114.6	21.0
海南鲌 *Culter recurviceps*	77.0	54.2	99.1
高体鳑鲏 *Rhodeus ocellatus*	46.7	123.9	40.9
马口鱼 *Opsariichthys bidens*	58.3	108.1	44.4
大刺鳅 *Mastacembelus armatus*	50.6	65.0	78.2
鳊 *Parabramis pekinensis*	159.6	0.0	21.7
斑点叉尾鮰 *Ictalurus punctatus*	98.8	15.0	0.6
刺鳅 *Mastacembelus aculeatus*	31.3	51.7	20.3
翘嘴鲌 *Culter alburnus*	26.6	0.0	76.4

续表

种名	桂平	贵港	横县
卷口鱼 *Ptychidio jordani*	38.1	61.1	1.1
蛇鮈 *Saurogobio dabryi*	34.4	27.9	5.5
海南似鱎 *Toxabramis houdemeri*	61.3	6.2	0.0
麦穗鱼 *Pseudorasbora parva*	8.7	41.1	7.2
斑鳜 *Siniperca scherzeri*	51.1	2.2	3.0
壮体沙鳅 *Sinibotia robusta*	0.0	16.1	15.4
间鱎 *Hemibarbus medius*	10.2	17.3	0.0
长臀鮠 *Cranoglanis bouderius*	0.0	4.0	21.6
飘鱼 *Pseudolaubuca sinensis*	24.9	0.0	0.0
东方墨头鱼 *Garra orientalis*	14.5	5.3	4.2
广西副鱎 *Paracheilognathus meridianus*	6.6	16.6	0.0
子陵吻虾虎鱼 *Rhinogobius giurinus*	0.0	0.0	23.1
日本鳗鲡 *Anguilla japonica*	16.8	0.0	5.9
唇鱎 *Hemibarbus labeo*	0.0	9.6	11.9
棒花鱼 *Abbottina rivularis*	3.5	15.0	0.0
花鱎 *Hemibarbus maculatus*	0.0	12.2	2.9
青鱼 *Mylopharyngodon piceus*	12.4	0.6	0.0
圆吻鲴 *Distoechodon tumirostris*	0.0	9.4	3.3
麦瑞加拉鲮 *Cirrhinus mrigala*	0.0	0.0	11.3
红鳍原鲌 *Cultrichthys erythropterus*	0.0	5.7	3.9
银鲴 *Xenocypris argentea*	3.0	4.7	0.0
露斯塔野鲮 *Labeo rohita*	0.0	7.2	0.0
革胡子鲇 *Clarias gariepinus*	0.0	1.8	1.6
倒刺鲃 *Spinibarbus denticulatus denticulatus*	0.0	3.3	0.0
短须鱊 *Acheilognathus barbatulus*	0.0	0.0	3.0
多条鳍吸口鲇 *Pterygoplichthys multiradiatus*	0.0	2.6	0.0
月鳢 *Channa asiatica*	0.0	0.0	1.9
四须盘鮈 *Discogobio tetrabarbatus*	0.0	0.0	1.0
美丽沙鳅 *Sinibotia pulchra*	0.0	0.0	1.0
白甲鱼 *Onychostoma simum*	0.8	0.0	0.0

　　年度渔获中鱼类相对重要性指数(表 3-12)及其在各位点的分布(表 3-13)显示,郁江鱼类稀有种有 9 种,占郁江总鱼类物种数的 14.29%。其分布具有空间差异,例如,白甲鱼主要分布于桂平;倒刺鲃、露斯塔野鲮主要分布于贵港;短须鱊、美丽沙鳅、四须盘鮈、月鳢等主要分布于横县。

(三)各季节鱼类相对重要性指数

渔获中鱼类相对重要性指数分析结果显示(表 3-14),鲦、鲫和尼罗罗非鱼为郁江各个季节共有优势群体(IRI>500);其他种类的优势度季节差异明显。赤眼鳟、黄颡鱼、鲮、鲇在春季优势度相对较低;草鱼、粗唇鮠和银鮈在秋季鱼类组成中表现出更高的优势度,其相对重要性指数分别为 526.67、744.59 和 1280.63;另外,黄鳝和泥鳅在夏季表现出更高的优势度;瓦氏黄颡鱼在春季和冬季鱼类组成中优势度相对较高,其相对重要性指数分别为 531.85 和 653.05;鳙在冬季优势度较高,其相对重要性指数为 584.04;银鮈在春季鱼类组成中也占有较高比例,其相对重要性指数为 508.96。

表 3-14　郁江各季节优势种类相对重要性指数(IRI)

种名	春季	夏季	秋季	冬季
鲦 *Hemiculter leucisculus*	2329.57	1840.59	2002.98	804.14
草鱼 *Ctenopharyngodon idellus*	371.95	90.73	526.67	192.60
赤眼鳟 *Squaliobarbus curriculus*	285.93	562.99	1374.71	690.46
粗唇鮠 *Leiocassis crassilabris*	64.98	422.23	744.59	52.34
黄颡鱼 *Pelteobagrus fulvidraco*	391.54	1341.00	1083.53	1536.48
黄鳝 *Monopterus albus*	421.59	633.97	359.04	214.13
鲫 *Carassius auratus*	1486.56	995.66	1029.45	1848.35
鲤 *Cyprinus carpio*	2611.54	493.72	1141.30	1479.50
鲮 *Cirrhinus molitorella*	39.98	1149.23	645.86	1333.85
莫桑比克罗非鱼 *Oreochromis mossambicus*	738.51	547.26	390.48	1139.31
尼罗罗非鱼 *Oreochromis niloticus*	1432.23	2139.89	1649.13	2620.15
泥鳅 *Misgurnus anguillicaudatus*	469.52	851.41	354.87	104.04
鲇 *Silurus asotus*	131.83	845.45	192.82	577.26
瓦氏黄颡鱼 *Pelteobagrus vachelli*	531.85	432.59	357.1	653.05
银鮈 *Squalidus argentatus*	508.96	81.75	1280.63	0.00
鳙 *Aristichthys nobilis*	412.98	268.1	97.99	584.04

五、鱼类个体生态特征

(一)食性特征

鱼类食性特征从丰度和生物量上分析显示(图 3-6),各位点以杂食性鱼类为主,其丰度百分比为 74%~81%,生物量百分比为 60%~72%;其次为肉食性鱼类,在各位点的鱼类丰度百分比为 11%~13%,生物量百分比为 14%~18%;以水草、浮游生物与藻类为食的鱼类在各位点鱼类丰度和生物量百分比几乎都小于 10%,草食性鱼类在桂平的鱼类生物量百分比相对较高,约为 13.2%。

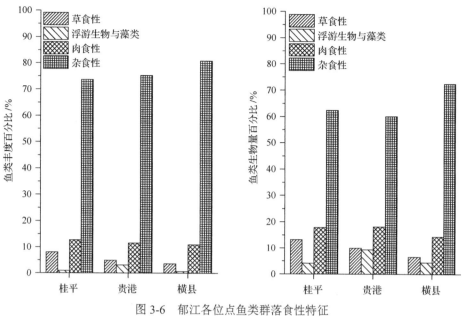

图 3-6 郁江各位点鱼类群落食性特征

(二)栖息水层分布特征

郁江各位点鱼类组成以底栖种类为主,鱼类丰度和生物量百分比分别为 42%~51% 和 39%~48%(图 3-7)。其中,桂平底栖种类的鱼类丰度百分比略高于郁江其他调查位点。 中上层种类在郁江各位点的鱼类丰度百分比和鱼类生物量百分比分别为 28%~32%和 25%~26%;中下层种类在郁江各位点的鱼类丰度和鱼类生物量百分比分别为 20%~26% 和 27%~35%,各位点间差异较小。

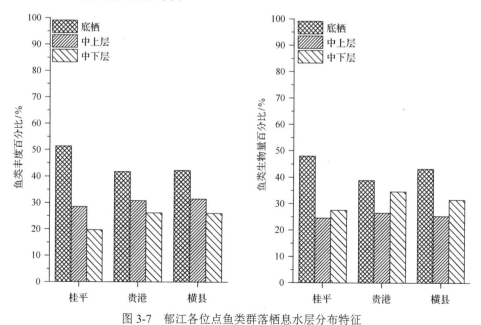

图 3-7 郁江各位点鱼类群落栖息水层分布特征

此外，中上层种类丰度百分比明显高于中下层种类，而生物量百分比则表现出相反的趋势，说明郁江中下层种类个体均重明显大于中上层种类个体均重。

(三)栖息水流特征

各位点鱼类组成以喜缓流性鱼类为主，鱼类丰度和生物量百分比分别为 55%～62%和64%～70%，喜缓流鱼类个体均重略大于其他水流环境下鱼类的个体均重。在各位点喜急流性鱼类丰度和生物量百分比明显低于喜静水鱼类丰度和生物量百分比。喜急流性鱼类在郁江的鱼类丰度百分比较小，为 3%～5%，鱼类生物量百分比为 2%～6%；喜静水鱼类在郁江的鱼类丰度百分比为 13%～18%，鱼类生物量百分比为 4%～8%（图 3-8）。

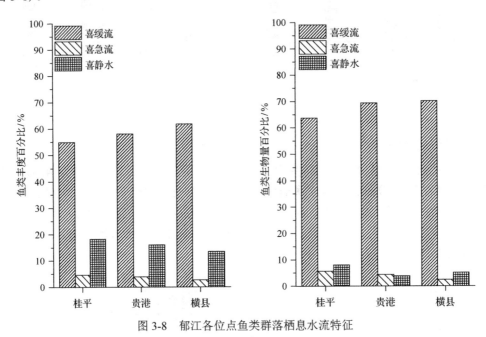

图 3-8　郁江各位点鱼类群落栖息水流特征

第三节　右　江

一、鱼类种类组成

右江共记录鱼类 80 种，隶属于 4 目 14 科 61 属(附录 1)。与 20 世纪 80 年代调查到的 75 种鱼类相比，本次调查未见物种有 27 种，主要包括暗色唇鲮、单纹似鳡、瓣结鱼等；新增物种 32 种，主要包括斑纹薄鳅、斑点叉尾鮰、革胡子鲇、中国少鳞鳜等；共有物种 48 种，主要包括鲤、鲫、鳘、赤眼鳟等(附录 3)。

在 20 世纪 80 年代的调查和本次调查中，右江鱼类分类组成均以鲤形目、鲈形目、鲇形目为主，鲤形目种类组成占绝对优势。本次调查较 20 世纪 80 年代鲤形目物种数所占比例下降了 4.92 个百分点；鲈形目物种数所占比例增加了 0.67 个百分点；鲇形目物种数所占比例增加了 5.83 个百分点(表 3-15)。

表 3-15　右江各目鱼类百分比(%)组成

	鲤形目	鲈形目	鲇形目	合鳃鱼目	鳗鲡目	鲱形目
20 世纪 80 年代	78.67	9.33	6.67	2.67	1.33	1.33
2013~2015 年	73.75	10.00	12.50	3.75	0.00	0.00

本次调查鲤形目鱼类 59 种,主要包括 3 科 15 亚科,较 20 世纪 80 年代略有增加,增加的主要为鲃亚科、沙鳅亚科及花鳅亚科鱼类。本次调查中,鲌亚科、鮈亚科、鲃亚科、野鲮亚科种类在鲤形目鱼类组成中所占比例分别为 22.03%、13.56%、10.17%、11.86%;在 20 世纪 80 年代的调查中,三者在鲤形目鱼类组成中所占比例分别为 17.24%、12.07%、18.97%、15.52%。本次调查中,鲃亚科和野鲮亚科鱼类在鲤形目中所占比例分别下降了 8.80 个百分点和 3.66 个百分点;而鮈亚科与鲌亚科鱼类所占比例分别升高了 1.49 个百分点和 4.79 个百分点(图 3-9)。

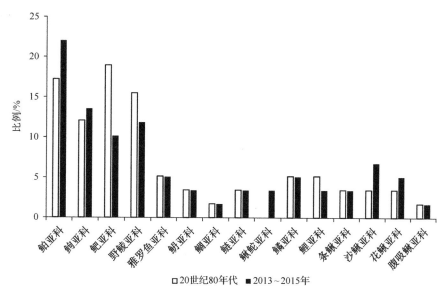

图 3-9　右江鲤形目主要亚科鱼类百分比组成

二、鱼类丰度组成

(一)年度鱼类丰度组成

右江的鱼类资源结构中(表 3-16),年度累积鱼类丰度>20%的种类有 4 种(䱗、海南似鲚、尼罗罗非鱼和银鮈),占鱼类物种数的 5%。上述种类在右江各位点年度鱼类丰度中所占比例分别为 19.55%、13.56%、7.71%和 6.55%,累积鱼类丰度百分比达 47.37%,为右江鱼类丰度优势种。䱗、海南似鲚、尼罗罗非鱼、银鮈、鲫、莫桑比克罗非鱼、子陵吻虾虎鱼、泥鳅、马口鱼、黄颡鱼、纹唇鱼、壮体沙鳅、越南鱊、鲤、粗唇鮠、广西副鱊、黄鳝、点纹银鮈、大眼鳜、高体鳑鲏、南方拟䱗、瓦氏黄颡鱼、鲇、横纹南鳅、胡子鲇、大刺鳅 26 种鱼类累积丰度百分比占右江年度鱼类丰度的 90.50%，其他种类累积丰度百分比不足 10%。

表 3-16　右江各季节鱼类丰度百分比(%)组成

种名	春季	夏季	秋季	冬季	平均
斑点叉尾鲴 Ictalurus punctatus	0.23	0.03	0.00	0.00	0.07
斑鳜 Siniperca scherzeri	0.00	0.03	0.00	0.65	0.17
斑鳠 Mystus guttatus	0.34	0.65	0.76	0.71	0.62
斑鳢 Channa maculata	0.27	1.12	0.70	0.16	0.56
斑纹薄鳅 Leptobotia zebra	0.00	0.00	0.09	0.00	0.02
棒花鱼 Abbottina rivularis	0.00	0.00	0.00	0.03	0.01
鳊 Parabramis pekinensis	0.00	0.00	0.00	0.02	0.01
䱗 Hemiculter leucisculus	18.67	28.91	14.05	16.56	19.55
草鱼 Ctenopharyngodon idellus	0.09	0.09	0.41	0.15	0.19
赤眼鳟 Squaliobarbus curriculus	0.34	0.85	1.09	0.58	0.72
唇䱻 Hemibarbus labeo	0.32	0.08	0.15	0.25	0.20
刺鳅 Mastacembelus aculeatus	0.02	0.26	0.87	0.27	0.36
粗唇鮠 Leiocassis crassilabris	1.08	0.23	2.81	1.63	1.44
大刺鳅 Mastacembelus armatus	0.06	0.96	1.37	0.57	0.74
大鳍鳠 Mystus macropterus	0.00	0.00	0.00	0.06	0.02
大眼鳜 Siniperca kneri	1.81	0.66	1.22	1.07	1.19
大眼华鳊 Sinibrama macrops	0.19	0.07	0.00	0.05	0.08
大眼近红鲌 Ancherythroculter lini	0.08	0.41	0.05	0.00	0.14
带半刺光唇鱼 Acrossocheilus hemispinus cinctus	0.00	0.00	0.00	0.33	0.08
点纹银鮈 Squalidus wolterstorffi	0.00	0.00	0.00	4.84	1.21
东方墨头鱼 Garra orientalis	0.04	0.32	0.59	0.03	0.25
福建纹胸鮡 Glyptothorax fukiensis fukiensis	0.00	0.00	0.11	0.46	0.14
高体鳑鲏 Rhodeus ocellatus	1.89	0.67	0.97	1.17	1.18
革胡子鲇 Clarias gariepinus	0.01	0.00	0.00	0.09	0.03
寡鳞飘鱼 Pseudolaubuca engraulis	0.00	0.00	0.08	0.00	0.02
光倒刺鲃 Spinibarbus hollandi	0.00	0.00	0.00	0.02	0.01
广西副鱊 Paracheilognathus meridianus	0.00	0.00	5.10	0.14	1.31
贵州爬岩鳅 Beaufortia kweichowensis kweichowensis	0.21	0.00	0.00	0.15	0.09
海南鲌 Culter recurviceps	0.24	0.00	0.22	0.00	0.12
海南华鳊 Sinibrama melrosei	0.13	0.12	0.16	0.00	0.10
海南鳅鮀 Gobiobotia kolleri	0.00	0.00	0.00	0.06	0.02

种名	春季	夏季	秋季	冬季	平均
海南似鳞 *Toxabramis houdemeri*	20.88	9.06	8.91	15.40	13.56
横纹南鳅 *Schistura fasciolata*	0.97	1.25	1.09	0.47	0.95
红鳍原鲌 *Cultrichthys erythropterus*	0.49	0.38	1.43	0.00	0.58
胡子鲇 *Clarias fuscus*	0.24	0.72	0.71	1.30	0.74
花斑副沙鳅 *Parabotia fasciata*	0.00	0.52	0.00	0.00	0.13
花䱻 *Hemibarbus maculatus*	0.02	0.00	0.07	0.00	0.02
黄颡鱼 *Pelteobagrus fulvidraco*	1.76	2.78	3.52	2.56	2.66
黄鳝 *Monopterus albus*	0.56	1.40	1.98	0.97	1.23
鲫 *Carassius auratus*	4.62	3.01	5.25	5.89	4.69
间䱻 *Hemibarbus medius*	0.20	0.22	1.13	1.18	0.68
卷口鱼 *Ptychidio jordani*	0.23	0.05	1.43	0.03	0.44
宽鳍鱲 *Zacco platypus*	0.00	0.39	0.00	1.39	0.45
鲤 *Cyprinus carpio*	1.15	1.53	1.90	1.45	1.51
鲢 *Hypophthalmichthys molitrix*	0.03	0.86	0.03	0.50	0.36
鲮 *Cirrhinus molitorella*	0.04	0.52	0.22	0.31	0.27
露斯塔野鲮 *Labeo rohita*	0.00	0.40	0.00	0.02	0.11
马口鱼 *Opsariichthys bidens*	1.57	0.90	5.45	2.82	2.69
麦瑞加拉鲮 *Cirrhinus mrigala*	0.00	0.08	0.00	0.00	0.02
麦穗鱼 *Pseudorasbor aparva*	1.06	0.03	0.00	0.26	0.34
美丽沙鳅 *Sinibotia pulchra*	0.00	0.00	0.00	0.02	0.01
莫桑比克罗非鱼 *Oreochromis mossambicus*	3.17	5.85	3.89	5.53	4.61
南方白甲鱼 *Onychostoma gerlachi*	0.31	0.00	0.06	0.54	0.23
南方拟鿋 *Pseudohemiculter dispar*	1.26	1.32	1.95	0.06	1.15
南方鳅鮀 *Gobiobotia meridionalis*	0.00	0.00	0.17	0.00	0.04
尼罗罗非鱼 *Oreochromis niloticus*	7.09	7.45	5.22	11.09	7.71
泥鳅 *Misgurnus anguillicaudatus*	3.34	5.43	2.40	2.61	3.45
鲇 *Silurus asotus*	0.80	1.32	1.41	0.48	1.00
飘鱼 *Pseudolaubuca sinensis*	0.01	0.08	0.00	0.05	0.04
翘嘴鲌 *Culter alburnus*	0.15	0.05	0.00	0.05	0.06
青鱼 *Mylopharyngodon piceus*	0.01	0.00	0.01	0.06	0.02
沙花鳅 *Cobitis arenae*	0.00	0.00	0.00	0.00	0.00
蛇鮈 *Saurogobio dabryi*	0.04	0.29	1.22	1.02	0.64
中国少鳞鳜 *Coreoperca whiteheadi*	0.00	0.00	0.00	0.05	0.01
四须盘鮈 *Discogobio tetrabarbatus*	0.01	0.00	0.00	0.07	0.02
台细鳊 *Rasborinus formosae*	0.00	0.00	0.09	0.00	0.02

续表

种名	春季	夏季	秋季	冬季	平均
条纹小鲃 *Puntius semifasciolatus*	0.11	0.03	0.72	0.00	0.22
瓦氏黄颡鱼 *Pelteobagrus vachelli*	1.25	0.27	1.91	0.84	1.07
纹唇鱼 *Osteochilus salsburyi*	1.73	2.42	3.54	1.35	2.26
无斑南鳅 *Schistura incerta*	0.00	0.00	0.00	1.69	0.42
细身光唇鱼 *Acrossocheilus elongatus*	0.00	0.00	0.00	0.16	0.04
银鲴 *Xenocypris argentea*	0.01	0.02	0.01	0.00	0.01
银鮈 *Squalidus argentatus*	10.14	5.92	8.71	1.43	6.55
鳙 *Aristichthys nobilis*	0.03	0.51	0.29	0.19	0.26
月鳢 *Channa asiatica*	0.04	0.00	0.04	0.02	0.03
越南鱊 *Acheilognathus tonkinensis*	0.04	5.18	1.09	0.09	1.60
直口鲮 *Rectoris posehensis*	0.00	0.02	0.04	0.12	0.05
中华花鳅 *Cobitis sinensis*	0.08	0.05	0.00	0.22	0.09
壮体沙鳅 *Sinibotia robusta*	3.93	1.38	2.42	0.37	2.03
子陵吻虾虎鱼 *Rhinogobius giurinus*	6.59	2.85	0.90	7.35	4.42

(二)各季节鱼类丰度组成

右江各季节累积鱼类丰度百分比大于 20% 的种类中，鳘、海南似鱎和尼罗罗非鱼在各季节鱼类丰度百分比均在 5% 以上，为右江年度鱼类丰度优势群体。部分种类如鲫、马口鱼、泥鳅、莫桑比克罗非鱼、广西副鱊等鱼类丰度季节变动较为明显。鲫在秋季和冬季鱼类丰度百分比较高，分别为 5.25% 和 5.89%；马口鱼在秋季鱼类丰度百分比较高，为 5.45%；莫桑比克罗非鱼在夏季和冬季鱼类丰度百分比较高，分别为 5.85% 和 5.53%；泥鳅在夏季鱼类丰度百分比为 5.43%。

三、鱼类生物量组成

(一)年度鱼类生物量组成

右江年度鱼类生物量百分比较高的主要有尼罗罗非鱼、鳘、鲤、鲫、鲇、莫桑比克罗非鱼、鳙、大眼鳜、鲢、黄颡鱼、赤眼鳟、胡子鲇、瓦氏黄颡鱼、海南似鱎、斑鳢、纹唇鱼、草鱼、泥鳅、粗唇鮠、斑鳠、黄鳝、红鳍原鲌、银鮈、大刺鳅 24 种，共占右江各位点年度鱼类生物量的 90.80%(表 3-17)。年度累积鱼类生物量百分比大于 20% 的种类主要有：尼罗罗非鱼、鳘、鲤、鲫和鲇，分别占右江各位点年度鱼类生物量的 16.29%、13.84%、8.72%、6.69% 和 5.29%，累积鱼类生物量百分比达 50.83%，为右江鱼类生物量优势种。

表 3-17 右江各季节鱼类生物量百分比 (%) 组成

种名	春季	夏季	秋季	冬季	平均
斑点叉尾鮰 *Ictalurus punctatus*	1.03	0.23	0.00	0.00	0.32
斑鳜 *Siniperca scherzeri*	0.00	0.05	0.00	0.87	0.23
斑鳠 *Mystus guttatus*	0.96	0.90	0.99	1.97	1.21
斑鳢 *Channa maculata*	1.79	1.80	2.48	0.91	1.75
斑纹薄鳅 *Leptobotia zebra*	0.00	0.00	0.02	0.00	0.01
棒花鱼 *Abbottina rivularis*	0.00	0.00	0.00	0.01	0.00
鳊 *Parabramis pekinensis*	0.00	0.00	0.00	0.03	0.01
餐 *Hemiculter leucisculus*	16.46	17.08	10.87	10.93	13.84
草鱼 *Ctenopharyngodon idellus*	0.62	0.76	2.42	2.14	1.49
赤眼鳟 *Squaliobarbus curriculus*	1.78	2.14	4.03	3.02	2.74
唇鮠 *Hemibarbus labeo*	0.27	0.12	0.09	0.14	0.16
刺鳅 *Mastacembelus aculeatus*	0.01	0.24	0.56	0.31	0.28
粗唇鮠 *Pseudobagrus crassilabris*	0.82	0.66	2.18	1.39	1.26
大刺鳅 *Mastacembelus armatus*	0.13	1.30	1.49	0.64	0.89
大鳍鳠 *Mystus macropterus*	0.00	0.00	0.00	0.12	0.03
大眼鳜 *Siniperca kneri*	6.24	2.21	2.60	3.20	3.56
大眼华鳊 *Sinibrama macrops*	0.33	0.04	0.00	0.09	0.12
大眼近红鲌 *Ancherythroculter lini*	0.21	0.31	0.09	0.00	0.15
带半刺光唇鱼 *Acrossoc heilushemispinus cinctus*	0.00	0.00	0.00	0.33	0.08
点纹银鮈 *Squalidus wolterstorffi*	0.00	0.00	0.00	0.67	0.17
东方墨头鱼 *Garra orientalis*	0.02	0.10	0.26	0.01	0.10
福建纹胸鮡 *Glyptothorax fukiensis fukiensis*	0.00	0.00	0.01	0.17	0.05
高体鳑鲏 *Rhodeus ocellatus*	0.28	0.16	0.11	0.17	0.18
革胡子鲇 *Clarias gariepinus*	0.01	0.00	0.00	0.20	0.05
寡鳞飘鱼 *Pseudolaubuca engraulis*	0.00	0.00	0.06	0.00	0.02
光倒刺鲃 *Spinibarbus hollandi*	0.00	0.00	0.00	0.03	0.01
广西副鱊 *Paracheilognathus meridianus*	0.00	0.00	0.67	0.03	0.18
贵州爬岩鳅 *Beaufortia kweichowensis kweichowensis*	0.04	0.00	0.00	0.03	0.02
海南鲌 *Culter recurviceps*	0.84	0.00	0.10	0.00	0.24
海南华鳊 *Sinibrama melrosei*	0.10	0.05	0.17	0.00	0.08
海南鳅鮀 *Gobiobotia kolleri*	0.00	0.00	0.00	0.01	0.00
海南似鱎 *Toxabramis houdemeri*	3.02	1.06	1.34	1.62	1.76
横纹南鳅 *Schistura fasciolata*	0.18	0.36	0.14	0.07	0.19
红鳍原鲌 *Cultrichthys erythropterus*	1.27	0.84	1.62	0.00	0.93
胡子鲇 *Clarias fuscus*	1.89	2.27	2.09	2.47	2.18
花斑副沙鳅 *Parabotia fasciata*	0.00	0.15	0.00	0.00	0.04

续表

种名	春季	夏季	秋季	冬季	平均
花鲭 *Hemibarbus maculatus*	0.01	0.00	0.02	0.00	0.01
黄颡鱼 *Pelteobagrus fulvidraco*	2.32	2.82	4.05	2.78	2.99
黄鳝 *Monopterus albus*	0.64	1.33	1.46	0.98	1.10
鲫 *Carassius auratus*	6.52	6.46	7.51	6.25	6.69
间鲭 *Hemibarbus medius*	0.19	0.15	0.79	0.93	0.52
卷口鱼 *Ptychidio jordani*	0.15	0.05	1.52	0.02	0.44
宽鳍鱲 *Zacco platypus*	0.00	0.07	0.00	0.36	0.11
鲤 *Cyprinus carpio*	8.98	7.63	9.06	9.20	8.72
鲢 *Hypophthalmichthys molitrix*	0.58	4.29	0.34	7.17	3.10
鲮 *Cirrhinus molitorella*	0.04	1.21	0.80	0.99	0.76
露斯塔野鲮 *Labeo rohita*	0.00	1.90	0.00	0.19	0.52
马口鱼 *Opsariichthys bidens*	0.62	0.19	1.15	1.43	0.85
麦瑞加拉鲮 *Cirrhinus mrigala*	0.00	0.70	0.00	0.00	0.18
麦穗鱼 *Pseudorasbora parva*	0.16	0.00	0.00	0.04	0.05
美丽沙鳅 *Sinibotia pulchra*	0.00	0.00	0.00	0.01	0.00
莫桑比克罗非鱼 *Oreochromis mossambicus*	3.52	5.56	3.56	6.18	4.71
南方白甲鱼 *Onychostoma gerlachi*	0.29	0.00	0.06	0.29	0.16
南方拟鳘 *Pseudohemiculter dispar*	0.85	1.30	1.19	0.08	0.86
南方鳅鮀 *Gobiobotia meridionalis*	0.00	0.00	0.02	0.00	0.01
尼罗罗非鱼 *Oreochromis niloticus*	18.70	15.96	12.55	17.96	16.29
泥鳅 *Misgurnus anguillicaudatus*	1.71	2.28	0.89	0.91	1.45
鲇 *Silurus asotus*	7.41	3.25	7.19	3.31	5.29
飘鱼 *Pseudolaubuca sinensis*	0.01	0.04	0.00	0.03	0.02
翘嘴鲌 *Culter alburnus*	0.88	0.38	0.00	0.05	0.33
青鱼 *Mylopharyngodon piceus*	0.01	0.00	0.01	0.28	0.08
沙花鳅 *Cobitis arenae*	0.00	0.00	0.00	0.00	0.00
蛇鮈 *Saurogobio dabryi*	0.01	0.07	0.33	0.47	0.22
中国少鳞鳜 *Coreoperca whiteheadi*	0.00	0.00	0.00	0.05	0.01
四须盘鮈 *Discogobio tetrabarbatus*	0.01	0.00	0.00	0.01	0.01
台细鳊 *Rasborinus formosae*	0.00	0.00	0.01	0.00	0.00
条纹小鲃 *Puntiussemi fasciolatus*	0.01	0.00	0.05	0.00	0.02
瓦氏黄颡鱼 *Pelteobagrus vachelli*	2.77	0.53	2.75	1.75	1.95
纹唇鱼 *Osteochilus salsburyi*	1.32	1.78	1.90	1.06	1.52
无斑南鳅 *Schistura incerta*	0.00	0.00	0.00	0.55	0.14
细身光唇鱼 *Acrossocheilus elongatus*	0.00	0.00	0.00	0.09	0.02
银鲴 *Xenocypris argentea*	0.03	0.05	0.06	0.00	0.04
银鮈 *Squalidus argentatus*	1.58	0.80	1.14	0.15	0.92

续表

种名	春季	夏季	秋季	冬季	平均
鳙 *Aristichthys nobilis*	0.81	7.16	6.35	3.53	4.46
月鳢 *Channa asiatica*	0.17	0.00	0.19	0.03	0.10
越南鱊 *Acheilognathus tonkinensis*	0.01	0.64	0.13	0.01	0.20
直口鲮 *Rectoris posehensis*	0.00	0.01	0.02	0.03	0.02
中华花鳅 *Cobitis sinensis*	0.02	0.02	0.00	0.04	0.02
壮体沙鳅 *Sinibotia robusta*	0.48	0.13	0.39	0.10	0.28
子陵吻虾虎鱼 *Rhinogobius giurinus*	0.87	0.37	0.14	1.11	0.62

（二）各季节鱼类生物量组成

右江各季节累积鱼类生物量百分比大于 20%的种类中，除了鲇在冬季和夏季鱼类生物量百分比相对较低，分别为 3.31%和 3.25%，其他种类在各个季节鱼类生物量百分比均大于 5%。餐、尼罗罗非鱼、鲫、鲤为右江全年鱼类生物量优势群体。此外，右江各季节鱼类生物量组成中大眼鳜和鳙季节差异较大，大眼鳜在春季鱼类生物量百分比较高，为 6.24%；鳙在夏、秋两季鱼类生物量百分比相对较高，分别为 7.16%和 6.35%。

四、鱼类优势度特征

（一）年度鱼类相对重要性指数

年度渔获中优势种（IRI＞500）主要有餐、尼罗罗非鱼、鲫、鲤和莫桑比克罗非鱼，其相对重要性指数分别为 3417.41、2089.93、988.25、863.88、564.73（表 3-18）。餐和尼罗罗非鱼在右江鱼类组成中优势度极高，具体表现为：二者在右江鱼类丰度和生物量中均占有较高比例，且分布范围甚广。鲫和鲤仅为年度鱼类生物量优势群体；莫桑比克罗非鱼在年度鱼类丰度和生物量中均占有较高比例，分别为 4.61%和 4.71%，且其分布范围较广，因而在右江鱼类组成中优势度较高。而海南似鲚、银鮈等虽在鱼类丰度中占有较高的比例，但因其个体均重较小，在鱼类生物量中所占比例较低，使其在右江鱼类组成中相对重要性降低。

表 3-18　右江各鱼类物种相对重要性指数（IRI）与分类

种名	相对重要性指数	分类
餐 *Hemiculter leucisculus*	3417.41	★
尼罗罗非鱼 *Oreochromis niloticus*	2089.93	★
鲫 *Carassius auratus*	988.25	★
鲤 *Cyprinus carpio*	863.88	★
莫桑比克罗非鱼 *Oreochromis mossambicus*	564.73	★
鲇 *Silurus asotus*	461.32	▲
海南似鲚 *Toxabramis houdemeri*	385.57	▲

种名	相对重要性指数	分类
黄颡鱼 *Pelteobagrus fulvidraco*	371.72	▲
银鮈 *Squalidus argentatus*	316.21	▲
大眼鳜 *Siniperca kneri*	255.79	▲
泥鳅 *Misgurnus anguillicaudatus*	251.11	▲
鳙 *Aristichthys nobilis*	210.15	▲
纹唇鱼 *Osteochilus salsburyi*	156.94	▲
子陵吻虾虎鱼 *Rhinogobius giurinus*	150.43	▲
赤眼鳟 *Squaliobarbus curriculus*	149.27	▲
胡子鲇 *Clarias fuscus*	143.74	▲
鲢 *Hypophthalmichthys molitrix*	138.01	▲
瓦氏黄颡鱼 *Pelteobagrus vachelli*	133.22	▲
马口鱼 *Opsariichthys bidens*	114.46	▲
斑鳢 *Channa maculata*	109.71	▲
黄鳝 *Monopterus albus*	94.21	■
粗唇鮠 *Leiocassis crassilabris*	93.42	■
大刺鳅 *Mastacembelus armatus*	90.47	■
斑鱯 *Mystus guttatus*	74.31	■
越南鱊 *Acheilognathus tonkinensis*	57.22	■
草鱼 *Ctenopharyngodon idellus*	55.39	■
南方拟鰵 *Pseudohemiculter dispar*	48.99	■
壮体沙鳅 *Sinibotia robusta*	41.00	■
高体鳑鲏 *Rhodeus ocellatus*	39.46	■
红鳍原鲌 *Cultrichthys erythropterus*	38.94	■
间鱎 *Hemibarbus medius*	33.63	■
横纹南鳅 *Schistura fasciolata*	28.62	■
刺鳅 *Mastacembelus aculeatus*	21.08	■
广西副鱊 *Paracheilognathus meridianus*	19.71	■
卷口鱼 *Ptychidio jordani*	18.23	■
鲮 *Cirrhinus molitorella*	17.50	■
点纹银鮈 *Squalidus wolterstorffi*	9.87	●
蛇鮈 *Saurogobio dabryi*	8.25	●
露斯塔野鲮 *Labeo rohita*	7.34	●
东方墨头鱼 *Garra orientalis*	6.78	●
翘嘴鲌 *Culter alburnus*	5.25	●
麦穗鱼 *Pseudorasbora parva*	4.83	●
大眼近红鲌 *Ancherythroculter lini*	4.24	●

种名	相对重要性指数	分类
唇鲭 *Hemibarbus labeo*	4.21	●
宽鳍鱲 *Zacco platypus*	3.43	●
斑鳜 *Siniperca scherzeri*	3.34	●
南方白甲鱼 *Onychostoma gerlachi*	2.15	●
麦瑞加拉鲮 *Cirrhinus mrigala*	1.98	●
斑点叉尾鮰 *Ictalurus punctatus*	1.91	●
大眼华鳊 *Sinibrama macrops*	1.66	●
海南鲌 *Culter recurviceps*	1.59	●
条纹小鲃 *Puntius semifasciolatus*	1.15	●
海南华鳊 *Sinibrama melrosei*	1.05	●
中华花鳅 *Cobitis sinensis*	0.65	☆
无斑南鳅 *Schistura incerta*	0.58	☆
月鳢 *Channa asiatica*	0.45	☆
福建纹胸鮡 *Glyptothorax fukiensis fukiensis*	0.41	☆
青鱼 *Mylopharyngodon piceus*	0.39	☆
花斑副沙鳅 *Parabotia fasciata*	0.34	☆
贵州爬岩鳅 *Beaufortia kweichowensis kweichowensis*	0.26	☆
飘鱼 *Pseudolaubuca sinensis*	0.26	☆
直口鲮 *Rectoris posehensis*	0.23	☆
银鮈 *Xenocypris argentea*	0.21	☆
革胡子鲇 *Clarias gariepinus*	0.16	☆
带半刺光唇鱼 *Acrossocheilus hemispinus cinctus*	0.16	☆
花鳕 *Hemibarbus maculatus*	0.07	☆
细身光唇鱼 *Acrossocheilus elongatus*	0.06	☆
四须盘鮈 *Discogobio tetrabarbatus*	0.05	☆
南方鳅鮀 *Gobiobotia meridionalis*	0.05	☆
寡鳞飘鱼 *Pseudolaubuca engraulis*	0.05	☆
大鳍鳠 *Mystus macropterus*	0.04	☆
斑纹薄鳅 *Leptobotia zebra*	0.03	☆
台细鳊 *Rasborinus formosae*	0.03	☆
中国少鳞鳜 *Coreoperca whiteheadi*	0.02	☆
海南鳅鮀 *Gobiobotia kolleri*	0.02	☆
光倒刺鲃 *Spinibarbus hollandi*	0.01	☆
鳊 *Parabramis pekinensis*	0.01	☆
棒花鱼 *Abbottina rivularis*	0.01	☆
美丽沙鳅 *Sinibotia pulchra*	0.01	☆
沙花鳅 *Cobitis arenae*	0.003	☆

注：★代表优势种；▲代表常见种；■代表一般种；●代表少见种；☆代表稀有种

右江年度渔获中鱼类丰度和生物量累积占比达 90%以上的种类约 25 种，其组成与右江鱼类组成中相对重要性指数大于 100 的常见种和优势种具有一致性，主要包括鳘、尼罗罗非鱼、鲫、鲤、莫桑比克罗非鱼、鲇、海南似鲚、黄颡鱼、银鮈、大眼鳜、泥鳅、鳙、纹唇鱼、子陵吻虾虎鱼、赤眼鳟、胡子鲇、鲢、瓦氏黄颡鱼、马口鱼、斑鳢。

(二)各位点鱼类相对重要性指数

右江各位点渔获中鱼类优势群体的组成差异显著(表 3-19)，其中鳘和尼罗罗非鱼为全流域优势种，其他优势群体空间分布差异明显。例如，斑鳢在弄瓦鱼类组成中的优势度明显高于其他调查位点；粗唇鮠和胡子鲇分别为隆安与德保的优势群体；黄鳝、鲢、鳙分别为田林、弄瓦和西林的优势群体；海南似鲚在平果和百色鱼类组成中的优势度明显高于右江其他调查位点。

表 3-19　右江各位点鱼类相对重要性指数(IRI)

种名	隆安	平果	田东	田阳	百色	田林	弄瓦	西林	德保
鳘 Hemiculter leucisculus	2551.3	3777.0	2129.4	2169.3	2387.3	3356.0	2027.9	7338.4	1506.2
尼罗罗非鱼 Oreochromis niloticus	2154.6	1489.1	2449.8	2979.1	3048.2	2344.5	1326.2	2519.0	1622.4
鲫 Carassius auratus	756.9	1614.6	881.6	1096.3	236.2	1121.0	1065.1	780.2	2457.8
鲤 Cyprinus carpio	1088.0	1042.8	1544.5	1398.6	730.4	420.3	299.0	473.1	2569.4
海南似鲚 Toxabramis houdemeri	21.4	1728.4	9.1	42.6	4048.5	298.0	0.0	18.9	0.0
莫桑比克罗非鱼 Oreochromis mossambicus	1632.2	321.6	314.9	585.2	1443.0	113.7	58.2	819.5	223.7
泥鳅 Misgurnus anguillicaudatus	53.6	6.4	205.9	62.8	38.9	625.6	53.5	140.2	4092.8
鲇 Silurus asotus	48.3	127.9	611.1	372.4	1009.6	610.5	1151.0	543.7	483.3
黄颡鱼 Pelteobagrus fulvidraco	201.5	267.1	1054.6	889.6	206.6	429.8	833.2	403.1	0.0
大眼鳜 Siniperca kneri	687.4	67.5	880.2	471.1	1007.1	19.9	950.5	0.0	0.0
银鮈 Squalidus argentatus	519.8	185.9	319.9	1518.4	312.9	627.3	0.0	295.4	15.1
赤眼鳟 Squaliobarbus curriculus	663.7	381.8	782.8	33.3	0.0	0.7	645.4	0.0	0.0
马口鱼 Opsariichthys bidens	52.5	15.6	18.0	4.9	0.0	1029.2	0.0	927.9	236.8
纹唇鱼 Osteochilus salsburyi	72.3	624.5	198.7	734.0	82.3	102.5	421.0	0.3	0.0
胡子鲇 Clarias fuscus	123.4	193.6	133.3	45.9	297.7	79.6	80.5	10.0	1233.0
子陵吻虾虎鱼 Rhinogobius giurinus	918.3	262.4	6.1	680.4	137.4	26.0	0.0	10.6	93.4
斑鳢 Channa maculata	15.9	39.9	21.0	52.8	196.5	315.1	1255.6	0.0	3.7
鳙 Aristichthys nobilis	122.4	251.7	61.5	28.8	156.5	204.8	236.5	813.5	0.0
鲢 Hypophthalmichthys molitrix	107.4	347.5	70.0	154.2	137.4	45.7	633.3	135.5	0.0
瓦氏黄颡鱼 Pelteobagrus vachelli	24.0	278.9	499.8	344.3	30.3	125.6	100.4	183.7	36.4
壮体沙鳅 Sinibotia robusta	1126.2	0.0	201.2	26.7	0.0	0.0	0.0	0.0	0.0

种名	隆安	平果	田东	田阳	百色	田林	弄瓦	西林	德保
粗唇鮠 Pseudobagrus crassilabris	749.4	40.0	322.6	97.9	22.7	52.7	34.9	10.8	6.2
斑鳠 Mystus guttatus	567.3	39.2	105.1	332.6	109.1	0.0	98.5	0.0	0.0
黄鳝 Monopterus albus	0.3	80.6	120.6	17.1	139.2	609.6	45.4	27.7	176.4
大刺鳅 Mastacembelus armatus	92.8	11.0	106.7	168.1	84.9	309.5	71.2	77.1	2.6
南方拟餐 Pseudohemiculter dispar	634.5	14.2	86.6	0.0	0.0	0.0	14.8	9.2	83.0
红鳍原鲌 Cultrichthys erythropterus	5.8	64.5	13.3	32.0	11.1	518.9	53.8	0.0	0.0
高体鳑鲏 Rhodeus ocellatus	70.5	13.6	26.8	433.9	0.0	54.2	28.5	29.7	5.0
越南鱊 Acheilognathus tonkinensis	104.1	201.8	126.9	30.1	0.0	49.7	0.0	1.7	131.1
草鱼 Ctenopharyngodon idellus	134.6	63.6	37.2	11.9	24.6	17.7	250.2	56.1	31.4
横纹南鳅 Schistura fasciolata	61.7	0.0	92.3	2.4	7.8	304.8	29.9	0.0	2.8
间鲭 Hemibarbus medius	44.3	16.4	63.5	112.5	41.7	74.7	1.6	105.6	0.0
广西副鱊 Paracheilognathus meridianus	18.4	4.9	2.3	4.9	0.0	27.0	163.9	27.4	15.7
鲮 Cirrhinus molitorella	126.8	61.6	14.9	0.0	0.0	0.0	3.6	47.7	0.0
卷口鱼 Ptychidio jordani	73.3	38.7	21.8	4.3	0.0	0.0	98.7	5.3	3.1
刺鳅 Mastacembelus aculeatus	17.8	15.9	18.7	7.8	34.8	89.9	34.5	19.7	0.0
露斯塔野鲮 Labeo rohita	2.9	0.0	30.0	2.1	0.0	165.0	0.0	0.0	0.0
蛇鮈 Saurogobio dabryi	59.3	38.4	45.0	55.5	0.0	0.0	0.0	0.0	0.0
南方白甲鱼 Onychostoma gerlachi	0.0	0.0	0.0	0.0	0.0	0.0	1.6	1.7	191.5
点纹银鮈 Squalidus wolterstorffi	35.2	22.8	43.8	8.5	0.0	36.1	0.0	0.0	31.0
翘嘴鲌 Culter alburnus	1.8	39.0	37.8	0.0	0.0	0.0	60.6	0.0	0.0
东方墨头鱼 Garra orientalis	114.7	1.4	1.4	2.8	16.3	0.0	0.0	2.5	0.0
麦穗鱼 Pseudorasbora parva	0.0	17.4	0.0	3.1	0.0	1.9	5.2	51.6	23.0
宽鳍鱲 Zacco platypus	0.0	0.0	0.0	0.0	0.0	67.9	8.9	0.0	18.9
斑鳜 Siniperca scherzeri	0.0	17.6	33.2	0.0	0.0	0.0	34.9	0.0	7.8
唇鲭 Hemibarbus labeo	48.3	2.0	30.9	0.0	0.0	0.0	3.9	1.9	0.0
条纹小鲃 Puntius semifasciolatus	0.0	69.6	0.0	3.8	0.0	0.0	0.0	0.0	0.0
月鳢 Channa asiatica	0.0	0.0	0.0	0.0	0.0	0.0	0.0	0.0	71.3
海南鲌 Culter recurviceps	0.0	5.4	49.4	0.0	7.6	0.0	0.0	0.0	0.0
大眼近红鲌 Ancherythroculter lini	5.9	32.8	2.9	0.0	10.1	0.0	5.6	0.0	0.0
无斑南鳅 Schistura incerta	0.0	0.0	0.0	0.0	0.0	56.7	0.0	0.0	0.0
大眼华鳊 Sinibrama macrops	23.0	0.0	3.0	17.0	0.0	0.0	5.4	0.0	0.0
海南华鳊 Sinibrama melrosei	29.5	0.0	0.0	0.0	0.0	0.0	11.6	0.0	0.0
福建纹胸鮡 Glyptothorax fukiensis fukiensis	0.0	0.0	0.0	0.0	0.0	38.9	0.0	0.0	0.0
麦瑞加拉鲮 Cirrhinus mrigala	1.6	10.5	0.0	0.0	0.0	0.0	19.5	3.5	0.0

种名	隆安	平果	田东	田阳	百色	田林	弄瓦	西林	德保
斑点叉尾鮰 *Ictalurus punctatus*	0.0	1.0	6.8	0.0	23.7	0.0	0.0	3.5	0.0
贵州爬岩鳅 *Beaufortia kweichowensis kweichowensis*	0.0	0.0	0.0	0.0	0.0	24.0	0.0	0.0	0.0
带半刺光唇鱼 *Acrossocheilus hemispinus cinctus*	0.0	0.0	0.0	0.0	0.0	20.4	0.0	0.0	0.0
飘鱼 *Pseudolaubuca sinensis*	2.0	0.0	17.4	0.0	0.0	0.0	0.0	0.0	0.0
青鱼 *Mylopharyngodon piceus*	0.4	0.0	0.0	0.0	15.2	0.0	1.0	0.0	0.0
革胡子鲇 *Clarias gariepinus*	0.0	0.0	0.0	0.0	0.0	0.0	1.0	0.0	11.2
中华花鳅 *Cobitis sinensis*	1.1	0.0	2.3	1.5	0.0	4.7	0.0	0.0	2.5
花斑副沙鳅 *Parabotia fasciata*	11.8	0.0	0.0	0.0	0.0	0.0	0.0	0.0	0.0
直口鲮 *Rectoris posehensis*	3.3	0.0	0.0	0.0	0.0	0.0	0.0	0.0	5.9
细身光唇鱼 *Acrossocheilus elongatus*	0.0	0.0	0.0	0.0	0.0	0.0	0.0	0.0	7.2
银鲴 *Xenocypris argentea*	4.9	0.0	0.0	0.0	0.0	0.0	1.5	0.0	0.0
花䱻 *Hemibarbus maculatus*	0.0	0.0	0.0	0.0	0.0	0.0	1.6	0.0	4.3
南方鳅鮀 *Gobiobotia meridionalis*	4.8	0.0	0.0	0.0	0.0	0.0	0.0	0.0	0.0
大鳍鳠 *Mystus macropterus*	0.0	0.0	0.0	4.5	0.0	0.0	0.0	0.0	0.0
斑纹薄鳅 *Leptobotia zebra*	0.0	0.0	3.7	0.0	0.0	0.0	0.0	0.0	0.0
中国少鳞鳜 *Coreoperca whiteheadi*	0.0	0.0	0.0	0.0	0.0	0.0	0.0	0.0	3.7
寡鳞飘鱼 *Pseudolaubuca engraulis*	3.5	0.0	0.0	0.0	0.0	0.0	0.0	0.0	0.0
台细鳊 *Rasborinus formosae*	0.0	2.8	0.0	0.0	0.0	0.0	0.0	0.0	0.0
鳊 *Parabramis pekinensis*	0.0	0.0	0.0	0.0	0.0	0.0	0.0	0.0	1.9
海南鳅鮀 *Gobiobotia kolleri*	0.0	0.0	0.0	1.8	0.0	0.0	0.0	0.0	0.0
棒花鱼 *Abbottina rivularis*	0.0	0.0	0.0	0.0	0.0	0.0	0.0	0.0	1.1
光倒刺鲃 *Spinibarbus hollandi*	0.0	0.0	0.0	0.0	1.0	0.0	0.0	0.0	0.0
美丽沙鳅 *Sinibotia pulchra*	0.0	0.0	0.0	0.8	0.0	0.0	0.0	0.0	0.0
沙花鳅 *Cobitis arenae*	0.2	0.0	0.0	0.0	0.0	0.0	0.0	0.0	0.0

　　年度渔获中鱼类相对重要性指数(表 3-18)及其在各位点的分布(表 3-19)显示,右江鱼类稀有种有 27 种,占右江总鱼类物种数的 33.75%。其分布具有空间差异,如寡鳞飘鱼、花斑副沙鳅、沙花鳅等主要分布于隆安;台细鳊等主要分布于平果;斑纹薄鳅等主要分布于田东;大鳍鳠、海南鳅鮀、美丽沙鳅等主要分布于田阳;带半刺光唇鱼、福建纹胸鮴、贵州爬岩鳅、无斑南鳅等主要分布于田林;中国少鳞鳜、棒花鱼、细身光唇鱼等主要分布于德保。

(三)各季节鱼类相对重要性指数

渔获中鱼类相对重要性指数分析结果显示(表 3-20)，鳌、鲤、鲫和尼罗罗非鱼为右江各个季节共有优势群体(IRI＞500)；其他种类优势度季节差异明显。海南似鳊为春季优势种，泥鳅为夏季优势种，其相对重要性指数分别为 796.82 和 642.25。莫桑比克罗非鱼在夏季和冬季优势度较高；黄颡鱼在秋季优势度相对较高，其相对重要性指数为 546.65；银鮈在春、秋两季优势度明显高于夏季和冬季；鳙在冬季优势度相对较高，其相对重要性指数为 511.31。

表 3-20 右江各季节优势种类相对重要性指数(IRI)

种名	春季	夏季	秋季	冬季
鳌 Hemiculter leucisculus	3513.01	4599.15	2492.24	2442.75
海南似鳊 Toxabramis houdemeri	796.82	224.88	341.63	283.59
黄颡鱼 Pelteobagrus fulvidraco	226.52	466.05	546.65	266.83
鲫 Carassius auratus	928.01	894.26	1134.03	1079.31
鲤 Cyprinus carpio	844.64	865.1	973.64	828.29
莫桑比克罗非鱼 Oreochromis mossambicus	297.22	760.63	496.7	715.33
尼罗罗非鱼 Oreochromis niloticus	2578.97	1950.72	1381.5	2743.37
泥鳅 Misgurnus anguillicaudatus	252.58	642.25	127.87	58.54
鲇 Silurus asotus	683.42	380.3	716.74	189.54
银鮈 Squalidus argentatus	716.71	224.04	601.53	17.54
鳙 Aristichthys nobilis	10.17	343.61	4.13	511.31

五、鱼类个体生态特征

(一)食性特征

鱼类食性特征从丰度和生物量上分析显示(图 3-10)，各位点以杂食性鱼类为主，其丰度百分比为 53%～92%，生物量百分比为 56%～83%；其次为肉食性鱼类，在右江各位点鱼类丰度百分比为 2%～21%，生物量百分比为 8%～28%；以水草、浮游生物与藻类为食的鱼类在右江各位点鱼类丰度和生物量百分比几乎都小于 10%，以浮游生物与藻类为食的鱼类在百色、弄瓦和西林等靠近库区的位点的鱼类生物量百分比相对较高。整体上，各位点鱼类组成的个体生态特征差异较大。

(二)栖息水层分布特征

右江各位点中，中上层种类(鳌、海南似鳊等)在靠近水库的位点(平果、百色、西林等)的鱼类丰度百分比较高，但其个体均重较小，因而在鱼类生物量中所占比例有所下降，而中下层优势群体罗非鱼在鱼类生物量中所占比例有所上升(图 3-11)。

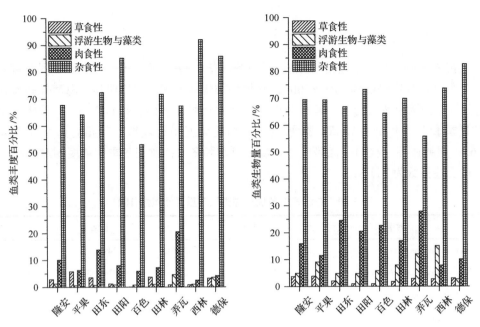

图 3-10　右江各位点鱼类群落食性特征

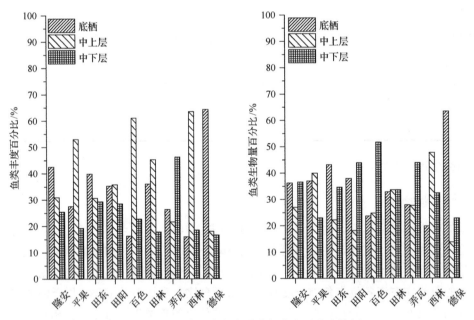

图 3-11　右江各位点鱼类群落栖息水层分布特征

（三）栖息水流特征

各位点鱼类组成以喜缓流性鱼类为主，其鱼类丰度和生物量百分比分别为 32%～67% 和 51%～74%。此外，各位点中喜急流性鱼类丰度百分比明显低于喜静水鱼类；而各位点（除了田林、西林和德保）喜急流性鱼类生物量百分比明显高于喜静水性鱼类，说明右江喜急流性鱼类个体均重明显大于喜静水性鱼类的个体均重(图 3-12)。

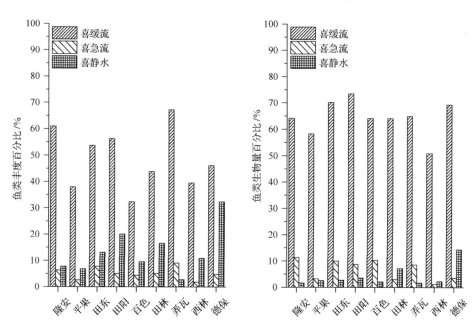

图 3-12 右江各位点鱼类群落栖息水流特征

第四节 左 江

一、鱼类种类组成

左江共记录鱼类 81 种,隶属于 6 目 16 科 61 属(附录 1)。与 20 世纪 80 年代调查到的 100 种鱼类相比,本次调查未见物种有 41 种,主要包括赤虹、鳡、瓣结鱼、颊鳞异条鳅等;新增物种 22 种,主要包括露斯塔野鲮、斑点叉尾鮰、革胡子鲇、条纹鲮脂鲤等;共有物种 59 种,主要包括鲤、鲫、草鱼、赤眼鳟等(附录 3)。

在 20 世纪 80 年代的调查和本次调查中,左江鱼类分类组成均以鲤形目、鲈形目、鲇形目为主,鲤形目种类组成占绝对优势。本次调查较 20 世纪 80 年代鲤形目物种数所占比例下降了 7.1 个百分点;鲈形目物种数所占比例增加了 1.21 个百分点;鲇形目物种数所占比例增加了 2.45 个百分点(表 3-21)。

表 3-21 左江各目鱼类百分比(%)组成

	鲤形目	鲈形目	鲇形目	蛙形目	合鳃鱼目	鲱形目	鳉形目	脂鲤目
20 世纪 80 年代	76.24	9.90	9.90	0.00	1.98	0.99	0.99	0.00
2013~2015 年	69.14	11.11	12.35	2.47	3.70	0.00	0.00	1.23

本次调查鲤形目鱼类共 56 种,主要包括 2 科 13 亚科,较 20 世纪 80 年代减少了 21

种，减少的主要为鲃亚科及鳅亚科鱼类。本次调查中，鲌亚科、鲴亚科、鲃亚科、野鲮亚科鱼类在鲤形目鱼类组成中所占比例分别为 16.07%、16.07%、8.93%、14.29%；在 20世纪 80 年代的调查中，这四科在鲤形目鱼类组成中所占比例分别为 14.29%、12.99%、15.58%、11.69%。本次调查中，鲃亚科鱼类在鲤形目中所占比例下降了 6.65 个百分点；而鲌亚科、鲴亚科鱼类所占比例分别增加了 1.78 个百分点和 3.08 个百分点(图 3-13)。

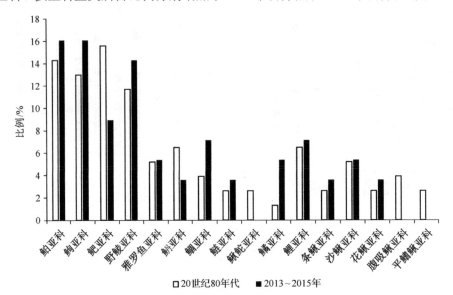

图 3-13　左江鲤形目主要亚科鱼类百分比组成

二、鱼类丰度组成

(一)年度鱼类丰度组成

左江的鱼类资源结构中(表 3-22)，年度累积鱼类丰度＞20%的种类有 6 种(银鲴、鳘、尼罗罗非鱼、鲫、海南似鲚和子陵吻虾虎鱼)，为左江鱼类丰度优势种，占鱼类物种数的7.41%。上述种类在左江年度鱼类丰度中的百分比分别为 12.60%、11.81%、9.26%、6.41%、6.23%和 5.55%，累积鱼类丰度百分比为 51.86%。银鲴、鳘、尼罗罗非鱼、鲫、海南似鲚、子陵吻虾虎鱼、莫桑比克罗非鱼、泥鳅、壮体沙鳅、纹唇鱼、鲤、斑鳢、黄颡鱼、间鲋、蛇鲴、胡子鲇、大眼鳜、点纹银鲴、广西副鱲、鲮、鲇、太湖新银鱼、马口鱼、黄鳝、南方拟鳌、粗唇鮠、高体鳑鲏、越南鱊、大刺鳅 29 种鱼类累积丰度百分比占左江年度鱼类丰度的 90.59%，其他种类累积丰度百分比不足 10%。

表 3-22　左江各季节鱼类丰度百分比(%)组成

种名	春季	夏季	秋季	冬季	平均
白肌银鱼 *Leucosoma chinensis*	0.00	0.07	0.05	0.00	0.03
斑点叉尾鲴 *Ictalurus punctatus*	0.07	0.09	0.48	0.18	0.21
斑鳜 *Siniperca scherzeri*	0.07	0.50	0.03	0.00	0.15

续表

种名	春季	夏季	秋季	冬季	平均
斑鳠 *Mystus guttatus*	0.85	3.53	1.72	2.11	2.05
斑鳢 *Channa maculata*	0.02	0.34	0.51	0.42	0.32
棒花鱼 *Abbottina rivularis*	0.00	0.00	0.00	0.31	0.08
鳘 *Hemiculter leucisculus*	11.60	8.81	13.21	13.63	11.81
草鱼 *Ctenopharyngodon idellus*	0.17	0.09	0.47	0.60	0.33
叉尾斗鱼 *Macropodus opercularis*	0.00	0.00	0.05	0.00	0.01
赤眼鳟 *Squaliobarbus curriculus*	0.81	0.74	1.04	0.50	0.77
唇鲹 *Hemibarbus labeo*	0.30	0.00	0.76	0.00	0.27
刺鳅 *Mastacembelus aculeatus*	0.12	0.83	0.89	1.13	0.74
粗唇鮠 *Leiocassis crassilabris*	0.40	0.99	1.51	0.45	0.84
大刺鳅 *Mastacembelus armatus*	0.04	0.76	1.49	0.88	0.79
大眼鳜 *Siniperca kneri*	0.51	0.62	2.52	1.41	1.27
大眼近红鲌 *Ancherythroculter lini*	0.00	0.13	0.00	0.00	0.03
大眼卷口鱼 *Ptychidio macrops*	0.00	0.04	0.00	0.00	0.01
倒刺鲃 *Spinibarbus denticulatus denticulatus*	0.03	0.01	0.02	0.00	0.02
点纹银鮈 *Squalidus wolterstorffi*	0.59	1.25	2.87	0.00	1.18
东方墨头鱼 *Garra orientalis*	0.04	0.28	0.52	0.12	0.24
高体鳑鲏 *Rhodeus ocellatus*	0.66	0.86	0.72	1.02	0.82
革胡子鲇 *Clarias gariepinus*	0.08	0.00	0.00	0.62	0.18
光倒刺鲃 *Spinibarbus hollandi*	0.01	0.00	0.00	0.04	0.01
广西副鱊 *Paracheilognathus meridianus*	2.37	0.14	1.83	0.00	1.09
海南鲌 *Culter recurviceps*	0.00	0.03	0.71	0.27	0.25
海南似鲚 *Toxabramis houdemeri*	2.37	3.33	6.54	12.66	6.23
黑鳍鳈 *Sarcocheilichthys nigripinnis*	0.12	0.06	0.03	0.00	0.05
横纹南鳅 *Schistura fasciolata*	1.57	0.02	0.00	0.00	0.40
红鳍原鲌 *Cultrichthys erythropterus*	0.09	0.09	0.23	0.00	0.10
胡子鲇 *Clarias fuscus*	0.75	0.84	2.12	1.52	1.31
花斑副沙鳅 *Parabotia fasciata*	0.00	0.64	0.00	0.00	0.16
花鲹 *Hemibarbus maculatus*	0.00	0.00	0.51	0.14	0.16
黄颡鱼 *Pelteobagrus fulvidraco*	1.05	1.85	2.28	2.49	1.92
黄鳝 *Monopterus albus*	0.06	1.51	1.07	1.23	0.97
黄尾鲴 *Xenocypris davidi*	0.07	0.00	0.00	0.02	0.02
鲫 *Carassius auratus*	9.57	3.71	4.69	7.66	6.41
间鲹 *Hemibarbus medius*	1.67	1.15	0.48	3.54	1.71
卷口鱼 *Ptychidio jordani*	0.53	0.43	0.76	0.52	0.56
宽鳍鱲 *Zacco platypus*	0.39	0.00	0.00	0.00	0.10

种名	春季	夏季	秋季	冬季	平均
鲤 *Cyprinus carpio*	2.53	2.42	3.00	2.69	2.66
鲢 *Hypophthalmichthys molitrix*	0.04	0.27	0.39	0.19	0.22
鲮 *Cirrhinus molitorella*	1.08	1.04	0.71	1.51	1.09
龙州鲤 *Cyprinus longzhouensis*	0.00	0.02	0.00	0.07	0.02
露斯塔野鲮 *Labeo rohita*	0.01	0.00	0.00	0.00	0.00
马口鱼 *Opsariichthys bidens*	1.17	0.44	0.97	1.43	1.00
麦瑞加拉鲮 *Cirrhinus mrigala*	0.12	0.02	0.17	0.09	0.10
麦穗鱼 *Pseudorasbora parva*	0.84	0.68	0.16	0.65	0.58
美丽沙鳅 *Sinibotia pulchra*	0.00	0.00	0.09	0.00	0.02
美丽小条鳅 *Traccatichthys pulcher*	0.10	0.02	0.00	0.05	0.04
蒙古鲌 *Culter mongolicus mongolicus*	0.00	0.00	0.00	0.19	0.05
莫桑比克罗非鱼 *Oreochromis mossambicus*	5.91	3.19	5.35	4.74	4.80
南方白甲鱼 *Onychostoma gerlachi*	0.44	0.00	0.01	0.00	0.11
南方拟䱗 *Pseudohemiculter dispar*	0.21	1.21	1.89	0.30	0.90
尼罗罗非鱼 *Oreochromis niloticus*	9.66	7.97	6.17	13.23	9.26
泥鳅 *Misgurnus anguillicaudatus*	3.61	2.76	6.11	4.10	4.15
鲇 *Silurus asotus*	1.06	0.66	0.94	1.64	1.08
飘鱼 *Pseudolaubuca sinensis*	0.28	0.50	0.05	0.22	0.26
翘嘴鲌 *Culter alburnus*	0.07	0.10	0.08	0.28	0.13
青鱼 *Mylopharyngodon piceus*	0.00	0.00	0.03	0.00	0.01
三角鲤 *Cyprinus multitaeniata*	0.02	0.11	0.00	0.00	0.03
蛇鮈 *Saurogobio dabryi*	0.47	4.83	1.17	0.00	1.62
中国少鳞鳜 *Coreoperca whiteheadi*	0.83	0.20	0.12	0.28	0.36
四须盘鮈 *Discogobio tetrabarbatus*	0.29	0.08	0.00	0.00	0.09
太湖新银鱼 *Neosalanx taihuensis*	4.14	0.00	0.00	0.00	1.04
条纹鲮脂鲤 *Prochilodus lineatus*	0.15	0.00	0.06	0.00	0.05
条纹小鲃 *Puntius semifasciolatus*	0.28	0.25	0.00	0.00	0.13
瓦氏黄颡鱼 *Pelteobagrus vachelli*	0.24	0.35	1.32	0.81	0.68
纹唇鱼 *Osteochilus salsburyi*	1.67	2.63	1.84	4.76	2.73
细鳞鲴 *Xenocypris microlepis*	0.04	0.01	0.00	0.00	0.01
银鲴 *Xenocypris argentea*	0.12	0.08	0.13	0.00	0.08
银鮈 *Squalidus argentatus*	12.17	25.57	10.66	2.01	12.60
鳙 *Aristichthys nobilis*	0.03	0.26	0.34	0.20	0.21
圆吻鲴 *Distoechodon tumirostris*	0.00	0.00	0.00	0.02	0.01
月鳢 *Channa asiatica*	0.06	0.19	0.14	0.13	0.13
越南鳎 *Acheilognathus tonkinensis*	1.07	1.00	0.93	0.24	0.81

续表

种名	春季	夏季	秋季	冬季	平均
越南鲇 *Silurus cochinchinensis*	0.00	0.00	0.02	0.00	0.01
长臀鮠 *Cranoglanis bouderius*	0.04	0.01	0.85	0.22	0.28
直口鲮 *Rectoris posehensis*	0.02	0.13	0.29	0.01	0.11
中华花鳅 *Cobitis sinensis*	0.29	1.31	0.11	0.36	0.52
壮体沙鳅 *Sinibotia robusta*	0.97	5.69	2.87	2.06	2.90
子陵吻虾虎鱼 *Rhinogobius giurinus*	13.00	2.26	2.92	4.03	5.55

（二）各季节鱼类丰度组成

左江各季节累积鱼类丰度百分比大于 20% 的种类中，仅鳌和尼罗罗非鱼在各季节鱼类丰度百分比均在 5% 以上，为左江年度鱼类丰度优势群体。而海南似鲚春季和夏季鱼类丰度中百分比较小，分别为 2.37% 和 3.33%；鲫为冬季和春季共同的优势种，其鱼类丰度百分比分别为 7.66% 和 9.57%；银鮈冬季鱼类丰度百分比相对较低，为 2.01%；子陵吻虾虎鱼春季鱼类丰度百分比较高，为 13.00%。

三、鱼类生物量组成

（一）年度鱼类生物量组成

左江年度鱼类生物量占比较高的主要有尼罗罗非鱼、鲤、鳌、鲫、鲇、莫桑比克罗非鱼、胡子鲇、赤眼鳟、斑鳜、草鱼、大眼鳜、泥鳅、鳙、黄颡鱼、银鮈、鲮、鲢、纹唇鱼、斑鳢、大刺鳅、间鳍、黄鳝、瓦氏黄颡鱼、斑点叉尾鲴、南方拟鳌、粗唇鮠、海南似鲚、麦瑞加拉鲮 28 种，共占左江各位点年度鱼类生物量的 90.52%（表 3-23）。年度累积鱼类生物量百分比大于 20% 的种类有：尼罗罗非鱼、鲤、鳌、鲫和鲇，其年度生物量分别占左江年度鱼类生物量的 15.52%、13.21%、7.29%、7.17% 和 6.07%，累积鱼类生物量百分比达 49.26%，为左江鱼类生物量优势种。

表 3-23　左江各季节鱼类生物量百分比（%）组成

种名	春季	夏季	秋季	冬季	平均
白肌银鱼 *Leucosoma chinensis*	0.00	0.02	0.01	0.00	0.01
斑点叉尾鲴 *Ictalurus punctatus*	0.48	0.64	1.62	0.57	0.83
斑鳜 *Siniperca scherzeri*	0.41	1.52	0.05	0.00	0.50
斑鳠 *Mystus guttatus*	2.33	2.33	4.19	2.73	2.90
斑鳢 *Channa maculata*	0.18	2.39	1.46	1.59	1.41
棒花鱼 *Abbottina rivularis*	0.00	0.00	0.00	0.04	0.01
鳌 *Hemiculter leucisculus*	6.10	7.15	6.40	9.50	7.29
草鱼 *Ctenopharyngodon idellus*	0.80	1.31	4.61	2.58	2.33
叉尾斗鱼 *Macropodus opercularis*	0.00	0.00	0.02	0.00	0.01

续表

种名	春季	夏季	秋季	冬季	平均
赤眼鳟 *Squaliobarbus curriculus*	3.58	2.53	3.17	2.56	2.96
唇䱻 *Hemibarbus labeo*	0.23	0.00	0.32	0.00	0.14
刺鳅 *Mastacembelus aculeatus*	0.09	0.94	0.49	0.91	0.61
粗唇鮠 *Leiocassis crassilabris*	0.26	0.64	1.27	0.77	0.74
大刺鳅 *Mastacembelus armatus*	0.05	1.62	1.92	1.13	1.18
大眼鳜 *Siniperca kneri*	1.90	1.39	3.74	1.57	2.15
大眼近红鲌 *Ancherythroculter lini*	0.00	0.26	0.00	0.00	0.07
大眼卷口鱼 *Ptychidio macrops*	0.00	0.04	0.00	0.00	0.01
倒刺鲃 *Spinibarbus denticulatus denticulatus*	0.41	0.18	0.32	0.00	0.23
点纹银鮈 *Squalidus wolterstorffi*	0.07	0.31	0.46	0.00	0.21
东方墨头鱼 *Garra orientalis*	0.02	0.08	0.10	0.04	0.06
高体鳑鲏 *Rhodeus ocellatus*	0.08	0.09	0.06	0.10	0.08
革胡子鲇 *Clarias gariepinus*	0.11	0.00	0.00	2.13	0.56
光倒刺鲃 *Spinibarbus hollandi*	0.14	0.00	0.00	0.16	0.08
广西副鱊 *Paracheilognathus meridianus*	0.32	0.02	0.21	0.00	0.14
海南鲌 *Culter recurviceps*	0.00	0.19	1.67	0.74	0.65
海南似鱎 *Toxabramis houdemeri*	0.60	0.44	0.63	1.25	0.73
黑鳍鳈 *Sarcocheilichthys nigripinnis*	0.03	0.02	0.01	0.00	0.02
横纹南鳅 *Schistura fasciolata*	0.29	0.02	0.00	0.00	0.08
红鳍原鲌 *Cultrichthys erythropterus*	0.26	0.09	0.25	0.00	0.15
胡子鲇 *Clarias fuscus*	3.83	4.03	4.35	3.71	3.98
花斑副沙鳅 *Parabotia fasciata*	0.00	0.17	0.00	0.00	0.04
花䱻 *Hemibarbus maculatus*	0.00	0.00	0.08	0.10	0.05
黄颡鱼 *Pelteobagrus fulvidraco*	0.85	2.33	1.34	3.28	1.95
黄鳝 *Monopterus albus*	0.31	1.66	0.76	1.32	1.01
黄尾鲴 *Xenocypris davidi*	0.39	0.00	0.00	0.13	0.13
鲫 *Carassius auratus*	11.08	5.37	4.93	7.28	7.17
间䱻 *Hemibarbus medius*	1.70	0.83	0.14	1.53	1.05
卷口鱼 *Ptychidio jordani*	0.44	0.42	0.73	0.35	0.49
宽鳍鱲 *Zacco platypus*	0.09	0.00	0.00	0.00	0.02
鲤 *Cyprinus carpio*	17.58	11.14	13.02	11.11	13.21
鲢 *Hypophthalmichthys molitrix*	0.92	2.05	2.10	1.38	1.61
鲮 *Cirrhinus molitorella*	0.97	2.04	1.87	2.07	1.74
龙州鲤 *Cyprinus longzhouensis*	0.00	0.40	0.00	0.10	0.13
露斯塔野鲮 *Labeo rohita*	0.10	0.00	0.00	0.00	0.03
马口鱼 *Opsariichthys bidens*	0.44	0.23	0.26	0.42	0.34

续表

种名	春季	夏季	秋季	冬季	平均
麦瑞加拉鲮 Cirrhinus mrigala	0.87	0.33	1.05	0.65	0.73
麦穗鱼 Pseudorasbora parva	0.23	0.11	0.01	0.09	0.11
美丽沙鳅 Sinibotia pulchra	0.00	0.00	0.02	0.00	0.01
美丽小条鳅 Traccatichthys pulcher	0.02	0.02	0.00	0.01	0.01
蒙古鲌 Culter mongolicus mongolicus	0.00	0.00	0.00	0.45	0.11
莫桑比克罗非鱼 Oreochromis mossambicus	6.19	3.76	4.48	5.05	4.87
南方白甲鱼 Onychostoma gerlachi	0.62	0.00	0.02	0.00	0.16
南方拟餐 Pseudohemiculter dispar	0.17	1.36	1.52	0.19	0.81
尼罗罗非鱼 Oreochromis niloticus	17.25	16.58	13.47	14.77	15.52
泥鳅 Misgurnus anguillicaudatus	1.48	1.25	3.51	2.24	2.12
鲇 Silurus asotus	6.73	6.17	3.62	7.75	6.07
飘鱼 Pseudolaubuca sinensis	0.13	0.37	0.02	0.09	0.15
翘嘴鲌 Culter alburnus	0.39	0.36	0.35	0.91	0.50
青鱼 Mylopharyngodon piceus	0.00	0.00	0.14	0.00	0.04
三角鲤 Cyprinus multitaeniata	0.07	0.25	0.00	0.00	0.08
蛇鮈 Saurogobio dabryi	0.18	1.24	0.15	0.00	0.39
中国少鳞鳜 Coreoperca whiteheadi	0.76	0.19	0.15	0.30	0.35
四须盘鮈 Discogobio tetrabarbatus	0.04	0.02	0.00	0.00	0.02
太湖新银鱼 Neosalanx taihuensis	0.64	0.00	0.00	0.00	0.16
条纹鲮脂鲤 Prochilodus lineatus	0.45	0.00	0.24	0.00	0.17
条纹小鲃 Puntius semifasciolatus	0.03	0.04	0.00	0.00	0.02
瓦氏黄颡鱼 Pelteobagrus vachelli	0.37	0.82	1.29	1.08	0.89
纹唇鱼 Osteochilus salsburyi	1.01	1.98	0.96	1.89	1.46
细鳞鲴 Xenocypris microlepis	0.14	0.02	0.00	0.00	0.04
银鲴 Xenocypris argentea	0.09	0.15	0.04	0.00	0.07
银鮈 Squalidus argentatus	1.54	4.18	1.13	0.26	1.78
鳙 Aristichthys nobilis	0.73	3.22	3.03	1.14	2.03
圆吻鲴 Distoechodon tumirostris	0.00	0.00	0.00	0.06	0.02
月鳢 Channa asiatica	0.16	0.64	0.24	0.27	0.33
越南鱎 Acheilognathus tonkinensis	0.14	0.14	0.11	0.03	0.11
越南鲇 Silurus cochinchinensis	0.00	0.00	0.05	0.00	0.01
长臀鮠 Cranoglanis bouderius	0.16	0.07	0.93	0.68	0.46
直口鲮 Rectoris posehensis	0.01	0.05	0.06	0.02	0.04
中华花鳅 Cobitis sinensis	0.05	0.43	0.03	0.09	0.15
壮体沙鳅 Sinibotia robusta	0.27	1.05	0.44	0.29	0.51
子陵吻虾虎鱼 Rhinogobius giurinus	1.63	0.33	0.32	0.54	0.71

(二)各季节鱼类生物量组成

左江各季节累积鱼类生物量百分比大于 20%的种类中, 鳌、鲤和尼罗罗非鱼在各季节鱼类生物量百分比均大于 5%, 为全年鱼类生物量优势群体。鲫和鲇在秋季鱼类生物量百分比相对较小, 分别为 4.93%和 3.62%, 其他种类鱼类生物量百分比季节差异不明显。

四、鱼类优势度特征

(一)年度鱼类相对重要性指数

年度渔获中优势种(IRI>500)主要有尼罗罗非鱼、鲤、鳌、银鉤、鲫、莫桑比克罗非鱼和鲇, 其相对重要性指数分别为 2439.68、1568.78、1326.53、1253.00、1177.96、823.14和 618.68(表 3-24)。除海南似鲬和子陵吻虾虎鱼在渔获中鱼类生物量百分比相对较低外, 其种类组成与左江鱼类丰度和生物量优势群体的组成基本一致。

表 3-24　左江各鱼类物种相对重要性指数(IRI)与分类

种名	相对重要性指数	分类
尼罗罗非鱼 *Oreochromis niloticus*	2439.68	★
鲤 *Cyprinus carpio*	1568.78	★
鳌 *Hemiculter leucisculus*	1326.53	★
银鉤 *Squalidus argentatus*	1253.00	★
鲫 *Carassius auratus*	1177.96	★
莫桑比克罗非鱼 *Oreochromis mossambicus*	823.14	★
鲇 *Silurus asotus*	618.68	★
胡子鲇 *Clarias fuscus*	364.37	▲
泥鳅 *Misgurnus anguillicaudatus*	338.22	▲
斑鳠 *Mystus guttatus*	312.48	▲
壮体沙鳅 *Sinibotia robusta*	235.93	▲
纹唇鱼 *Osteochilus salsburyi*	235.12	▲
赤眼鳟 *Squaliobarbus curriculus*	231.67	▲
黄颡鱼 *Pelteobagrus fulvidraco*	188.49	▲
子陵吻虾虎鱼 *Rhinogobius giurinus*	185.44	▲
大眼鳜 *Siniperca kneri*	178.31	▲
海南似鲬 *Toxabramis houdemeri*	164.27	▲
鲮 *Cirrhinus molitorella*	154.95	▲
间鲌 *Hemibarbus medius*	136.40	▲
草鱼 *Ctenopharyngodon idellus*	120.16	▲
大刺鳅 *Mastacembelus armatus*	107.06	▲
鳙 *Aristichthys nobilis*	86.71	■

续表

种名	相对重要性指数	分类
黄鳝 *Monopterus albus*	78.56	■
斑鳢 *Channa maculata*	78.41	■
蛇鮈 *Saurogobio dabryi*	77.79	■
刺鳅 *Mastacembelus aculeatus*	71.99	■
鲢 *Hypophthalmichthys molitrix*	67.41	■
南方拟鳘 *Pseudohemiculter dispar*	57.30	■
瓦氏黄颡鱼 *Pelteobagrus vachelli*	48.23	■
粗唇鮠 *Leiocassis crassilabris*	44.47	■
卷口鱼 *Ptychidio jordani*	38.52	■
点纹银鮈 *Squalidus wolterstorffi*	25.87	■
马口鱼 *Opsariichthys bidens*	23.69	■
高体鳑鲏 *Rhodeus ocellatus*	22.35	■
麦瑞加拉鲮 *Cirrhinus mrigala*	19.14	■
海南鲌 *Culter recurviceps*	18.68	■
中华花鳅 *Cobitis sinensis*	17.65	■
斑鳜 *Siniperca scherzeri*	17.50	■
斑点叉尾鮰 *Ictalurus punctatus*	15.49	■
中国少鳞鳜 *Coreoperca whiteheadi*	15.05	■
翘嘴鲌 *Culter alburnus*	14.39	■
麦穗鱼 *Pseudorasbora parva*	12.65	■
越南鱊 *Acheilognathus tonkinensis*	12.39	■
飘鱼 *Pseudolaubuca sinensis*	11.23	■
长臀鮠 *Cranoglanis bouderius*	9.47	●
广西副鱊 *Paracheilognathus meridianus*	8.08	●
月鳢 *Channa asiatica*	7.65	●
革胡子鲇 *Clarias gariepinus*	7.54	●
东方墨头鱼 *Garra orientalis*	4.73	●
唇鲭 *Hemibarbus labeo*	4.34	●
横纹南鳅 *Schistura fasciolata*	4.19	●
太湖新银鱼 *Neosalanx taihuensis*	2.73	●
倒刺鲃 *Spinibarbus denticulatus denticulatus*	2.56	●
条纹小鲃 *Puntius semifasciolatus*	2.35	●
直口鲮 *Rectoris posehensis*	1.97	●
红鳍原鲌 *Cultrichthys erythropterus*	1.93	●
南方白甲鱼 *Onychostoma gerlachi*	1.77	●
花鲭 *Hemibarbus maculatus*	1.67	●
银鲴 *Xenocypris argentea*	1.66	●
条纹鲮脂鲤 *Prochilodus lineatus*	1.56	●

续表

种名	相对重要性指数	分类
三角鲤 *Cyprinus multitaeniata*	1.15	●
黄尾鲴 *Xenocypris davidi*	0.95	☆
龙州鲤 *Cyprinus longzhouensis*	0.90	☆
花斑副沙鳅 *Parabotia fasciata*	0.83	☆
四须盘鮈 *Discogobio tetrabarbatus*	0.83	☆
大眼近红鲌 *Ancherythroculter lini*	0.73	☆
黑鳍鳈 *Sarcocheilichthys nigripinnis*	0.55	☆
美丽小条鳅 *Traccatichthys pulcher*	0.51	☆
光倒刺鲃 *Spinibarbus hollandi*	0.34	☆
蒙古鲌 *Culter mongolicus mongolicus*	0.28	☆
宽鳍鱲 *Zacco platypus*	0.26	☆
细鳞鲴 *Xenocypris microlepis*	0.25	☆
白肌银鱼 *Leucosoma chinensis*	0.23	☆
棒花鱼 *Abbottina rivularis*	0.14	☆
青鱼 *Mylopharyngodon piceus*	0.10	☆
大眼卷口鱼 *Ptychidio macrops*	0.08	☆
露斯塔野鲮 *Labeo rohita*	0.06	☆
美丽沙鳅 *Sinibotia pulchra*	0.06	☆
越南鲇 *Silurus cochinchinensis*	0.04	☆
叉尾斗鱼 *Macropodus opercularis*	0.04	☆
圆吻鲴 *Distoechodon tumirostris*	0.03	☆

注：★代表优势种；▲代表常见种；■代表一般种；●代表少见种；☆代表稀有种

(二)各位点鱼类相对重要性指数

左江各位点鱼类优势群体组成显示(表 3-25)，鲤、鲫、莫桑比克罗非鱼、尼罗罗非鱼、鳘和银鮈为全流域优势种，其他优势群体空间分布差异明显。例如，赤眼鳟和海南似鲚在扶绥鱼类组成中的优势度明显高于其在左江其他调查位点的优势度；斑鱯、大眼鳜、黄颡鱼和壮体沙鳅在龙州优势度相对较高；黄鳝、泥鳅、纹唇鱼和马口鱼在靖西鱼类组成中优势度相对较高。

表 3-25　左江各位点鱼类相对重要性指数(IRI)

种名	扶绥	崇左	宁明	龙州	靖西
尼罗罗非鱼 *Oreochromis niloticus*	2779.6	2466.8	2850.9	1695.4	2772.3
鳘 *Hemiculter leucisculus*	2698.9	1362.1	1692.8	2181.1	85.6
鲤 *Cyprinus carpio*	1580.5	1638.4	1295.0	1793.0	1703.0
鲫 *Carassius auratus*	1084.0	1293.3	894.7	1161.0	2113.4
银鮈 *Squalidus argentatus*	894.6	817.0	1555.7	1064.6	741.0

续表

种名	扶绥	崇左	宁明	龙州	靖西
莫桑比克罗非鱼 Oreochromis mossambicus	707.3	816.6	681.5	758.7	1592.8
鲇 Silurus asotus	578.7	553.9	695.7	575.2	837.9
泥鳅 Misgurnus anguillicaudatus	469.3	158.4	0.0	305.6	1558.1
胡子鲇 Clarias fuscus	246.3	478.9	475.1	348.7	400.9
斑鳠 Mystus guttatus	103.0	182.8	317.9	1327.6	13.9
纹唇鱼 Osteochilus salsburyi	38.3	31.6	277.5	237.7	997.9
海南似鱎 Toxabramis houdemeri	1057.4	0.0	166.3	0.0	357.4
赤眼鳟 Squaliobarbus curriculus	559.4	462.8	80.8	422.5	0.0
黄颡鱼 Pelteobagrus fulvidraco	196.6	194.0	37.4	871.5	11.3
大眼鳜 Siniperca kneri	179.8	221.9	199.1	595.3	0.0
壮体沙鳅 Sinibotia robusta	331.1	102.4	223.7	517.6	0.0
子陵吻虾虎鱼 Rhinogobius giurinus	236.6	442.9	129.5	96.0	230.5
鲮 Cirrhinus molitorella	278.9	91.6	249.0	365.8	0.0
黄鳝 Monopterus albus	84.6	5.9	0.0	16.1	665.9
间䱕 Hemibarbus medius	155.5	49.8	243.9	146.6	145.7
草鱼 Ctenopharyngodon idellus	48.7	303.1	202.9	130.7	52.7
马口鱼 Opsariichthys bidens	0.2	0.0	0.0	0.0	580.1
大刺鳅 Mastacembelus armatus	85.1	85.4	141.8	186.4	40.6
鳙 Aristichthys nobilis	157.3	46.0	91.0	8.3	146.0
斑鳢 Channa maculata	77.2	69.4	151.0	4.5	123.3
刺鳅 Mastacembelus aculeatus	61.7	77.7	28.4	223.7	27.7
粗唇鮠 Leiocassis crassilabris	5.5	61.6	18.9	328.5	0.0
瓦氏黄颡鱼 Pelteobagrus vachelli	140.8	3.8	0.4	262.3	2.3
蛇鮈 Saurogobio dabryi	136.8	226.7	0.7	18.6	14.7
点纹银鮈 Squalidus wolterstorffi	0.0	299.9	0.0	78.0	0.0
鲢 Hypophthalmichthys molitrix	201.3	39.9	34.0	19.0	60.9
南方拟䱗 Pseudohemiculter dispar	96.4	137.8	5.4	73.4	3.3
卷口鱼 Ptychidio jordani	43.0	52.2	2.4	217.2	0.0
高体鳑鲏 Rhodeus ocellatus	0.0	9.7	0.0	43.0	207.3
越南鱊 Acheilognathus tonkinensis	0.3	0.0	0.0	206.3	0.0
麦穗鱼 Pseudorasbora parva	2.8	0.0	0.0	2.1	183.9
月鳢 Channa asiatica	0.0	0.0	0.0	0.0	184.9
中华花鳅 Cobitis sinensis	0.0	0.0	3.1	3.9	171.6
麦瑞加拉鲮 Cirrhinus mrigala	36.2	8.7	120.2	0.9	4.1
海南鲌 Culter recurviceps	31.9	8.0	96.8	15.6	0.0

续表

种名	扶绥	崇左	宁明	龙州	靖西
长臀鮠 Cranoglanis bouderius	0.0	0.0	89.7	44.0	0.0
中国少鳞鳜 Coreoperca whiteheadi	3.7	7.4	0.7	7.6	99.0
斑点叉尾鲴 Ictalurus punctatus	0.5	1.5	48.1	63.9	0.0
广西副鱊 Paracheilognathus meridianus	73.2	31.8	0.0	0.0	0.0
翘嘴鲌 Culter alburnus	29.3	30.1	23.7	14.6	0.0
斑鳜 Siniperca scherzeri	7.2	6.7	0.9	58.3	9.4
革胡子鲇 Clarias gariepinus	12.0	0.0	12.5	2.6	47.6
太湖新银鱼 Neosalanx taihuensis	0.0	0.0	72.5	0.0	0.0
飘鱼 Pseudolaubuca sinensis	44.2	9.6	0.0	17.6	0.0
横纹南鳅 Schistura fasciolata	0.0	0.0	0.0	12.5	50.0
南方白甲鱼 Onychostoma gerlachi	0.0	0.0	0.0	0.0	52.6
直口鲮 Rectoris posehensis	0.0	0.0	0.0	1.1	33.6
东方墨头鱼 Garra orientalis	9.4	3.0	0.0	22.1	0.0
唇鲷 Hemibarbus labeo	15.2	4.8	9.4	4.5	0.0
条纹小鲃 Puntius semifasciolatus	0.0	0.0	0.0	1.4	32.1
红鳍原鲌 Cultrichthys erythropterus	5.7	0.0	18.2	0.0	0.0
花鲷 Hemibarbus maculatus	4.5	0.0	9.9	0.0	3.7
龙州鲤 Cyprinus longzhouensis	0.0	0.0	0.0	17.9	0.0
条纹鲮脂鲤 Prochilodus lineatus	0.0	0.0	10.5	1.1	4.4
倒刺鲃 Spinibarbus denticulatus denticulatus	2.3	6.0	0.0	1.9	5.0
三角鲤 Cyprinus multitaeniata	0.5	0.0	0.0	11.6	0.0
银鲴 Xenocypris argentea	6.6	2.6	0.0	2.3	0.0
蒙古鲌 Culter mongolicus mongolicus	0.0	0.0	11.1	0.0	0.0
大眼近红鲌 Ancherythroculter lini	0.0	0.0	0.0	11.0	0.0
花斑副沙鳅 Parabotia fasciata	10.7	0.0	0.0	0.0	0.0
黄尾鲴 Xenocypris davidi	3.1	4.4	0.0	2.3	0.0
黑鳍鳈 Sarcocheilichthys nigripinnis	0.0	7.2	0.0	1.1	0.0
宽鳍鱲 Zacco platypus	0.0	0.0	0.0	0.0	7.6
四须盘鮈 Discogobio tetrabarbatus	1.0	2.1	0.0	3.8	0.0
美丽小条鳅 Traccatichthys pulcher	0.0	0.0	0.0	3.8	3.0
棒花鱼 Abbottina rivularis	0.0	0.0	6.6	0.0	0.0
细鳞鲴 Xenocypris microlepis	0.0	0.0	0.0	5.3	0.0
光倒刺鲃 Spinibarbus hollandi	0.0	0.0	3.4	1.9	0.0
白肌银鱼 Leucosoma chinensis	0.0	0.0	1.4	1.2	0.0
青鱼 Mylopharyngodon piceus	0.0	0.0	0.0	2.0	0.0

续表

种名	扶绥	崇左	宁明	龙州	靖西
美丽沙鳅 *Sinibotia pulchra*	0.0	0.0	0.0	1.6	0.0
露斯塔野鲮 *Labeo rohita*	0.0	0.0	0.0	1.4	0.0
越南鲇 *Silurus cochinchinensis*	0.0	0.0	0.0	0.0	1.2
叉尾斗鱼 *Macropodus opercularis*	0.0	0.0	0.0	0.0	1.2
大眼卷口鱼 *Ptychidio macrops*	0.0	0.0	0.0	1.1	0.0
圆吻鲴 *Distoechodon tumirostris*	1.0	0.0	0.0	0.0	0.0

年度渔获中鱼类相对重要性指数(表 3-24)及其在各位点的分布(表 3-25)显示,左江鱼类稀有种有 20 种,占左江总鱼类物种数的 24.69%。其分布具有空间差异,例如,花斑副沙鳅、圆吻鲴等主要分布于扶绥;龙州鲤、大眼近红鲌、细鳞鲴、青鱼、美丽沙鳅、露斯塔野鲮、大眼卷口鱼等主要分布于龙州;太湖新银鱼、蒙古鲌、棒花鱼等主要分布于宁明;月鳢、南方白甲鱼、宽鳍鱲、越南鲇、叉尾斗鱼等主要分布于靖西。

(三)各季节鱼类相对重要性指数

渔获中鱼类相对重要性指数分析结果显示(表 3-26),鳘、鲤、鲫、尼罗罗非鱼和莫桑比克罗非鱼为左江各季节共有优势群体(IRI>500);其他种类优势度季节差异明显。大眼鳜、胡子鲇和泥鳅为秋季优势群体,其相对重要性指数分别为 500.5、517.49 和 673.65;子陵吻虾虎鱼为春季优势群体,其相对重要性指数为 1169.78;银鮈在冬季优势度较低,其相对重要性指数为 45.39,明显低于其他各季节。

表 3-26　左江各季节鱼类优势群体相对重要性指数(IRI)

种名	春季	夏季	秋季	冬季
鳘 *Hemiculter leucisculus*	1415.56	947.56	1507.21	1850.16
大眼鳜 *Siniperca kneri*	120.61	100.39	500.50	119.15
胡子鲇 *Clarias fuscus*	274.86	388.98	517.49	313.93
鲫 *Carassius auratus*	2065.24	817.60	770.18	1494.41
鲤 *Cyprinus carpio*	2010.75	1356.04	1602.40	1379.81
莫桑比克罗非鱼 *Oreochromis mossambicus*	1210.14	555.92	786.19	978.80
尼罗罗非鱼 *Oreochromis niloticus*	2691.65	2454.65	1964.70	2799.35
泥鳅 *Misgurnus anguillicaudatus*	254.33	240.64	673.65	316.89
鲇 *Silurus asotus*	623.17	682.53	364.61	939.01
银鮈 *Squalidus argentatus*	1096.91	2975.14	943.86	45.39
子陵吻虾虎鱼 *Rhinogobius giurinus*	1169.78	51.82	64.89	45.69

五、鱼类个体生态特征

(一)食性特征

鱼类食性特征从丰度和生物量上分析显示(图 3-14),各位点以杂食性鱼类为主,其鱼类丰度百分比为 70%~86%,生物量百分比为 68%~78%;其次为肉食性鱼类,在各位点的鱼类丰度百分比为 4%~15%,生物量百分比为 13%~23%;以水草、浮游生物与藻类为食的鱼类在各位点鱼类丰度和生物量百分比均小于10%。

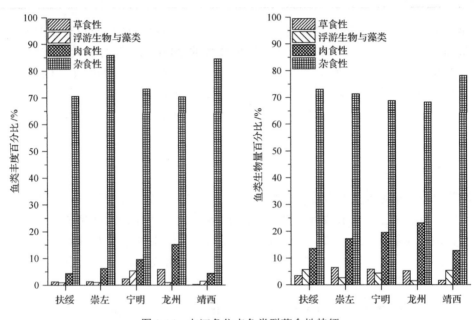

图 3-14　左江各位点鱼类群落食性特征

(二)栖息水层分布特征

左江各位点鱼类栖息水层差异显著(图 3-15),扶绥和宁明以中上层种类为主,鱼类丰度百分比分别为45.3%和48.2%;其他调查位点(崇左、龙州、靖西)以底栖种类为主,其丰度百分比分别为40.2%、50.1%、39.9%。除靖西外,中下层种类在左江各位点鱼类组成中百分比最低。此外,左江各位点底栖种类生物量百分比较高,其次为中下层种类,中上层种类生物量百分比最低。

中上层种类的鱼类丰度百分比高于中下层种类,但中上层种类主要为鳘、海南似鲚、银鮈等小型鱼类;中下层种类主要为尼罗罗非鱼、莫桑比克罗非鱼、斑鳢、大眼鳜等中型个体鱼类,因此,中上层种类和中下层种类的鱼类丰度及鱼类生物量百分比呈现相反的特点,说明左江中下层种类个体均重明显大于中上层种类。

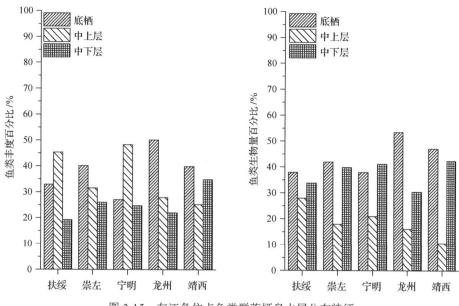

图 3-15　左江各位点鱼类群落栖息水层分布特征

(三)栖息水流特征

　　各位点鱼类组成以喜缓流性鱼类为主，鱼类丰度和生物量百分比分别为 43%～61% 和 66%～77%，说明喜缓流性鱼类个体均重相对较大。此外，喜静水鱼类在各位点鱼类 组成中的百分比明显高于喜急流性鱼类；除靖西外，各位点喜急流性鱼类和喜静水鱼类 生物量百分比与其在鱼类丰度百分比上具有相反的趋势(图 3-16)。

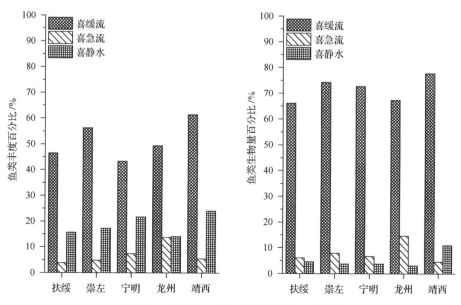

图 3-16　左江各位点鱼类群落栖息水流特征

第五节　红　水　河

一、鱼类种类组成

　　红水河共记录鱼类 109 种，隶属于 8 目 23 科 87 属（附录 1）。其中鲤形目 74 种，占鱼类总物种数的 67.9%；鲇形目 16 种，鲈形目 11 种，分别占鱼类总物种数的 14.7%、10.1%。其余各目物种数共占鱼类总物种数的 7.3%（表 3-27）。

表 3-27　红水河鱼类分类

目	科	属	种
合鳃鱼目	2	2	2
鲑形目	1	1	1
鲤形目	3	62	74
鲈形目	6	7	11
鳗鲡目	1	1	2
鲇形目	7	11	16
鲀形目	1	1	1
脂鲤目	2	2	2
合计	23	87	109

二、鱼类丰度组成

（一）年度鱼类丰度组成

　　红水河的鱼类资源结构中，年度鱼类丰度 >5% 的种类包括子陵吻虾虎鱼、南方拟鳘、尼罗罗非鱼和高体鳑鲏，为红水河鱼类丰度优势群体，各种类年度丰度百分比分别为 48.90%、11.09%、5.58% 和 5.42%，子陵吻虾虎鱼丰度百分比明显高于其他种类，优势群体累积鱼类丰度百分比占红水河年度总鱼类丰度组成的 70.99%。子陵吻虾虎鱼、南方拟鳘、尼罗罗非鱼、高体鳑鲏、太湖新银鱼、马口鱼、大鳍鳠、四须盘鮈、黄颡鱼、鲫、瓦氏黄颡鱼、鳘等 12 种鱼类在红水河年度鱼类丰度组成中所占比例相对较高，累积鱼类丰度百分比为 91.85%，其他种类累积丰度百分比不足 10%。

（二）各季节鱼类丰度组成

　　子陵吻虾虎鱼各季节鱼类丰度百分比明显高于其他种类，南方拟鳘夏季丰度相对较低，其他种类季节差异较小。此外，调查江河优势种季节特征明显，如太湖新银鱼和瓦氏黄颡鱼为红水河秋季优势种；马口鱼和大鳍鳠为春季优势种；四须盘鮈为冬季优势种，其他鱼类年度丰度百分比相对较低且季节差异不明显。

三、鱼类生物量组成

（一）年度鱼类生物量组成

　　红水河年度鱼类生物量占比较高的种类主要有尼罗罗非鱼、鲤、南方拟鳘、子陵吻虾虎鱼、青鱼、卷口鱼、斑鳠、瓦氏黄颡鱼、革胡子鲇、鲇、黄颡鱼、鲢、鳙、鲫、草鱼、银鮈、斑鳜、南方白甲鱼、大刺鳅等 24 种，占年度总鱼类生物量的 87.8%。

（二）各季节鱼类生物量组成

红水河年度鱼类生物量百分比大于 5% 的种类包括尼罗罗非鱼、鲤、南方拟䱗和子陵吻虾虎鱼，其年度生物量百分比分别为 25.41%、10.47%、6.26% 和 5.22%，累积所占鱼类生物量百分比为 47.36%，为红水河鱼类生物量年度优势群体。其中，尼罗罗非鱼、鲤和子陵吻虾虎鱼生物量百分比季节差异较小，秋、冬两季南方拟䱗生物量百分比明显高于春、夏两季。此外，鲢、鳙在春季表现出较高的优势度；斑鳠、革胡子鲇、卷口鱼和青鱼在夏季生物量百分比相对较高；瓦氏黄颡鱼秋季生物量百分比高于其他季节；银鮈生物量百分比在冬季相对较高，表现出明显的季节变化特征。

四、鱼类优势度特征

年度渔获中优势种（IRI＞500）主要有子陵吻虾虎鱼、尼罗罗非鱼、南方拟䱗和鲤 4 种，其相对重要性指数分别为 3608.00、2840.75、1156.67 和 994.58，占鱼类物种数的 3.67%，说明该江河鱼类优势集中度较高。红水河年度渔获中常见种有 10 种，包括马口鱼、黄颡鱼、瓦氏黄颡鱼、高体鳑鲏、鲫、革胡子鲇、青鱼、鲢、鲇和卷口鱼；稀有种主要包括鲮、伍氏盘口鲮、点纹银鮈、短盖巨脂鲤、鳊、光倒刺鲃等 15 种，占总鱼类物种数的 13.76%。

第六节　柳　　江

一、鱼类种类组成

柳江共记录鱼类 86 种，隶属于 7 目 19 科 70 属（附录 1）。其中鲤形目 60 种，占鱼类总物种数的 69.8%；鲇形目和鲈形目各 10 种，均占鱼类总物种数的 11.6%。其余各目物种数共占鱼类总物种数的 7.0%（表 3-28）。

表 3-28　柳江鱼类分类

目	科	属	种
合鳃鱼目	2	2	2
鲑形目	1	1	1
鲤形目	3	50	60
鲈形目	6	7	10
鳗鲡目	1	1	2
鲇形目	5	8	10
脂鲤目	1	1	1
合计	19	70	86

二、鱼类丰度组成

南方拟鳘、黄颡鱼、大眼华鳊、侧条光唇鱼、粗唇鮈、银鮈、大眼鳜、斑鳜、点纹银鮈、大刺鳅、鲤、海南华鳊、子陵吻虾虎鱼、宽鳍鱲等 18 种鱼类在柳江年度鱼类丰度组成中所占比例相对较高，累积鱼类丰度百分比为 92.20%，其他种类累积丰度百分比不足 10%。

在时间尺度上，柳江各季节鱼类丰度组成显示，年度鱼类丰度＞5%的种类有 8 种：黄颡鱼、南方拟鳘、大眼华鳊、侧条光唇鱼、粗唇鮈、大眼鳜、银鮈和斑鳜，为柳江鱼类丰度优势种，占鱼类物种数的 9.30%，各优势种年度鱼类丰度百分比分别为 13.03%、12.72%、10.17%、8.49%、8.35%、8.19%、7.56%和 5.30%，累积鱼类丰度百分比占柳江年度总鱼类丰度的 73.81%。调查显示，柳江部分种类季节特征明显，大刺鳅为柳江夏季丰度优势群体。其他种类年度丰度百分比相对较低，且季节差异不明显。

三、鱼类生物量组成

柳江年度鱼类生物量百分比较高的种类主要有粗唇鮈、鲤、黄颡鱼、斑鳜、大眼华鳊、大眼鳜、南方拟鳘、银鮈、大刺鳅、侧条光唇鱼、大鳍鳠、赤眼鳟、鲢、点纹银鮈、草鱼、间鲪和子陵吻虾虎鱼，共计 17 种，占年度鱼类总生物量的 94.22%。其中，生物量百分比大于5%的种类包括粗唇鮈、黄颡鱼、斑鳜、鲤、大眼鳜、大眼华鳊，其生物量百分比分别为 15.74%、14.90%、11.39%、10.63%、10.56%、6.92%，累积鱼类生物量百分比达 70.14%，为柳江鱼类生物量年度优势群体。

四、鱼类优势度特征

年度渔获中优势种(IRI＞500)主要有黄颡鱼、粗唇鮈、大眼鳜、南方拟鳘、大眼华鳊、侧条光唇鱼、银鮈和鲤，其相对重要性指数分别为 2407.76、2242.86、1745.69、1494.83、1473.28、1027.86、1017.59、837.31，优势种种类数占鱼类总物种数的 9.30%，该江河鱼类优势集中度与红水河相比较低，且优势种类为土著鱼类。尼罗罗非鱼、莫桑比克罗非鱼等外来鱼类在渔获中所占比例较低，为调查江河少见种类，其在鱼类组成中的相对重要性指数分别为 1.93 和 1.86。稀有种主要包括：麦穗鱼、中华花鳅、光倒刺鲃、横纹南鳅、美丽沙鳅、福建纹胸鳅等 10 种，占鱼类总物种数的 11.63%。

第七节　贺　江

贺江共记录鱼类 57 种，隶属于 6 目 16 科 51 属(附录 1)。其中鲤形目 36 种，占贺江鱼类总物种数的 63.16%，鲈形目 9 种，占总物种数的 15.79%，鲇形目 8 种，占总物种数的 14.04%(表 3-29)。鲤科种类组成占绝对优势，有 33 种，占总物种数的 57.89%，鳅科 4 种，占总物种数的 7.02%，鳅科 3 种，占总物种数的 5.26%。贺江各位点鱼类名录列于表 3-30。

表 3-29 贺江鱼类分类

目	科	属	种
鲑形目	1	1	1
合鳃鱼目	2	2	2
鲤形目	2	34	36
鲈形目	5	6	9
鳗鲡目	1	1	1
鲇形目	5	7	8
合计	16	51	57

表 3-30 贺江各位点鱼类名录

种类	白垢	南丰	贺街	富川
白肌银鱼 *Leucosoma chinensis*				+
日本鳗鲡 *Anguilla japonica*	+			
马口鱼 *Opsariichthys bidens*		+	+	+
宽鳍鱲 *Zacco platypus*	+	+	+	+
青鱼 *Mylopharyngodon piceus*		+	+	
草鱼 *Ctenopharyngodon idellus*	+	+	+	+
红鳍原鲌 *Cultrichthys erythropterus*			+	+
海南鲌 *Culter recurviceps*	+	+	+	+
团头鲂 *Megalobrama amblycephala*		+		
南方拟鳘 *Pseudohemiculter dispar*	+	+	+	+
鳘 *Hemiculter leucisculus*	+	+	+	+
鳙 *Aristichthys nobilis*	+	+	+	+
鲢 *Hypophthalmichthys molitrix*	+	+	+	+
唇鲭 *Hemibarbus labeo*	+	+	+	+
麦穗鱼 *Pseudorasbora parva*	+		+	+
银鮈 *Squalidus argentatus*	+		+	
江西鳈 *Sarcocheilichthys kiangsiensis*	+	+	+	
棒花鱼 *Abbottina rivularis*		+		+
福建小鳔鮈 *Microphysogobio fukiensis*			+	+
似鮈 *Pseudogobio vaillanti*		+		
吻鮈 *Rhinogobio typus*		+	+	
高体鳑鲏 *Rhodeus ocellatus*	+		+	
中华鳑鲏 *Rhodeus sinensis*		+		
越南鱊 *Acheilognathus tonkinensis*	+		+	+

续表

种类	白垢	南丰	贺街	富川
条纹小鲃 *Puntius semifasciolatus*	+	+	+	
光倒刺鲃 *Spinibarbus hollandi*		+		
倒刺鲃 *Spinibarbus denticulatus denticulatus*		+		
侧条光唇鱼 *Acrossocheilus parallens*			+	+
鲤 *Cyprinus carpio*	+	+	+	+
鲫 *Carassius auratus*	+	+	+	+
纹唇鱼 *Osteochilus salsburyi*	+	+		+
鲮 *Cirrhinus molitorella*	+	+	+	+
露斯塔野鲮 *Labeo rohita*		+		
异华鲮 *Parasinilabeo assimilis*		+		
南方鳅蛇 *Gobiobotia meridionalis*		+		
美丽小条鳅 *Traccatichthys pulcher*		+		
花斑副沙鳅 *Parabotia fasciata*	+			
泥鳅 *Misgurnus anguillicaudatus*	+	+	+	+
鲇 *Silurus asotus*	+	+	+	+
胡子鲇 *Clarias fuscus*	+	+		+
黄颡鱼 *Pelteobagrus fulvidraco*	+	+	+	+
中间黄颡鱼 *Pelteobagrus intermedius*		+		
粗唇鮠 *Pseudobagrus crassilabris*	+	+	+	+
斑鳠 *Mystus guttatus*	+	+	+	+
福建纹胸鮡 *Glyptothorax fukiensis fukiensis*			+	
斑点叉尾鮰 *Ictalurus punctatus*	+			
黄鳝 *Monopterus albus*	+	+	+	+
大眼鳜 *Siniperca kneri*	+	+	+	+
斑鳜 *Siniperca scherzeri*	+	+	+	+
中国少鳞鳜 *Coreoperca whiteheadi*		+	+	+
莫桑比克罗非鱼 *Oreochromis mossambicus*	+	+	+	+
尼罗罗非鱼 *Oreochromis niloticus*	+	+		
子陵吻虾虎鱼 *Rhinogobius giurinus*	+	+	+	+
叉尾斗鱼 *Macropodus opercularis*			+	
斑鳢 *Channa maculata*	+	+	+	+
月鳢 *Channa asiatica*	+	+	+	
大刺鳅 *Mastacembelus armatus*	+	+	+	+

第八节　结　论

一、鱼类资源组成与分布

本次调查珠江流域广西主要江河共有鱼类 158 种，以鲤形目、鲇形目和鲈形目为主，且鲤形目种类组成占绝对优势，而鲤形目中以鲃亚科和鮈亚科等种类较多。

广西各江河鱼类丰度优势种有所差异，其中，鳌为桂江、郁江、右江、左江的丰度优势种，尼罗罗非鱼为郁江、右江、左江、红水河的丰度优势种，银鮈为郁江、右江、左江、柳江的丰度优势种。调查江河部分种类鱼类丰度表现出一定的季节性，鳌和尼罗罗非鱼为郁江、右江、左江等年度鱼类丰度优势种。鲤为桂江、右江、左江、红水河、柳江全年鱼类生物量优势群体，尼罗罗非鱼为郁江、右江、左江、红水河全年鱼类生物量优势群体。

根据相对重要性指数计算，本次调查中珠江流域广西主要江河鱼类优势种包括鲤、鲫、鳌、尼罗罗非鱼、莫桑比克罗非鱼、黄颡鱼等，较 20 世纪 80 年代调查的鱼类优势种组成发生了变化，20 世纪 80 年代调查中的优势种主要有青鱼、草鱼、赤眼鳟、鳊、南方白甲鱼、鲮、卷口鱼、鲤和斑鳢等。

鱼类生态特征上，杂食性鱼类、喜缓流性鱼类、底栖鱼类、产黏性卵鱼类在鱼类物种数中所占比例较高，与 20 世纪 80 年代相比，各江河杂食性鱼类比例上升，喜急流性鱼类比例下降，桂江和左江底栖鱼类比例下降，郁江和右江底栖鱼类比例增加，沉性和半浮性卵比例下降，说明江河的片段化发展一方面导致了水质状况的改变，从而使杂食性鱼类比例增加，另一方面引起了水文条件的改变，从而使急流性鱼类比例减少。此外，江河的片段化发展还会导致鱼类底栖环境的变化，且对山区狭窄型流域鱼类群落结构的影响也更加明显。

二、鱼类资源管理与保护策略

(一)生态调度

各流域梯级电站的开发利用使河流日趋片段化。大坝的阻隔不仅限制了各位点鱼类群落的交流，切断了鱼类的洄游通道，使得绝大多数洄游性鱼类(日本鳗鲡、花鳗鲡、白肌银鱼等)无法正常完成其生活史过程，造成洄游性鱼类种群数量下降(易雨君和王兆印，2009)，同时还会导致调查流域内水位、流速等水文特征发生改变，进而引发一系列生态效应，对鱼类的生长繁殖及栖息环境等产生极大的影响(Kanehl et al.，1997；Santucci et al.，2005；刘建康等，1992；Salazar，2000)。对此，可通过生态调度以减缓水利工程建设的生态影响，调度运行应充分考虑水生生物的生长特性，结合保护目标物种的生长繁殖习性设计调度方案(陈庆伟等，2007)。

(二)增殖放流

人工增殖放流是目前最常用的鱼类资源保护措施之一。目前的增殖放流多是基于提高江河渔业资源生物量的角度出发，如四大家鱼的大量投放，就没有考虑生态位的空缺或群落结构，因此具有一定的盲目性。不同类型的水域环境增殖放流，要结合对应水域鱼类群落组成特点，根据实际情况考虑放流种类的选择。此外，人工增殖放流的规模需要进行合理的控制，不能破坏自然种群的遗传多样性，且增殖放流应根据鱼类群落结构特点和生态位的基础考虑放流物种的搭配，从而减少对土著鱼类生态位的影响，避免单纯地以经济为目的的四大家鱼的投放。因此，在进行人工放流的同时还需要对自然种群进行遗传学的监测及生态学的评价，防止遗传多样性的丧失及物种多样性的下降。

(三)外来物种防控

对于有意引入的物种，应完善生态安全风险评价制度，引入后对外来物种入侵进行风险评估，并定期监测其在自然水域中的种群数量。无意引入的物种因缺乏相关的评估和控制体系，易造成严重的生态后果，因此，应对可能的引入渠道(如航运、放生、养殖逃逸等)进行严格的排查、监控和管理。例如，罗非鱼、革胡子鲇、斑点叉尾鲴等外来种类已被明确列为广西水域不宜放生的鱼类。本次调查结果显示，近年来郁江、右江、左江和红水河罗非鱼种群的数量急剧增长且分布范围不断扩展。尼罗罗非鱼在郁江、右江、左江各江河年度鱼类丰度中所占比例分别为 8.77%、7.71% 和 9.26%；在年度鱼类生物量中所占比例分别为 11.55%、16.29% 和 15.52%。研究显示，罗非鱼种群数量增长是近年来人类活动引起的生境变迁及罗非鱼大规模产业化养殖管理不善共同作用的结果。综上所述，建议加强对鱼类栖息地的保护并严格规范自然水体中罗非鱼及其他外来物种的大规模网箱养殖。

(四)合理捕捞

合理捕捞是稳定渔业产量、保证鱼类资源可持续发展，以及维持鱼类多样性在较高水平的基础条件。本次调查发现，在珠江流域广西主要江河不合理的渔具渔法的使用仍然存在，其对生活史周期长、性成熟较晚及资源量较少的鱼类种群危害较大。因此，为恢复和发展江河鱼类资源，第一，应禁止非法渔具与极端渔法的使用，《中华人民共和国渔业法》已明确规定，坚决打击电鱼、毒鱼和炸鱼等违法活动，并取缔迷魂阵等破坏资源的渔具。第二，限制无节制的破坏性捕捞，严格限定捕捞规格和控制捕捞强度，打击非法捕捞。第三，因时因地设立禁渔期，对特定水域繁殖群体及幼鱼资源实行重点保护。第四，建立捕捞许可证制度，规范"捕什么，捕多大，捕多少"的行为。

(五)人为干预、生态操控

根据调查流域优势群体时空分布的特点，针对性地制定保护措施。例如，桂江秋季应加强对阳朔位点粗唇鲃和平乐位点银鲴的保护；冬季应加强对兴安位点带半刺光唇鱼和马口鱼的保护。郁江应适当地控制草鱼养殖的规模，以降低养殖逃逸群体对调查流域水生植被带来的破坏。右江应尽可能地控制餐和尼罗罗非鱼的资源量，以降低其在右江的优势集中度，于秋季对田东、田阳和弄瓦黄颡鱼资源加以保护。左江应适当控制餐、尼罗罗非鱼和莫桑比克罗非鱼的资源量，以减少鱼类之间的生存竞争强度。另外，本次调查发现，龙州水域在夏、秋两季有较多斑鳠和黄颡鱼幼体，因此应适时加大对龙州斑鳠、大眼鳜和黄颡鱼资源的保护力度。综上所述，为恢复和发展江河鱼类资源，增强鱼类群落结构的稳定性，可采取以下措施：①应合理地控制部分优势群体种群增长的速率，以降低其在鱼类群落中的竞争力；②应加大对季节性优势群体的保护，以防止其资源的衰退；③建立自然保护区，构建和扩大人工生境生态区，加大对稀有种鱼类栖息地保护和修护的力度，以期保护和恢复其鱼类资源，增加鱼类群落的稳定性。

第四章　主要鱼类资源生物学

基于体长股分析原理，运用渔业资源评估软件 FiSAT II 中相关模块对 2013～2015 年广西主要江河(桂江、郁江、右江、左江、柳江、红水河)通过刺网等多种捕捞作业模式采集的几种主要鱼类的生长、死亡等参数进行分析。再利用 Beverton-Holt 单位补充量渔获量模型对调查水域主要鱼类最大持续产量、最适开捕规格与捕捞强度开发潜力等进行估算，对调查水域主要鱼类资源状况进行评估。相关参数及公式如下(von Bertalanffy，1938；Beverton and Holt，1957；Ricker，1973；Pauly and David，1981；Bernard，1981；费鸿年和何宝全，1983；Scherrer，1984；Pauly，1986；何宝全和李辉权，1988；费鸿年和张诗全，1990；Pauly，1990；Hilborn and Walters，1992；詹秉义，1995；Gayanilo et al.，2005)。

(1) 体长-体重关系：$W=a \times L^b$。

(2) 体长与年龄生长方程：$L_t=L_\infty[1-e^{-k(t-t_0)}]$。

(3) 体重与年龄生长方程：$W_t=W_\infty[1-e^{-k(t-t_0)}]^b$。

(4) 总生长特征 φ：$\varphi=\log_{10}(k)+2\log_{10}(L_\infty)$。

(5) 理论初始年龄 t_0：$\ln(-t_0)=-0.3922-0.2752\ln(L_\infty)-1.038\ln(k)$。

(6) 鱼类的极限年龄：$T_{max}=b/k+t_0$。

(7) 体长生长速度：$dL_t/dt=kL_\infty e^{-k(t-t_0)}$。

(8) 体长生长加速度：$d^2L_t/dt^2=-k^2L_\infty e^{-k(t-t_0)}$。

(9) 体重生长速度：$dW_t/dt=bkW_\infty e^{-k(t-t_0)}[1-e^{-k(t-t_0)}]^{b-1}$。

(10) 体重生长加速度：$d^2W_t/dt^2=bk^2W_\infty e^{-k(t-t_0)}[1-e^{-k(t-t_0)}]^{b-2}[be^{-k(t-t_0)}-1]$。

(11) 鱼类的总死亡系数(Z)通过变换体长渔获曲线法进行估算。

(12) 自然死亡系数(M)：$\ln(M)=-0.0066-0.279\ln(L_\infty)+0.6543\ln(k)+0.4634\ln(T)$。

(13) 捕捞死亡系数(F)：$F=Z-M$。

(14) 开发率(E)：$E=F/Z$。

(15) 单位补充量渔获量(Y'/R)依据 Beverton-Holt 动态综合模型：

$$Y'/R=(EU)^{M/K}[1-3U/(1+M)+3U/(1+2M)-3U/(1+3M)];$$

$$B'/R=(Y'/R)/F；\quad U=1-L_c/L_\infty。$$

以上公式中，a 为条件生长因子，b 为生长指数(通常在 2.5～3.5，若 $b=3$，则为匀速生长)，W 为体重，L 为体长，k 为生长系数，L_t 为 t 龄时的体长，W_t 为 t 龄时的体重，L_∞ 为渐进体长或称为极限体长，W_∞ 为渐进体重或称为极限体重，Y'/R 为单位补充量鱼产量，B'/R 为单位补充量资源量，E 为开发率，L_c 为平均选择体长，T 为调查水域年均水温，M 为自然死亡对数，F 为捕捞死亡系数，Z 为总死亡系数。

第一节　赤眼鳟 *Squaliobarbus curriculus*

地方名：红眼鳟、红眼鱼、红眼鲮、参鱼。

隶属于鲤形目鲤科雅罗鱼亚科赤眼鳟属，为江河中层鱼类；杂食性，以藻类、有机碎屑、水草等为食，适应性强；繁殖季节为 4～9 月，产沉性卵，卵为浅绿色。

采样江段：郁江、右江、左江、柳江、红水河，样本数 414 尾。

一、年龄与生长

(一)体长-体重关系

体长、体重数据拟合结果显示(图 4-1)，调查水域赤眼鳟样本条件生长因子 a=0.015，生长指数 b=3.0795(R^2=0.9751)，赤眼鳟体长-体重方程为 W=0.015$L^{3.0795}$。据 20 世纪 80 年代对赤眼鳟的调查分析结果，其体长-体重拟合方程为 W=0.0214$L^{2.936}$。两次调查结果 b 值都约等于 3，说明两次调查结果基本相似，符合匀速生长特征。

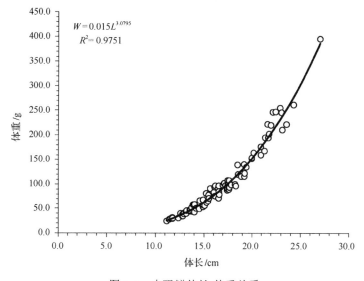

图 4-1　赤眼鳟体长-体重关系

(二)体长组成

调查水域赤眼鳟渔获样本体长分布结果如图 4-2 所示：其体长分布范围为 65～425mm 体长组。根据体长-体重方程，其对应的体重分布范围为 4.78～1551.37g。以 10mm 为体长梯度统计分析，其中 85～235mm 体长组个体为优势群体，在渔获中所占数量累积百分比达 83.57%，对应的体重分别为 10.92g 和 250.20g。

(三)生长方程

对赤眼鳟 von Bertalanffy 生长方程(VBGF)进行拟合，结果显示：拟合优度最大且最合理时（R_n=0.533）所对应的生长参数为 L_∞=44.63cm，k=0.33。因此，赤眼鳟总生长特征指数 φ 为 2.82，理论体长为 0 的年龄 t_0=−0.7507，调查水域赤眼鳟体长生长方程为 L_t=44.63[1−e$^{-0.33(t+0.7507)}$]；体重生长方程为 W_t=1803.5[1−e$^{-0.33(t+0.7507)}$]$^{3.0795}$（图 4-3）。

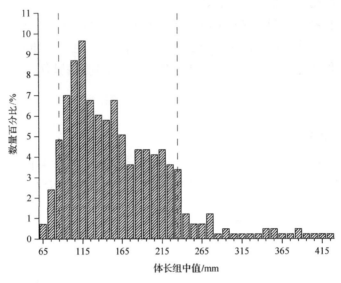

图 4-2　赤眼鳟各体长组百分比组成

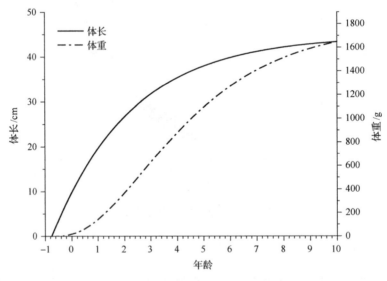

图 4-3　赤眼鳟体长、体重生长曲线

（四）年龄结构

根据赤眼鳟生长方程与体长组成分析结果（表 4-1）：调查水域赤眼鳟渔获样本以 0～3 龄个体为主，累积数量百分比达 94.21%；其他年龄组所占百分比仅 5.79%。比较 20 世纪 80 年代调查的分析结果，赤眼鳟渔获中 0～3 龄个体所占数量百分比为 89.50%。两次调查分析结果均显示，赤眼鳟渔获中优势群体为 3 龄以下个体。

表 4-1 赤眼鳟年龄组成

年龄	体长范围/cm	体重范围/g	数量百分比/%
0~1	0~9.79	0~16.89	14.25
1~2	9.79~19.58	16.89~142.75	60.39
2~3	19.58~26.62	142.75~367.49	19.57
3+	26.62~42.84	367.49~1590.22	5.79

注：3+表示大于 3 龄

(五)生长特征

赤眼鳟的体长生长速度与生长加速度均为渐近线(图 4-4，图 4-5)，且生长加速度均为负值，调查水域赤眼鳟的体长生长没有拐点，生长速度随年龄的增大而减小。该结果与西江广东肇庆段及长江芜湖段赤眼鳟体长生长特征相似(朱书礼等，2013；郭丽丽等，2009)。调查水域赤眼鳟的体重生长拐点年龄为 2.66 龄，拐点体重为 538.87g，对应的体长为 30.15cm。鱼类的开捕年龄应在拐点年龄以上才有利于赤眼鳟资源的可持续利用。赤眼鳟主要渔获群体的最大体长为 26.62cm，小于拐点年龄所对应的鱼类体长(30.15cm)。

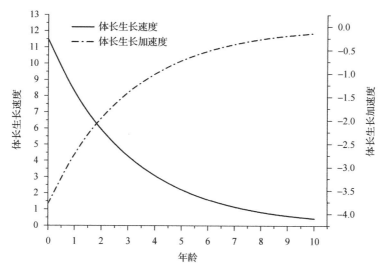

图 4-4 赤眼鳟体长生长速度、生长加速度曲线

(六)死亡系数

经测定，调查水域平均水温约为 23℃，利用 Pauly(1980)经验公式分析显示，调查水域赤眼鳟自然死亡系数 M=0.71。根据体长变换渔获曲线法分析结果，我们选择了多个位点用于线性回归(黑色点)，拟合的直线方程为 $\ln(N/\Delta t)=7.51-1.58t$ (R^2=0.9458)

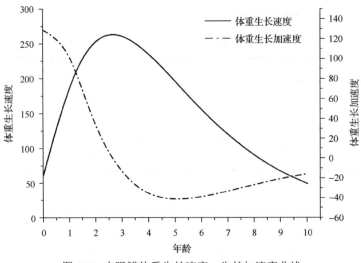

图 4-5　赤眼鳟体重生长速度、生长加速度曲线

（图 4-6）。调查水域赤眼鳟总死亡系数 Z=1.58。调查水域赤眼鳟捕捞死亡系数 F=0.87，开发率 E=F/Z=0.55。若以 Gulland（1983）提出的一般鱼类最适开发率为 0.5 判断，则调查水域赤眼鳟资源处于过度开发状态。

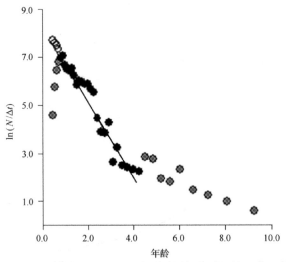

图 4-6　根据体长变换渔获曲线估算赤眼鳟死亡系数

黑色为拟合值，灰色为推算值

　　基于渔获曲线拟合的线性关系（图 4-6）向后推算线性回归中未被使用的各点的 $\ln(N/\Delta t)$ 值，计算出各点的观测值与期望值之比的累积率，结果如图 4-7 所示。在当前捕捞状态下，各体长组赤眼鳟被捕获的概率随体长的增大而增大。将累积率达到 50% 的点所对应的体长作为平均选择体长的估计量 L_c，即开捕体长（50% 选择体长），用 Logistic 曲线拟合可得 L_c=9cm，其对应的年龄为 1 龄以下。据 20 世纪 80 年代调查的研究结果，赤眼鳟最小性成熟年龄为 1 龄，上述开捕规格小于其最小性成熟年龄及其生长拐点年龄。因此得出，目前赤眼鳟资源开发利用处于不合理状态。

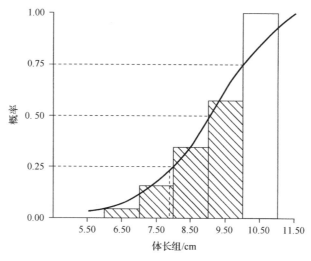

图 4-7 赤眼鳟渔获概率曲线

二、资源评估与管理策略

(一)相对单位补充量渔获量(Y'/R)

利用 FiSAT II 软件中的 Beverton-Holt Y'/R 刀刃型模块分析发现,当 M/K=2.18 时,调查水域赤眼鳟相对单位补充量渔获量(Y'/R)随开发率 E 和 L_c/L_∞ 的变化趋势如图4-8所示。图中 P 点为调查水域赤眼鳟当前开发状态(Y'/R=0.018),M 点为理想状态下的最佳开发状态(Y'/R=0.029)。在当前渔业捕捞条件下(E=0.55,L_c/L_∞=0.202,L_c=9cm),赤眼鳟资源的开发利用若要达到最佳状态(E=1,L_c/L_∞=0.58,L_c=25.88cm),其开发率和 L_c/L_∞ 应分别增加81.82%和187.13%。

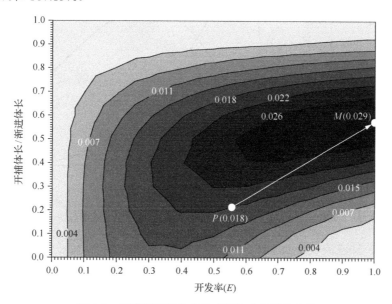

图 4-8 赤眼鳟相对单位补充量渔获量等值曲线

研究发现，若当前捕捞强度保持不变，增加开捕体长，其相对单位补充量渔获量(Y'/R)呈先上升后下降的变化趋势；减小开捕体长，其相对单位补充量渔获量呈持续下降趋势。因此，为提高调查水域赤眼鳟相对单位补充量渔获量(Y'/R)，应适当增大开捕规格至20.53cm，此时其相对单位补充量渔获量(Y'/R)可达 0.026，较当前相对单位补充量渔获量(Y'/R)可增加44.44%。

（二）开捕规格与捕捞强度

在开捕体长 L_c 既定的情况下，开发率位于相对单位补充量渔获量(Y'/R)与开发率(E)关系曲线中 E_{max} 左侧区域时，可认为渔业资源处于持续发展的安全开发状态(Mehanna，2007)。本次调查中，赤眼鳟开发率 $E=0.55$，明显位于 $E_{max}=0.45$ 右侧区域，说明当前状态下，调查水域赤眼鳟资源的捕捞强度超出了安全开发利用的范围，应适当控制其开发利用的程度，以实现赤眼鳟资源的可持续发展。研究发现，珠江流域广西主要江河赤眼鳟资源相对单位补充量渔获量(Y'/R)随开发率(E)的变化情况如图4-9所示。结果表明：若当前开捕规格 $L_c=9$cm 保持恒定，增大捕捞强度，则调查水域赤眼鳟相对单位补充量渔获量将持续下降；减小捕捞强度，则其相对单位补充量渔获量呈先增大后减小的变化趋势，在开发率 E 等于 0.45 时，调查水域赤眼鳟相对单位补充量渔获量有最大值(0.019)，较当前值增大了 5.56%。若继续增大捕捞强度，其相对单位补充量渔获量(Y'/R)反而减小。因此，在开捕体长不变的情况下，应适当降低调查水域赤眼鳟捕捞的强度。

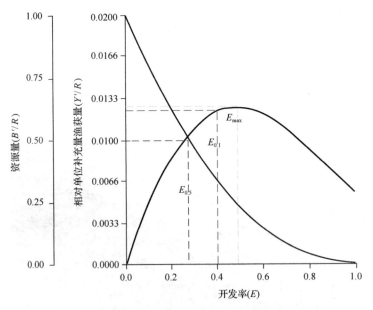

图4-9　$L_c=9$cm 时，赤眼鳟相对单位补充量渔获量(Y'/R)、资源量(B'/R)与开发率(E)的二维分析

综上所述，珠江流域广西主要江河赤眼鳟资源的开发利用存在一定的不合理性，具体表现为开捕体长/年龄偏小，15.38～250.2g 个体在渔获中所占数量累积百分比达83.57%；且开发率/捕捞强度偏高(开发率 $E=0.55$)，当前状态下，调查水域赤眼鳟资源的捕捞强度超出了合理开发利用的范围。

第二节 鲤 *Cyprinus carpio*

地方名：鲤拐子、鲤子、毛子。

隶属于鲤形目鲤科鲤亚科鲤属，多栖息于江河、湖泊、水库、池沼等水草丛生的水体底层，主要以底栖动物为食；适应性强；产卵场所多在水草丛中，卵黏附于水草上发育；广泛分布于珠江的干流和支流。

采样江段：桂江、郁江、右江、左江、柳江、红水河，样本数 628 尾。

一、年龄与生长

(一)体长-体重关系

鲤体长、体重数据拟合结果显示(图 4-10)，调查水域鲤条件生长因子 a=0.0571，生长指数 b=2.7562(R^2=0.9715)，鲤体长-体重方程为 W=0.0571$L^{2.7562}$。本次调查中，鲤的生长指数 b 值小于 3，说明该水域鲤呈非匀速生长状态，与湖北老江河鲤生长状态相似(指数 b=2.8472)(张家波等，1986)。

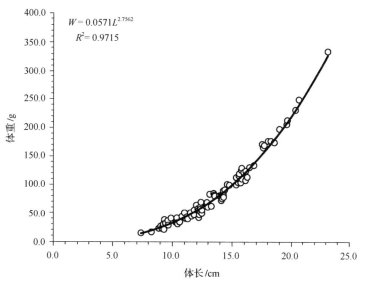

图 4-10 鲤体长-体重关系

(二)体长组成

调查水域鲤渔获样本体长分布结果如图 4-11 所示：其体长分布范围为 47～685mm，鲤体重分布范围为 4.06～6548.87g。以 20mm 为体长梯度，其中 70～170mm 体长组个体为调查水域鲤渔获样本中的优势群体，对应的体重范围为 24.36～191.04g，在渔获中所占数量累积百分比高达 75.64%。

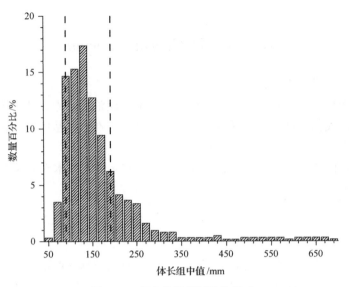

图 4-11　鲤各体长组百分比组成

（三）生长方程

对鲤 von Bertalanffy 生长方程（VBGF）进行拟合，结果显示：拟合优度最大且最合理时（R_n=0.304）所对应的生长参数为 L_∞=76.23cm，k=0.2，总生长特征指数 φ 为 3.065。因此，调查水域鲤体长和体重生长方程分别为 L_t=76.23[1−e$^{−0.2(t+1.09)}$] 和 W_t=8793.29[1−e$^{−0.2(t+1.09)}$]$^{2.7562}$（图 4-12）。

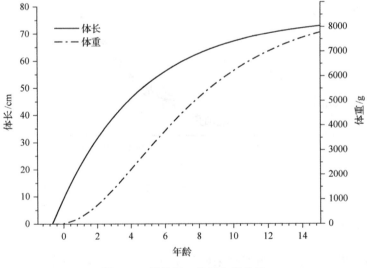

图 4-12　鲤体长、体重生长曲线

（四）年龄结构

调查水域鲤年龄组成与体长分布如表 4-2 所示：鲤样本中 0～1 龄个体所占数量百分

比为 57.96%，其对应的体长分布范围为 0～14.93cm；1～2 龄个体所占比例为 32.64%，其对应的体长分布范围为 14.93～26.04cm；2 龄及以上个体所占比例仅为 9.4%，说明目前珠江流域广西主要江河渔获中鲤以 0～2 龄个体为主。较 20 世纪 80 年代的珠江水系西江和广西江段鲤年龄结构（以 2～3 龄为主）表现出低龄化特征（陆奎贤，1990）。

表 4-2　鲤年龄组成

年龄	体长范围/cm	体重范围/g	数量百分比/%
0～1	0～14.93	0～98.33	57.96
1～2	14.93～26.04	98.33～455.58	32.64
2+	26.04～35.14	455.58～1040.37	9.4

注：2+代表大于 2 龄

（五）生长特征

调查水域鲤生长速度与生长加速度曲线如图 4-13 和图 4-14 所示。研究发现，鲤的体长生长速度与生长加速度均为渐近线，生长速度随年龄的增大而减小，生长加速度均为负值，说明其体长生长没有拐点（詹秉义，1995）。此外，根据珠江流域广西主要江河鲤体重生长速度与生长加速度曲线分析发现，该水域鲤的拐点年龄为 3.98 龄，此时所对应的拐点体重为 2555.52g，体长为 48.69cm。

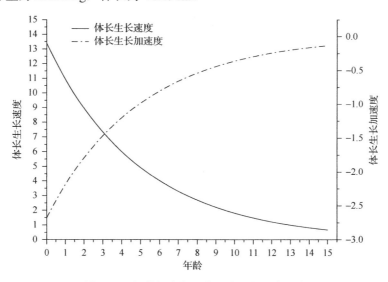

图 4-13　鲤体长生长速度、生长加速度曲线

（六）死亡系数

根据 Pauly（1980）经验公式，调查水域年均水温为 22.92℃时，鲤自然死亡系数 $M=0.44$。通过体长变换渔获曲线法，利用图中黑色点拟合的直线方程为 $\ln(N/\Delta t)=7.058-1.277t$（$R^2=0.9062$）；其对应的总死亡系数为 1.28，捕捞死亡系数为 0.84，开发率为 0.66

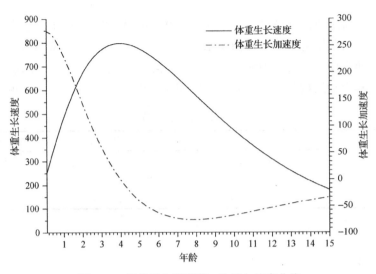

图 4-14　鲤体重生长速度、生长加速度曲线

（图 4-15）。若以 Gulland（1983）提出的一般鱼类最适开发率为 0.5 判断，则调查水域鲤资源处于过度开发状态。虽然鲤生长迅速、繁殖能力强、群体补充快，理论上能承受较高的捕捞压力（陆奎贤，1986），然而过度的开发利用将对繁殖亲本资源量造成一定的影响，从而不利于渔业资源的恢复与发展。针对当前调查水域鲤高龄群体所占比例较低及鱼类资源过度开发利用的现状，应减少对繁殖亲本的捕捞，以防止其资源的逐渐衰退。

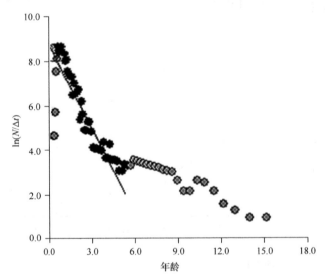

图 4-15　根据体长变换渔获曲线估算鲤死亡系数

黑色为拟合值，灰色为推算值

利用体长变换渔获曲线中未被用作线性回归的各点，计算出各点的观测值与期望值之比的累积率，其结果如图 4-16 所示：在当前捕捞状态下各体长组鲤被捕获的概率随体长的增大而增大。将累积率达 50% 的点所对应的体长作为开捕体长（L_c），用 Logistic 曲线拟合可得 L_c=7.68cm，其对应的年龄为 1 龄以下。根据 20 世纪 80 年代调查研究结果（陆奎贤，

1986)，珠江水系鲤一般 2 龄性成熟(少数 1 龄或 3 龄性成熟)，当前珠江流域广西主要江河鲤开捕规格主要在第一次性成熟前，说明其开捕规格偏小，可能对鲤繁殖群体造成较大影响。为促进珠江水系鲤资源的稳定发展，应进行对第一次性成熟个体捕捞的适当控制。

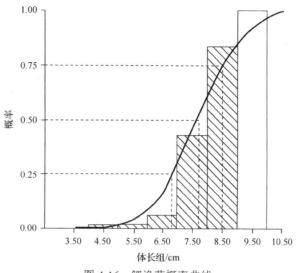

图 4-16　鲤渔获概率曲线

二、资源评估与管理策略

(一)相对单位补充量渔获量(Y'/R)

基于 FiSAT II 软件中的 Beverton-Holt Y'/R 刀刃型模块分析发现，当 M/K=2.24 时，珠江流域广西主要江河鲤相对单位补充量渔获量(Y'/R)随开发率 E 及 L_c/L_∞ 的变化趋势如图 4-17 所示。图中 P 点为调查水域鲤当前的开发状态(Y'/R=0.01)，M 点为理想状态下的

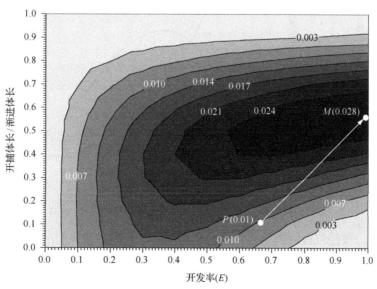

图 4-17　鲤相对单位补充量渔获量等值曲线

最佳开发状态（$Y'/R=0.028$）。在当前渔业捕捞条件下（$E=0.66$，$L_c/L_\infty=0.101$），鲤资源的开发利用若要达到最佳状态（$E=0.99$，$L_c/L_\infty=0.57$），其开发率和 L_c/L_∞ 应分别增加 50%和 464.36%。当前状态下，为改善调查水域鲤年龄结构与资源状态，首先应控制鲤开捕规格，使之大于鲤第一次性成熟所对应的体长，而后通过适当调节捕捞强度，以实现渔业资源的高效开发利用。

在保持当前开发率 E(0.66)不变的情况下，鲤开捕体长 L_c 由 7.68cm 增大至 37.35cm 时，相对单位补充量渔获量 Y'/R 可增加 180%，此时 Y'/R 有最大值 0.026，若继续增加开捕体长，其相对单位补充量渔获量 Y'/R 将呈下降趋势。因此，在当前捕捞强度下，适当增大调查水域鲤开捕体长更有利于其资源的发展与利用。

（二）开捕规格与捕捞强度

在开捕体长 L_c 一定的条件下，开发率位于图 4-18 中 E_{max} 左侧区域时，可认为是渔业资源处于持续发展的安全开发状态。若调查水域鲤开捕体长 L_c=7.68 保持恒定，其开发率 E(0.66)位于 E_{max}(0.385)右侧区域，说明目前珠江流域广西主要江河鲤捕捞强度过大。E 在 0～0.66 时，相对单位补充量渔获量 Y'/R 呈先增加后减小的变化趋势；在 E=0.385 时，Y'/R 有最大值 0.015；若继续增大开发率 E 至 0.66，Y'/R 将减小 33.33%。因此，在开捕体长 L_c 不变的条件下，应通过降低捕捞强度来提高调查水域鲤相对单位补充量渔获量。

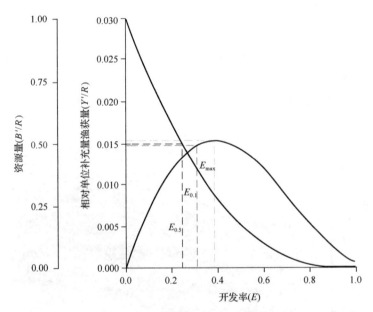

图 4-18　L_c=7.68cm 时，鲤相对单位补充量渔获量（Y'/R）、资源量（B'/R）与开发率（E）的二维分析

综上所述，珠江流域广西主要江河鲤资源的开发利用存在一定的不合理性，主要表现为开发率过高、开捕体长/年龄偏小。因此，应注重繁殖群体的保护。

第三节　鲫 *Carassius auratus*

地方名：鲫瓜子、月鲫仔、土鲫。

隶属于鲤形目鲤科鲤亚科鲫属，其分布极广，是我国珠江流域、长江流域、黄河流域等地常见的鱼类。鲫属底层鱼类；杂食性；繁殖力强，在水草丰茂的浅滩、河湾、沟汊、芦苇等场所产卵，繁殖活动主要集中在 2～5 月。

采样江段：桂江、郁江、右江、左江、柳江、红水河，样本数 823 尾。

一、年龄与生长

(一)体长-体重关系

鲫体长、体重数据拟合结果显示(图 4-19)，调查水域鲫条件生长因子 a=0.0716，生长指数 b=2.7521(R^2=0.9725)，鲫体长-体重方程为 W=0.0716$L^{2.7521}$。本次调查中，鲫的生长指数 b<3，说明其为非匀速生长，该结果与 20 世纪 80 年代调查结果(W=4.58×10$^{-5}L^{2.8752}$)基本一致，条件生长因子 a 的差异与不同时期水域营养条件相关(陆奎贤，1986)。

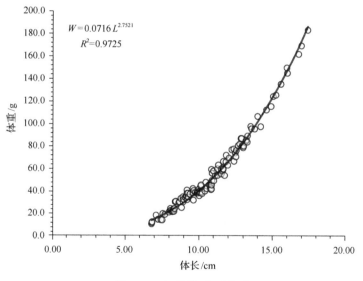

图 4-19　鲫体长-体重关系

(二)体长组成

鲫渔获样本体长组分析结果如图 4-20 所示：以 10mm 为体长梯度，调查水域鲫体长主要分布在 65～145mm，对应的体重范围为 12.36～112.49g，累积数量百分比达 81.41%。

(三)生长方程

对鲫 von Bertalanffy 生长方程(VBGF)进行拟合，结果显示：拟合优度最大且最合理

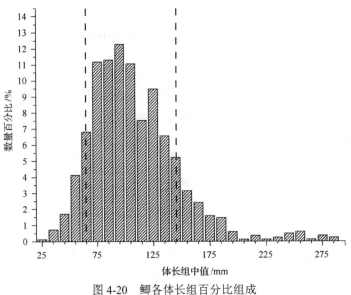

图 4-20　鲫各体长组百分比组成

时 (R_n=0.758) 所对应的生长参数为 L_∞=29.93cm，k=0.42。因此，调查水域鲫体长和体重生长方程分别为 L_t=29.93[1−e$^{−0.42(t+0.6524)}$] 和 W_t=862.62[1−e$^{−0.42(t+0.6524)}$]$^{2.7521}$。其体长和体重 von Bertalanffy 生长曲线如图 4-21 所示：体长随年龄的增长逐渐减缓，体重随年龄的增长呈不对称的 S 形曲线。利用 FiSAT II 中的 Growth Performance Indices 版块计算可知，调查水域鲫总生长特征指数 φ 为 2.58，该结果与 20 世纪 90 年代湖北网湖鲫的生长特征指数 (2.34) 基本一致 (段中华，1994)。

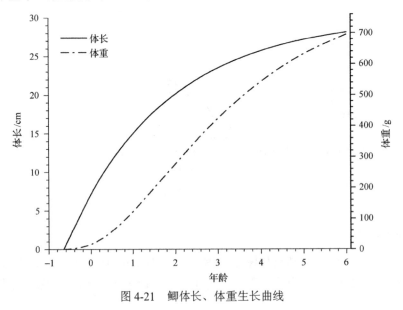

图 4-21　鲫体长、体重生长曲线

(四)年龄结构

鲫体长分布与年龄组成如表 4-3 所示：2013～2016 年所采集的 823 尾鲫样本中，0～

1 龄个体数量百分比为 15.43%，其对应的体长分布范围在 7.17cm 以下；1～2 龄个体数量百分比为 72.66%，其对应的体长分布范围为 7.17～14.98cm；2～3 龄个体数量百分比为 9.23%，对应的体长范围为 14.98～20.1cm；其他年龄组个体数量百分比仅为 2.68%，说明调查水域鲫年龄结构以 0～3 龄个体为主，累积渔获数量百分比高达 97.32%。

表 4-3 鲫年龄组成

年龄	体长范围/cm	体重范围/g	数量百分比/%
0～1	0～7.17	0～16.22	15.43
1～2	7.17～14.98	16.22～122.99	72.66
2～3	14.98～20.10	122.99～276.55	9.23
3+	20.10～28.65	276.55～732.94	2.68

注：3+代表大于 3 龄

(五)生长特征

调查水域鲫体长和体重生长速度与生长加速度曲线如图 4-22 和图 4-23 所示。其中，体长生长的变化主要表现在以下两个方面：第一，其体长生长速度随年龄的增大而减小，1 龄以下个体生长相对较快，平均生长速度为 7.92；2 龄及以上个体生长相对缓慢，平均生长速度约为 2.11。该结果与 20 世纪 80 年代东江鲫生长特征基本相符(陆奎贤，1986)，研究表明，东江鲫的生长速度在 1 龄左右生长最快，3 龄及以后生长明显减慢。第二，其体长生长加速度均为负值，说明其体长生长没有拐点(詹秉义，1995)。此外，根据鲫体重生长速度与生长加速度曲线分析发现，当体重生长速度最大或生长加速度为 0 时，其对应的体重生长的拐点年龄为 1.76 龄，此时所对应的拐点体重为 238.88g，体长为 19.06cm。

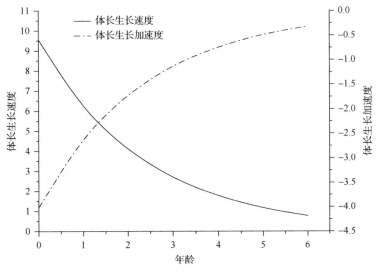

图 4-22 鲫体长生长速度、生长加速度曲线

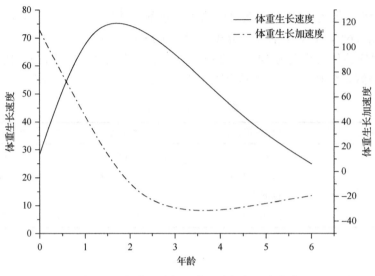

图 4-23　鲫体重生长速度、生长加速度曲线

(六) 死亡系数

根据 Pauly(1980)经验公式,调查水域年均水温为 22.92℃时,鲫自然死亡系数 M=0.92。通过体长变换渔获曲线法,利用图 4-24 中黑色点拟合的直线方程为 $\ln(N/\Delta t)$=8.709–1.843t(R^2=0.9437),得出该水域鲫总死亡系数为 1.84,鲫捕捞死亡系数 F 为 0.92,开发率 E=0.5,说明调查水域鲫资源当前捕捞强度基本处于合理开发利用的状态。

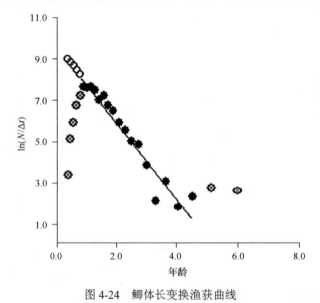

图 4-24　鲫体长变换渔获曲线

黑色为拟合值,灰色为推算值

利用体长变换渔获曲线中未被用作线性回归的各点,计算出各点的观测值与期望值之比的累积率,其结果如图 4-25 所示:将累积率达 50%的点所对应的体长作为开捕体长

（L_c），用 Logistic 曲线拟合可得 L_c=8.48cm。由于调查水域鲫开捕体长小于其生长的拐点体长（19.06），且小于其最小性成熟年龄所对应的体长，从渔业资源的合理利用与可持续发展角度考虑，建议适当增大珠江流域广西主要江河鲫的开捕体长。

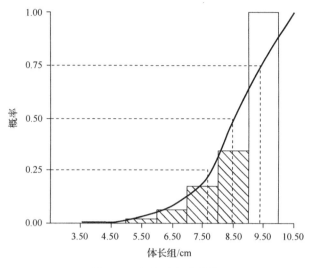

图 4-25　鲫渔获概率曲线

二、资源评估与管理策略

（一）相对单位补充量渔获量（Y'/R）

根据 Beverton-Holt 相对单位补充量渔获量（Y'/R）模型分析发现，当 M/K=2.25 时，调查水域鲫相对单位补充量渔获量 Y'/R 随开发率 E 和 L_c/L_∞ 的变化趋势如图 4-26 所示。图中 P 点为调查水域鲫当前开发状态（Y'/R=0.02），M 点为理想状态下的最佳开发状态（Y'/R=

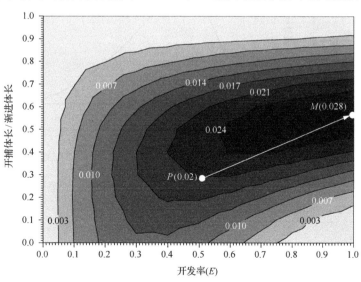

图 4-26　鲫相对单位补充量渔获量等值曲线

0.028）。在当前渔业捕捞条件下（E=0.5，L_c/L_∞=0.283），鲫资源的开发利用若要达到最佳状态（E=1，L_c/L_∞=0.57），其开发率和开捕体长应分别增加 50%和 101.41%。为提高调查水域鲫相对单位补充量渔获量，建议加大对鲫捕捞规格的控制力度，以保证亲本能正常完成繁殖过程，进而可通过适当调节捕捞强度以实现渔业资源的高效开发利用。

若保持当前开发率 E(0.5)不变，鲫开捕体长 L_c 由 8.48cm 增大至 13.17cm 时，相对单位补充量渔获量 Y'/R 可增加 16.25%，此时 Y'/R 有最大值 0.023，继续增加开捕体长，Y'/R 将呈下降趋势。因此，在当前捕捞强度下，将调查水域鲫开捕体长增大至 13.17cm 更有利于其资源的发展与利用。

（二）开捕规格与捕捞强度

在调查水域鲫当前开捕体长 L_c=8.48 恒定不变的情况下，其相对单位补充量渔获量（Y'/R）随开发率（E）的变化情况如图 4-27 所示。研究发现，该水域鲫当前开发率 E(0.5)位于 E_{max}(0.523)左侧，说明该水域鲫当前捕捞强度基本符合其理论的最大开发水平。若继续增大该水域鲫捕捞强度，其相对单位补充量渔获量（Y'/R）将呈持续下降趋势。因此，在当前开捕体长不变的情况下，应严格控制其捕捞强度，以防止该水域鲫资源繁殖群体遭受进一步损害。

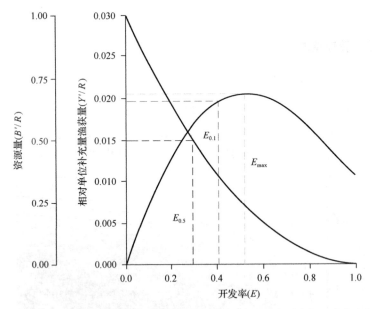

图 4-27　L_c=8.48cm 时，鲫相对单位补充量渔获量（Y'/R）、资源量（B'/R）与开发率（E）的二维分析

综上所述，珠江流域广西主要江河鲫资源的开发利用存在一定的不合理性，主要表现为开捕体长过小，应增加开捕体长以加强对其繁殖群体的保护。

第四节　尼罗罗非鱼 *Oreochromis niloticus*

地方名：非洲鲫。

隶属于鲈形目丽鱼科罗非鱼属，原产于非洲，属热带鱼类，栖息于水体中下层；杂食性、生长快、繁殖能力强，每年可繁殖 4～5 次；对环境适应能力强，能生活于淡水和低盐度的海水中。

采样江段：桂江、郁江、右江、左江、柳江、红水河，样本数 575 尾。

一、年龄与生长

(一)体长-体重关系

尼罗罗非鱼体长、体重数据拟合结果显示(图 4-28)，调查水域尼罗罗非鱼体长-体重方程为 $W=0.0425L^{2.9537}$($R^2=0.991$)，条件生长因子 $a=0.0425$，生长指数 $b=2.9537$，b 值约等于 3，说明其生长呈近匀速生长状态。

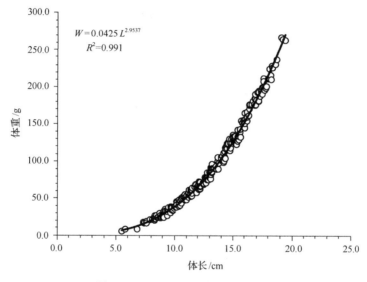

图 4-28　尼罗罗非鱼体长-体重关系

(二)体长组成

尼罗罗非鱼渔获样本体长分布如图 4-29 所示：其体长分布范围为 39.4～239mm，平均体长为 130.1mm。根据体长-体重方程，该水域尼罗罗非鱼体重分布范围为 2.44～500.91g，平均体重为 83.1g。以 10mm 为体长梯度，其中 85～185mm 体长组个体为尼罗罗非鱼渔获样本中的优势群体，对应的体重范围为 23.64～235.09g，在渔获中所占数量累积百分比高达 87.48%。

(三)生长方程

对尼罗罗非鱼 von Bertalanffy 生长方程(VBGF)进行拟合，结果显示：拟合优度最大且最合理时($R_n=0.331$)所对应的生长参数为 $L_\infty=25.73$cm，$k=0.31$。因此，调查水域尼罗罗非鱼体长和体重生长方程分别为 $L_t=25.73[1-e^{-0.31(t+0.9321)}]$ 和 $W_t=622.88[1-e^{-0.31(t+0.9321)}]^{2.9537}$。

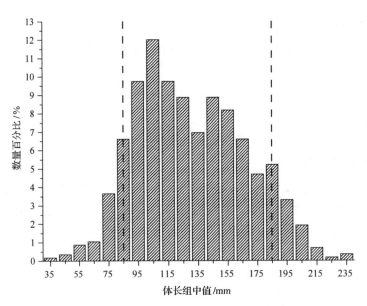

图 4-29　尼罗罗非鱼各体长组百分比组成

其体长和体重 von Bertalanffy 生长曲线如图 4-30 所示：体长生长随着年龄的增长逐渐减缓，体重随年龄的增长呈 S 形曲线变化关系。利用 FiSAT II 中的 Growth Performance Indices 模块计算可知，尼罗罗非鱼总生长特征指数 φ 为 2.31。

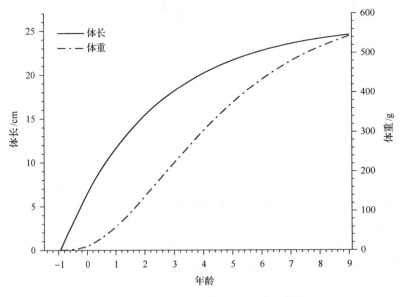

图 4-30　尼罗罗非鱼体长、体重生长曲线

(四) 年龄结构

珠江流域广西主要江河尼罗罗非鱼年龄组成与体长分布如表 4-4 所示：2013～2016 年所采集的 575 尾尼罗罗非鱼样本中，0～1 龄个体数量百分比为 1.56%，所对应的体长

分布范围为 6.46cm 以下；1～2 龄个体数量百分比为 38.61%，所对应的体长分布范围为 6.46～11.59cm；2～3 龄个体数量百分比为 32.17%，所对应的体长分布范围为 11.59～15.36cm；3～4 龄个体数量百分比为 16.87%，所对应的体长分布范围为 15.36～18.12cm；4～5 龄个体数量百分比为 7.65%；5 龄及以上个体数量百分比为 3.14%。目前，珠江流域广西主要江河渔获中尼罗罗非鱼以 1～5 龄个体为主，其累积数量百分比可达 95.3%；1～2 龄和 2～3 龄个体优势度尤为突出，累积数量百分比为 70.78%。

表 4-4　尼罗罗非鱼年龄组成

年龄	体长范围/cm	体重范围/g	数量百分比/%
0～1	0～6.46	0.15～19.48	1.56
1～2	6.46～11.59	19.48～76.88	38.61
2～3	11.59～15.36	76.88～156.68	32.17
3～4	15.36～18.12	156.68～241.11	16.87
4～5	18.12～20.15	241.11～319.14	7.65
5+	20.15～23.9	319.14～385.91	3.14

注：5+表示大于 5 龄

(五)生长特征

对尼罗罗非鱼体长生长方程分别进行一阶和二阶求导发现，其体长生长速度与生长加速度均为渐近曲线(图 4-31)。体长生长速度随年龄的增大而减小，生长加速度均为负值，说明其体长生长没有拐点(詹秉义，1995)。此外，根据尼罗罗非鱼体重生长速度与生长加速度曲线分析发现(图 4-32)，当生长速度最大或生长加速度为 0 时，为其体重生长的拐点年龄。因此，调查水域尼罗罗非鱼体重生长的拐点年龄为 2.56，所对应的拐点体重为 183.59g，体长为 17.01cm。

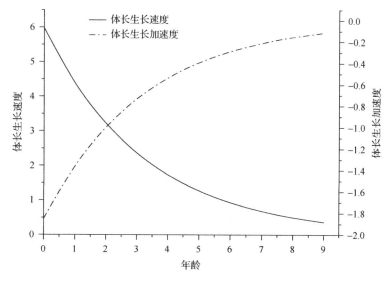

图 4-31　尼罗罗非鱼体长生长速度、生长加速度曲线

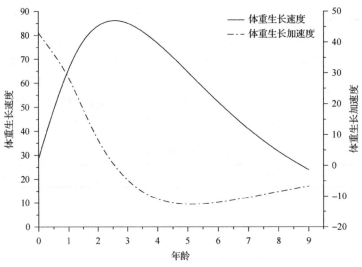

图 4-32　尼罗罗非鱼体重生长速度、生长加速度曲线

(六) 死亡系数

由 Pauly(1980)经验公式计算可知,珠江流域广西主要江河尼罗罗非鱼自然死亡系数 (M) 为 0.79。通过体长变换渔获曲线法, 基于未全面补充年龄段和全长接近渐进全长的年龄段不能用来回归的原则,利用图 4-33 中黑色点拟合所得直线方程为 $\ln(N/\Delta t)=7.683-0.985t$ ($R^2=0.9482$)。由此可知,调查水域尼罗罗非鱼总死亡系数 (Z) 为 0.98,捕捞死亡系数 (F) 为 0.19,开发率 (E) 为 0.19。参照 Gulland(1983)提出的一般鱼类最适开发率为 0.5 来判断渔业资源的开发程度,得出调查水域尼罗罗非鱼渔业资源处于未充分开发利用状态。建议增加该水域尼罗罗非鱼捕捞强度以控制其资源量的快速增长,降低其对土著鱼类造成的捕食、索饵及栖息地竞争压力等。

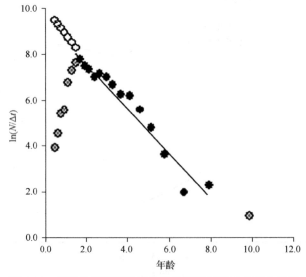

图 4-33　根据体长变换渔获曲线估算尼罗罗非鱼死亡系数

黑色为拟合值,灰色为推算值

　　利用体长变换渔获曲线法分析发现(图 4-34)，珠江流域广西主要江河尼罗罗非鱼开捕体长(L_c)为 9.13cm。上述研究结果表明：尼罗罗非鱼体重增长的拐点年龄为 2.56 龄，对应的体长为 17.01cm，该时期为尼罗罗非鱼体重增长的重要时期。因此，若保持尼罗罗非鱼当前开捕体长不变，对该水域尼罗罗非鱼渔业资源的发展能起到一定的阻遏作用。

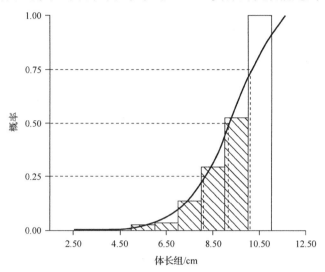

图 4-34　尼罗罗非鱼渔获概率曲线

二、资源评估与管理策略

(一)相对单位补充量渔获量(Y'/R)

　　研究发现，当 M/K=2.6 时，珠江流域广西主要江河尼罗罗非鱼相对单位补充量渔获量(Y'/R)随开发率 E 及 L_c/L_∞ 的变化趋势如图 4-35 所示。图中 P 点为调查水域尼罗罗非

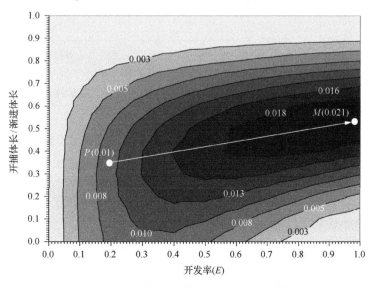

图 4-35　尼罗罗非鱼相对单位补充量渔获量等值曲线

鱼当前的开发状态(E=0.19，L_c/L_∞=0.355)，M 点为理想状态下的最佳开发状态(E=0.98，L_c/L_∞=0.53)，要达到最佳开发状态，E 和 L_c/L_∞ 应分别增大 415.79% 和 49.30%。若当前开发率 E=0.19 保持不变，随着尼罗罗非鱼开捕体长 L_c 的增加，其相对单位补充量渔获量(Y'/R)呈持续下降趋势，说明增加开捕体长并不能增加其产量。综上可知，当前珠江流域广西主要江河尼罗罗非鱼资源处于未充分开发利用的状态。为阻遏该水域尼罗罗非鱼种群的快速扩张，实现其资源的高效利用，首先应加大该水域尼罗罗非鱼的捕捞强度。

(二)开捕规格与捕捞强度

在开捕体长 L_c 一定的条件下，珠江流域广西主要江河尼罗罗非鱼当前开发率 E 为 0.19，明显位于图 4-36 中 E_{max} 左侧区域。随着尼罗罗非鱼开发率(E)的增大，其相对单位补充量渔获量 Y'/R 呈先增加后减小的变化趋势，在 E=0.63 时 Y'/R 有最大值 0.018，较当前 Y'/R 增大了 100%。因此，在调查水域尼罗罗非鱼开捕体长(L_c)不变的条件下，增大捕捞强度对于提高其相对单位补充量渔获量(Y'/R)效果十分显著。

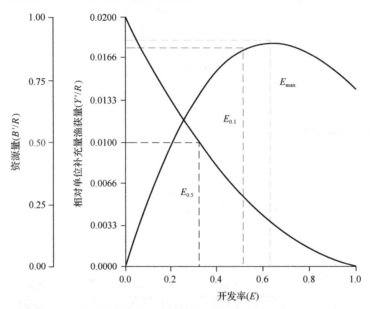

图 4-36　L_c=9.13 时，尼罗罗非鱼相对单位补充量渔获量(Y'/R)、资源量(B'/R)与开发率(E)的二维分析

综上所述，珠江流域广西主要江河尼罗罗非鱼资源开发利用不充分，捕捞强度过低。有研究显示(詹秉义，1995)，生长迅速、繁殖能力强的鱼类能承受更大的捕捞压力。为提高珠江流域广西主要江河尼罗罗非鱼产量，可在保持或适当减小开捕体长的情况下，增大其捕捞强度。此外，由于尼罗罗非鱼对环境的适应能力强，在自然水域中较其他种群具有更高的竞争优势，从而抑制了其他种群的发展(Martin et al.，2010；Arthington et al.，1994)。因此，增大珠江流域广西主要江河尼罗罗非鱼捕捞强度可降低其在自然水域中的种群基数，从而有利于该水域其他鱼类资源种群的恢复与发展。

第五节　鲦 *Hemiculter leucisculus*

地方名：白条、鲦子、浮鲢。

隶属于鲤形目鲤科鲌亚科鲦属，其分布范围极广，在我国内陆绝大部分水域均有分布。常成群游弋于浅水区上层；杂食性；5～6月产卵，且为分批产卵，卵黏附于水草或砾石上。

采样江段：桂江、郁江、右江、左江、柳江、红水河，样本数894尾。

一、年龄与生长

(一)体长-体重关系

鲦体长、体重数据拟合结果显示(图4-37)，调查水域鲦样本条件生长因子 a=0.0095，生长指数 b=3.1336(R^2=0.9836)。鲦体长-体重方程为 W=0.0095$L^{3.1336}$，体长-体重关系如图4-37所示；b 值约等于3，说明调查水域鲦基本符合匀速生长特征。

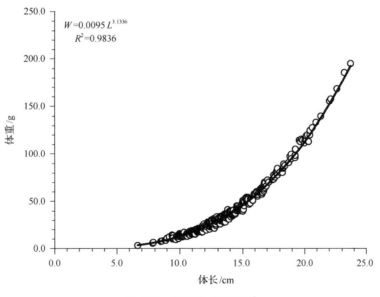

图4-37　鲦体长-体重关系

(二)体长组成

鲦渔获样本体长分布结果如图4-38所示：调查水域鲦体长分布在45～225mm。根据上述体长-体重方程，其对应的体重分布范围为 1.06～164.03g。以 10mm 为体长梯度，其中65～155mm 体长组个体为鲦渔获样本中的优势群体，其对应的体重分别为3.35g 和51.02g，在渔获中所累积百分比达85.01%。

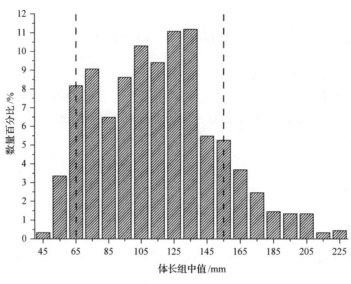

图 4-38　鲦各体长组百分比组成

(三) 生长方程

对鲦von Bertalanffy 生长方程(VBGF)进行拟合，结果显示：拟合优度最大且最合理时 (R_n=0.44) 所对应的生长参数为 L_∞=24.68cm，k=0.43。鲦总生长特征指数 φ 为 2.42，理论体长为 0 的年龄 t_0=−0.6714，因此，调查水域鲦体长生长方程为 L_t=24.68$[1-e^{-0.43(t+0.6714)}]$；体重生长方程为 W_t=219.17$[1-e^{-0.43(t+0.6714)}]^{3.1336}$，其体长和体重 von Bertalanffy 生长曲线如图 4-39 所示。

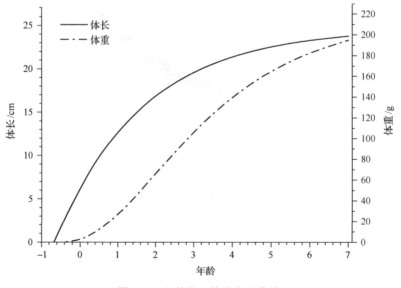

图 4-39　鲦体长、体重生长曲线

（四）年龄结构

根据鲦生长方程与体长组成分析发现（表 4-5），目前调查水域渔获样本中鲦以 1～2 龄和 2～3 龄个体为主，累积数量百分比达 87.24%；其他年龄组所占百分比仅 12.76%。

表 4-5 鲦年龄组成

年龄	体长范围/cm	体重范围/g	数量百分比/%
0～1	0～6.19	0～2.87	4.92
1～2	6.19～12.65	2.87～27.00	57.49
2～3	12.65～16.86	27.00～66.35	29.75
3～4	16.86～19.59	66.35～106.28	5.03
4+	19.59～22.7	106.28～168.64	2.81

注：4+表示大于 4 龄

（五）生长特征

通过对鲦生长方程求一阶、二阶导数可分别获得其生长速度与生长加速度曲线（图 4-40，图 4-41）。研究发现，鲦的体长生长速度与生长加速度均为渐近线，生长速度随年龄的增大而减小，且生长加速度均为负值，说明调查水域鲦的体长生长没有拐点。体重生长速度与生长加速度曲线分析结果表明，当生长速度最大或生长加速度为 0 时，对应的点即为体重生长的拐点。调查水域鲦的体重生长拐点年龄为 1.98 龄，此时的拐点体重为 65.52g。

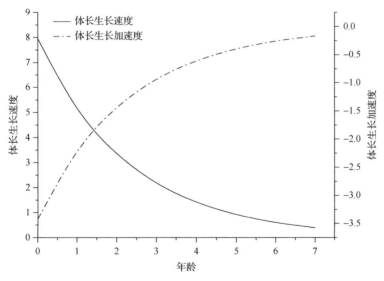

图 4-40 鲦体长生长速度、生长加速度曲线

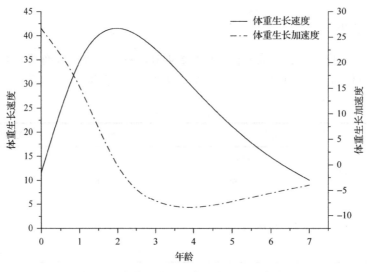

图 4-41　鲮体重生长速度、生长加速度曲线

(六)死亡系数

经测定调查水域平均水温约为 22.92℃，利用 Pauly (1980)经验公式分析发现，调查水域鲮自然死亡系数 M=0.99。根据体长变换渔获曲线法分析结果，如图 4-42 选择了多个点用于线性回归(黑色点)，拟合的直线方程为 $\ln(N/\Delta t)$=7.666–1.506t (R^2=0.9807)。调查水域鲮总死亡系数 Z=1.51。由公式 $F=Z-M$ 计算可知，调查水域鲮捕捞死亡系数 F=0.52，开发率 $E=F/Z$=0.34。若以 Gulland (1983)提出的一般鱼类最适开发率为 0.5 判断，则调查水域鲮资源处于合理开发利用状态。

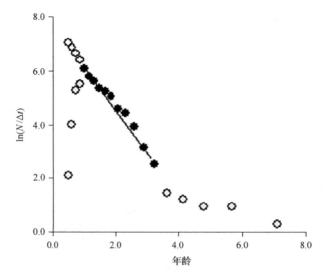

图 4-42　根据体长变换渔获曲线估算鲮死亡系数

黑色为拟合值，灰色为推算值

基于渔获曲线拟合的线性关系(图 4-42)向后推算线性回归中未被使用的各点的

$\ln(N/\Delta t)$ 值，计算出各点的观测值与期望值之比的累积率，结果如图 4-43 所示：将累积率达到 50%的位点所对应的体长作为开捕体长（50%选择体长），用 Logistic 曲线拟合可得 L_c=7.35cm，其对应的年龄为 1 龄。相关研究显示，䱗一般 1 龄便可达性成熟(李宝林和王玉亭，1995；李强等，2009)，上述开捕规格大于或等于䱗最小性成熟年龄所对应的体长，说明当前开捕规格对调查水域䱗生活史的完成影响较小，但当前开捕规格小于其生长拐点年龄所对应的体长，则不利于该水域䱗资源的增长。

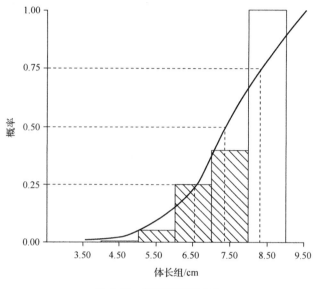

图 4-43　䱗渔获概率曲线

二、资源评估与管理策略

(一)相对单位补充量渔获量(Y'/R)

研究发现，当 M/K=2.35 时，调查水域䱗相对单位补充量渔获量(Y'/R)随开发率 E 和 L_c/L_∞ 的变化趋势如图 4-44 所示。图中 P 点为调查水域䱗当前开发状态(Y'/R=0.017)，M 点为理想状态下的最佳开发状态(Y'/R=0.025)。在当前渔业捕捞条件下(E=0.34，L_c/L_∞=0.298)，䱗资源的开发利用若要达到最佳状态(E=1，L_c/L_∞=0.56)，其开发率和 L_c/L_∞ 应分别增加 194.12%和 87.92%。由此可知，在当前状态下为提高调查水域䱗渔业经济效益，首先应加大捕捞强度，随后在保证䱗资源能够恢复和可持续发展的前提下，通过适当增大开捕规格，以实现渔业资源的高效开发利用。

研究发现，若当前捕捞强度保持不变，增加开捕体长，其相对单位补充量渔获量(Y'/R)呈先上升后下降的变化趋势；减小开捕体长，其相对单位补充量渔获量呈持续下降趋势。为提高调查水域䱗相对单位补充量渔获量(Y'/R)，应适当增大开捕规格至 9.13cm，此时其相对单位补充量渔获量(Y'/R)可达 0.0173，较当前相对单位补充量渔获量(Y'/R)可增加1.76%。由此可知，在捕捞强度不变的情况下，调节开捕体长对于该水域䱗相对单位补充量渔获量(Y'/R)的提高效果甚微。

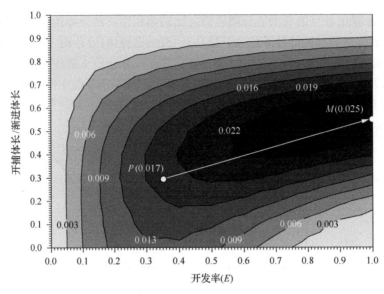

图 4-44　鲮相对单位补充量渔获量等值曲线

(二)开捕规格与捕捞强度

在开捕体长 L_c 既定的情况下,开发率位于相对单位补充量渔获量(Y'/R)与开发率(E)关系曲线 E_{max} 左侧区域时,认为渔业资源处于持续发展的安全开发状态(Mehanna, 2007)。鲮开发率 $E=0.34$,明显位于 $E_{max}=0.544$ 左侧区域,说明其处于未充分开发利用状态,应适当增大捕捞强度,以实现鲮资源的高效利用。研究发现,珠江流域广西主要江河鲮资源相对单位补充量渔获量(Y'/R)随开发率(E)的变化情况如图 4-45 所示。若调查水域鲮当前开捕规格 $L_c=7.35$cm 保持恒定,增大捕捞强度,其相对单位补充量渔获量

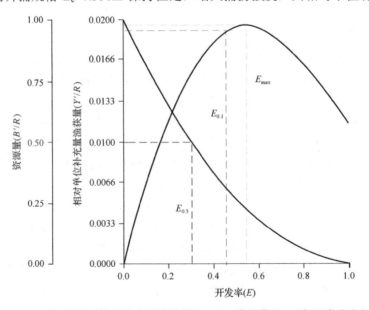

图 4-45　$L_c=7.35$cm 时,鲮相对单位补充量渔获量(Y'/R)、资源量(B'/R)与开发率(E)的二维分析

稳步上升，在 $E=0.544$ 时，Y'/R 有最大值(0.02)，较当前相对单位补充量渔获量 Y'/R 增大了 17.65%。若继续增大捕捞强度，其相对单位补充量渔获量(Y'/R)反而减小。因此，在开捕体长不变的情况下，可适当增大调查水域鳌的捕捞强度，以增加鱼产量。

综上所述，珠江流域广西主要江河鳌资源的开发利用存在一定的不合理性，具体表现为开发率/捕捞强度偏低，渔业资源处于未充分开发利用状态。在当前状态下，增大捕捞强度以提高相对单位补充量渔获量的效果较调节开捕规格效果更佳。

第六节　黄颡鱼 *Pelteobagrus fulvidraco*

地方名：黄角丁、黄骨鱼、黄辣丁等。

隶属于鲇形目鲿科黄颡鱼属，其分布极广，是我国珠江流域、长江流域、黄河流域等地常见的鱼类。黄颡鱼对环境的适应能力较强，在静水或江河缓流的浅滩生活；白天栖息于湖水底层，夜间则游到水上层觅食；杂食性，主食底栖动物、小虾、水生小昆虫和一些无脊椎动物等；繁殖力强，4~5月产卵。

采样江段：桂江、郁江、右江、左江、柳江、红水河，样本数 432 尾。

一、年龄与生长

(一)体长-体重关系

黄颡鱼体长、体重数据拟合结果显示(图 4-46)，调查水域黄颡鱼样本条件生长因子 $a=0.0137$，生长指数 $b=3.0419$($R^2=0.981$)。黄颡鱼体长-体重方程为 $W=0.0137L^{3.0419}$，其拟合结果如图 4-46 所示。调查水域黄颡鱼生长指数 b 值约等于 3，说明黄颡鱼基本符合匀速生长特征。

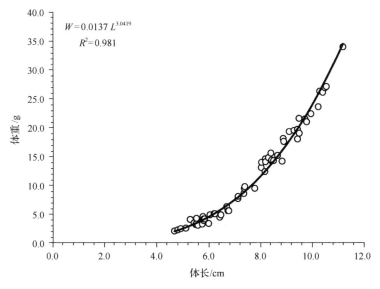

图 4-46　黄颡鱼体长-体重关系

（二）体长组成

黄颡鱼渔获样本体长组分析结果如图 4-47 所示：以 10mm 为体长梯度，该水域黄颡鱼体长主要分布在 55～145mm，为黄颡鱼渔获样本中的优势群体，根据上述体长-体重方程，对应体重分布在 2.45～46.72g，在渔获中累积数量百分比达 87.5%。

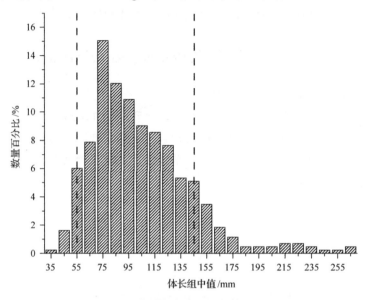

图 4-47　黄颡鱼各体长组百分比组成

（三）生长方程

对黄颡鱼 von Bertalanffy 生长方程（VBGF）进行拟合，结果显示：拟合优度最大且最合理时（R_n=0.292）所对应的生长参数为 L_∞=27.83cm，k=0.23。因此，调查水域黄颡鱼体长和体重生长方程分别为 L_t=27.83[1−e$^{-0.23(t+1.2436)}$]和 W_t=339.46[1−e$^{-0.23(t+1.2436)}$]$^{3.0419}$。其体长和体重 von Bertalanffy 生长曲线如图 4-48 所示：体长随年龄的增长逐渐减缓，体重随年龄的增长呈不对称的 S 形曲线。利用 FiSAT II 中的 Growth Performance Indices 版块计算可知，调查水域黄颡鱼总生长特征指数 φ 为 2.25。

（四）年龄结构

珠江流域广西主要江河黄颡鱼体长分布与年龄组成如表 4-6 所示：2013～2016年所采集的 432 尾黄颡鱼样本中，0～4 龄个体所占数量百分比相对较高，分别为15.28%、47.22%、23.61%和9.03%，累积渔获数量百分比高达 95.14%，调查水域黄颡鱼渔获中以低龄群体为主。相关研究表明，黄颡鱼一般在 1+龄性成熟（肖调义等，2003；杨彩根等，2003），调查水域黄颡鱼性成熟个体在渔获中占较高的比例，群体结构相对稳定。

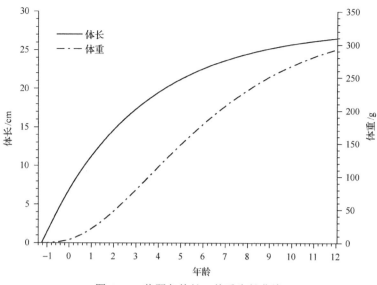

图 4-48　黄颡鱼体长、体重生长曲线

表 4-6　黄颡鱼年龄组成

年龄	体长范围/cm	体重范围/g	数量百分比/%
0~1	0~6.92	0~4.93	15.28
1~2	6.92~11.22	4.93~21.41	47.22
2~3	11.22~14.63	21.41~48.02	23.61
3~4	14.63~17.34	48.02~80.55	9.03
4+	17.34~26.94	80.55~307.5	4.86

注：4+表示大于 4 龄

(五) 生长特征

调查水域黄颡鱼体长和体重生长速度与生长加速度曲线如图 4-49 和图 4-50 所示。

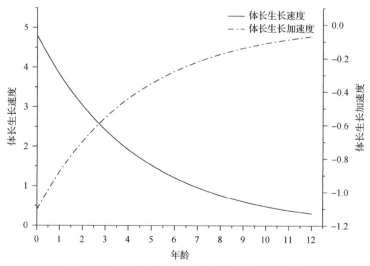

图 4-49　黄颡鱼体长生长速度、生长加速度曲线

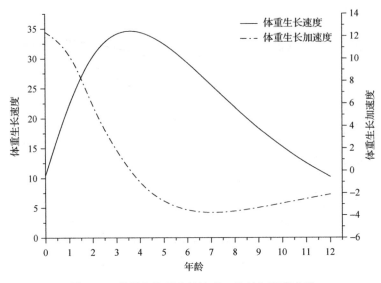

图 4-50　黄颡鱼体重生长速度、生长加速度曲线

其体长生长速度随年龄的增大而减小，3 龄以下个体生长相对较快，平均生长速度为 3.89；4 龄及以上个体生长相对缓慢，平均生长速度约为 0.9。此外，根据黄颡鱼体重生长速度与生长加速度曲线分析发现，当体重生长速度最大或生长加速度为 0 时，其对应的体重生长的拐点年龄为 3.59 龄，此时所对应的拐点体重为 100.86g，体长为 18.67cm。

（六）死亡系数

根据 Pauly（1980）经验公式，调查水域年均水温为 22.92℃时，黄颡鱼自然死亡系数 M=0.64。通过体长变换渔获曲线法，利用图 4-51 中黑色点拟合的直线方程为 $\ln(N/\Delta t)=7.392-1.112t$（$R^2$=0.9541），得出该水域黄颡鱼总死亡系数为 1.11。由公式 $F=Z-M$ 及 $E=F/Z$

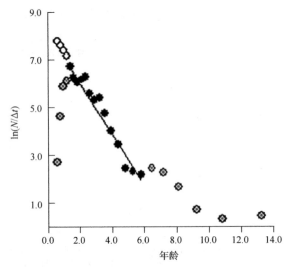

图 4-51　根据体长变换渔获曲线估算黄颡鱼死亡系数

黑色为拟合值，灰色为推算值

计算可知，珠江流域广西主要江河黄颡鱼捕捞死亡系数 F 为 0.47，开发率 E 为 0.42，小于理论最大开发率 0.5，说明调查水域黄颡鱼资源当前捕捞强度基本处于合理开发利用的状态。

利用体长变换渔获曲线中未被用作线性回归的各点计算出各位点的观测值与期望值之比的累积率，其结果如图 4-52 所示：将累积率达 50% 的点所对应的体长作为开捕体长 (L_c)，用 Logistic 曲线拟合可得 L_c=6.41cm。由于调查水域黄颡鱼开捕体长远小于其生长的拐点体长 (18.67cm)，且小于其最小性成熟年龄所对应的体长，从渔业资源的高效利用与可持续发展考虑，建议增加珠江流域广西主要江河黄颡鱼的开捕体长。

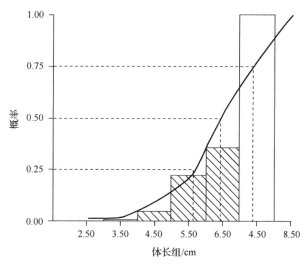

图 4-52　黄颡鱼渔获概率曲线

二、资源评估与管理策略

(一)相对单位补充量渔获量(Y'/R)

根据 Beverton-Holt 相对单位补充量渔获量 (Y'/R) 模型分析发现，当 M/K=2.82 时，调查水域黄颡鱼相对单位补充量渔获量 Y'/R 随开发率 E 和 L_c/L_∞ 的变化趋势如图 4-53 所示。图中 P 点为调查水域黄颡鱼当前开发状态 (Y'/R=0.012)，M 点为理想状态下的最佳开发状态 (Y'/R=0.018)。在当前渔业捕捞条件下 (E=0.43，L_c/L_∞=0.23)，黄颡鱼资源的开发利用若要达到最佳状态 (E=0.98，L_c/L_∞=0.51)，其开发率和开捕体长应分别增加 127.91% 和 121.74%。为提高调查水域黄颡鱼相对单位补充量渔获量，实现渔业资源的高效开发利用，建议增大该水域黄颡鱼开捕规格，并可适当增加捕捞的强度。

若保持当前开发率 E=0.43 不变，黄颡鱼开捕体长 L_c 由 6.41cm 增大至 10.58cm 时，Y'/R 有最大值 0.014，较当前相对单位补充量渔获量 Y'/R 增加了 16.67%，继续增加开捕体长，Y'/R 将呈下降趋势。因此，在当前捕捞强度下，将调查水域黄颡鱼开捕体长增加至 10.58cm 更有利于其资源的发展与利用。

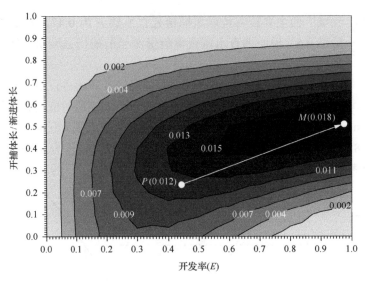

图 4-53　黄颡鱼相对单位补充量渔获量等值曲线

(二) 开捕规格与捕捞强度

在调查水域黄颡鱼当前开捕体长 L_c=6.41cm 保持不变的条件下，其相对单位补充量渔获量(Y'/R)随开发率(E)的变化情况如图 4-54 所示。研究发现，该水域黄颡鱼当前开发率 E(0.43)位于 E_{max}(0.523)左侧，说明该水域黄颡鱼当前捕捞强度接近其理论的最大开发水平。若增大该水域黄颡鱼的捕捞强度，则其相对单位补充量渔获量(Y'/R)呈先增大后减小的变化趋势。在开发率 E 为 0.49 时，其相对单位补充量渔获量(Y'/R)有最大值(0.013)，较当前状态下增加了 8.33%。若继续增大该水域黄颡鱼的捕捞强度，则其相对单位补充量渔获量(Y'/R)将呈持续下降趋势。

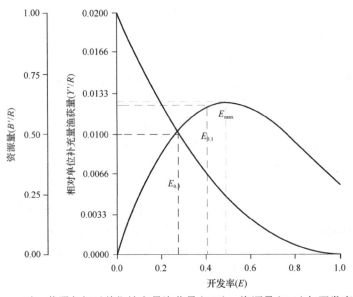

图 4-54　L_c=6.41cm 时，黄颡鱼相对单位补充量渔获量(Y'/R)、资源量(B'/R)与开发率(E)的二维分析

综上所述，珠江流域广西主要江河黄颡鱼资源的开发利用存在一定的不合理性，具体表现为开捕体长较小，且小于其最小性成熟年龄所对应的体长，建议增加黄颡鱼的开捕体长。

第七节　大眼鳜 *Siniperca kneri*

地方名：桂花鱼、白桂、水婆。

隶属于鲈形目鮨科鳜属，分布于长江以南，广西各水系均有分布；为肉食性凶猛鱼类；喜栖息于流水环境，食物以鱼为主，次为虾类。

采样位点：龟石水库，样本数 688 尾。

(一)体长-体重关系

根据体长、体重数据拟合结果显示(图 4-55)：调查水域中大眼鳜雌性、雄性及总群体的体长与体重关系式分别如下。

雌性群体：$W=0.023L^{3.0031}$(R^2=0.9738；n=298)

雄性群体：$W=0.0196L^{3.0532}$(R^2=0.9687；n=231)

总群体：$W=0.0177L^{3.0876}$(R^2=0.9791；n=688)

大眼鳜雌性、雄性及总群体的生长指数 b 值均接近于 3，表明龟石水库大眼鳜总体生长接近于匀速生长。

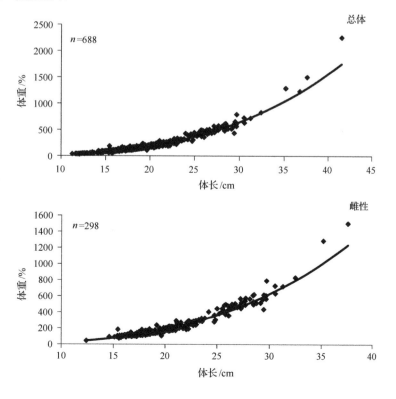

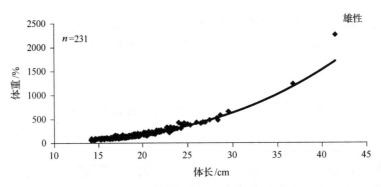

图 4-55　大眼鳜不同群体体长和体重的关系

(二)体长组成

从大眼鳜总体样本的体长分布图(图 4-56)可以看出，总体样本的体长分布范围为 11.25~41.50cm。其中 15~21cm 体长组占群体总数的 70.49%。

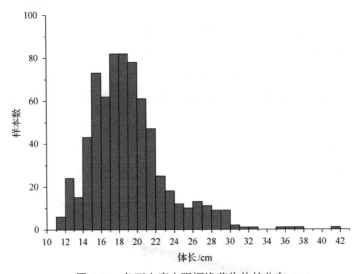

图 4-56　龟石水库大眼鳜渔获物体长分布

雌性大眼鳜体长分布在 12.40~37.57cm，优势体长组为 15~22cm，占雌性样本总数的 73.83%(图 4-57)。

雄性大眼鳜体长分布在 14.12~41.50cm，其中 15~23cm 体长组，占雄性样本总数的 83.55%(图 4-58)。大眼鳜雌、雄群体体长分布差异显著($P<0.05$)。

(三)生长方程

调查水域大眼鳜的体长和体重生长方程如下。

体长生长方程：$L_t=59.04[1-e^{-0.2692(t+0.2519)}]$

体重生长方程：$W_t=5196.88[1-e^{-0.2691(t+0.2638)}]^{3.0876}$

根据体长和体重的生长方程绘出大眼鳜体长与体重的生长曲线(图 4-59)，体长生长随着年龄的增长逐渐减缓，体重随年龄的增长呈 S 形曲线变化。

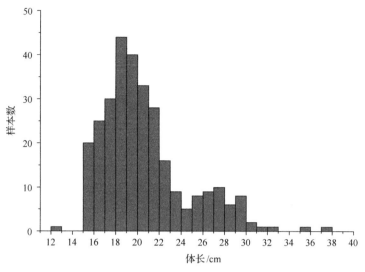

图 4-57　龟石水库雌性大眼鳜渔获物体长分布

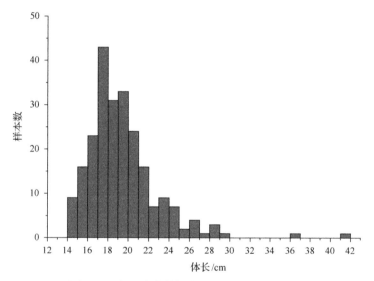

图 4-58　龟石水库雄性大眼鳜渔获物体长分布

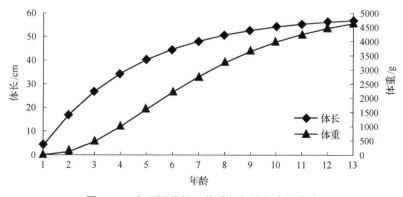

图 4-59　大眼鳜体长、体重与年龄的生长曲线

(四)年龄结构

龟石水库大眼鳜群体年龄组成为 0~4 龄,其中 0~1 龄个体占样本总量的 53.20%,1~2 龄个体占 40.12%,2~3 龄个体占 5.96%,而 3 龄以上个体仅占 0.72%(表 4-7)。

表 4-7　大眼鳜各龄组体长分布

年龄	样本数	体长范围/cm	体重范围/g	数量百分比/%
0~1	366	11.25~21.48	29.1~253.7	53.20
1~2	276	14.43~27.30	65.2~499.7	40.12
2~3	41	24.25~31.25	308.5~791.5	5.96
3~4	4	32.43~37.57	830.6~1502.1	0.58
4+	1	41.50	2257.8	0.14

注:4+表示大于 4 龄

雌性大眼鳜年龄组成为 0~3 龄,雄性大眼鳜年龄组成为 0~4 龄,但 3 龄和 4 龄的雌雄个体数量都极少;大眼鳜雌、雄个体的优势年龄组都为 1 龄和 2 龄,分别占各自总体数量的 88.59% 和 94.81%(表 4-8,表 4-9)。

表 4-8　雌性大眼鳜各龄组体长分布

年龄	样本数	体长范围/cm	体重范围/g	数量百分比/%
0~1	120	12.40~21.48	43.20~253.7	40.27
1~2	144	15.43~29.43	85.80~499.7	48.32
2~3	31	25.20~31.25	383.80~791.5	10.40
3+	3	32.43~37.57	830.60~1502.1	1.01

注:3+表示大于 3 龄

表 4-9　雄性大眼鳜各龄组体长分布

年龄	样本数	体长范围/cm	体重范围/g	数量百分比/%
0~1	101	14.12~21.43	60.7~235.4	43.73
1~2	118	14.51~26.47	65.2~427.4	51.08
2~3	10	24.25~29.53	308.5~656.0	4.33
3~4	1	36.75	1230.9	0.43
4+	1	41.50	2257.8	0.43

注:4+表示大于 4 龄

(五)生长特征

大眼鳜体长生长速度和生长加速度方程分别为

$$\mathrm{d}L/\mathrm{d}t = L_\infty k \mathrm{e}^{-k(t-t_0)} = 15.89\mathrm{e}^{-0.2691(t+0.2519)}$$

$$\mathrm{d}^2L/\mathrm{d}^2t = -L_\infty k^2 \mathrm{e}^{-k(t-t_0)} = -4.28\mathrm{e}^{-0.2691(t+0.2519)}$$

体重生长速度和生长加速度方程分别为

$$\mathrm{d}W/\mathrm{d}t = 4317.95\mathrm{e}^{-0.2691(t+0.2638)}[1-\mathrm{e}^{-0.2691(t+0.2638)}]^{2.0876}$$

$$\mathrm{d}^2W/\mathrm{d}^2t = 1161.96\mathrm{e}^{-0.2691(t+0.2638)}[1-\mathrm{e}^{-0.2691(t+0.2638)}]^{1.0876}[3.0876\mathrm{e}^{-0.2691(t+0.2638)}-1]$$

大眼鳜体长、体重生长速度和生长加速度方程如图 4-60 和图 4-61 所示,体长生长速度随着年龄的增加而下降,其递增速度渐趋缓慢。体重生长速度和生长加速度曲线拐点年龄为 3.93 龄,此时的体重生长速度达到最大,相应的体长和体重分别为 39.89cm、1554.81g。

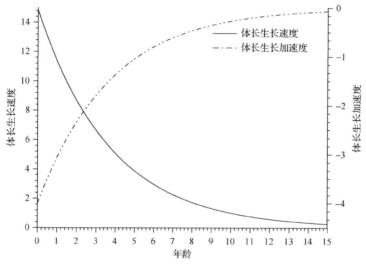

图 4-60　大眼鳜体长生长速度和生长加速度曲线

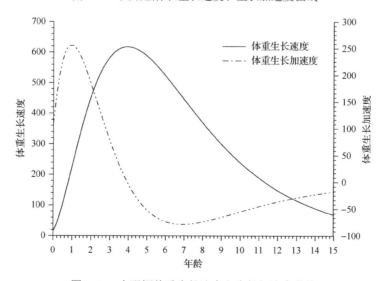

图 4-61　大眼鳜体重生长速度和生长加速度曲线

　　根据以上研究结果，目前珠江流域广西主要江河渔业资源的现状与开发利用程度集中表现出以下特点：第一，赤眼鳟、鲤、鲫、尼罗罗非鱼、鲮、黄颡鱼等为珠江流域广西主要江河渔获优势群体。第二，鱼类资源的年龄组成以低龄（0～2龄）群体为主。第三，从首次捕捞年龄/体长分析发现，渔业资源的开发利用表现出过早的现象。大量研究表明，过早的开发利用，不利于渔业资源的可持续发展（叶昌臣和王有君，1964；叶昌臣，1978），尤其是对于大多数寿命较长、生长缓慢的鱼类来说，开捕年龄/体长的选择对其渔业资源的发展起着至关重要的作用。第四，大眼鳜、赤眼鳟和鲤目前已处于过度开发利用状态，鲮和尼罗罗非鱼开发利用程度偏低，鲫和黄颡鱼开发程度相对合理。据此，建议增大渔具的网目尺寸，增大鱼类的开捕规格，限制极端渔具渔法的使用；同时适当增大该水域鲮和尼罗罗非鱼的捕捞强度，一方面提高渔业产量，另一方面降低其种群竞争力，以保护其他鱼类资源的发展。

第五章 鱼类群落及其多样性

生态系统中能量的流动、物质的循环、生物生产与代谢及信息传递等都是以群落为基础，通过群落的运转来实现的(殷名称，1993；李圣法，2005)。鱼类群落是指在一定时间和水域范围内，具有相互依赖、彼此作用(捕食与被捕食、共存与竞争等)关系的不同鱼类种群的组合体。通过生态系统中鱼类群落结构、功能及其动态变化的研究，能够充分反映其所处生态系统的状态与变化趋势，同时还能用作生态系统健康状况评价的重要指标(Nicholson and Jennings，2004；Schmolcke and Ritchie，2010)。

物种多样性反映了生物种类的丰富性，是生物多样性研究的重要层次(蒋志刚，1997)，也是衡量一定地区生物资源丰富程度的一个客观指标，其主要通过多样性指数来测定，如 Simpson 优势集中度指数(Simpson，1949)，Pielou 均匀度指数(Pielou，1975)，Margalef 种类丰富度指数(Margalef，1958)和 Shannon-Wiener 多样性指数(Shannon and Weaver，1949)等，并已在鱼类群落多样性评价中得到广泛应用。丰度/生物量比较曲线方法(ABC 曲线法)由 Warwick(1986)提出，基于 K 选择和 r 选择，在同坐标系中比较生物量优势度曲线和丰度优势度曲线，通过两条曲线的分布情况来分析群落不同干扰状况。与此同时，随着多元分析技术的发展，聚类(cluster)、多维度分析(multidimensional scaling，MDS)、典型对应分析(canoical correlation analysis，CCA)等手段已被广泛应用于鱼类群落结构时空差异等方面的研究(Clarke and Warwick，2001；Braak and Smilauer，2002)。本章综合采用物种多样性指数、多元排序、丰度/生物量比较方法(abundance-biomass comparison method)等方法对珠江流域广西主要江河鱼类群落多样性和稳定性进行研究，并通过对鱼类群落结构时空格局及其变动规律的分析，为研究江河渔业资源的合理利用与科学管理提供参考。

第一节 物种多样性特征

一、桂江鱼类群落结构时空特征

(一)群落结构空间特征

空间跨度上，从上游至下游种类丰富度指数、均匀度指数和多样性指数整体上呈上升趋势，优势集中度指数呈下降趋势；桂江各调查位点间种类丰富度指数与多样性指数从上游兴安(2.265，2.49)至下游昭平(3.2025，2.78)大体上呈上升趋势(图 5-1)。桂江上游河段(恭城、潭下、兴安等)鱼类群落结构受外界影响的敏感程度较大，下游河段(昭平、平乐)群落结构相对稳定。桂江各调查位点间均匀度指数和优势集中度指数变化较小，其中以潭下鱼类优势集中度(0.1825)最高。

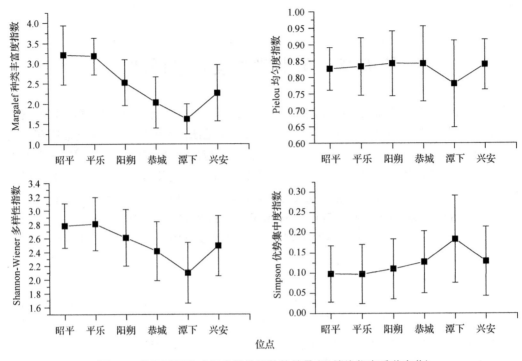

图 5-1　桂江不同位点间多样性指数的差异(误差线代表季节变化)

(二)群落结构时间特征

时间尺度上,桂江各调查位点种类丰富度指数、均匀度指数和多样性指数在春季较低,夏季和秋季相对较高。桂江各调查位点各项生物多样性指标季节差异显著(图 5-1,表 5-1)。绝大多数调查位点春季种类丰富度指数、均匀度指数和多样性指数最小,优势集中度指数最大,表明各位点鱼类群落组成相对简单,种群优势度明显,群落结构比较脆弱。除潭下外,桂江其他各位点 Shannon-Wiener 多样性指数以夏、秋两季相对较高,各位点鱼类群落结构组成复杂稳定。

表 5-1　桂江各位点间生物多样性指数的季节变化

位点	时间	D	J'	H'	C
昭平	2013 年冬季	2.50	0.84	2.59	0.09
	2014 年春季	2.00	0.69	2.06	0.27
	2014 年夏季	3.58	0.84	2.98	0.07
	2014 年秋季	4.03	0.82	2.95	0.07
	2014 年冬季	2.62	0.92	2.88	0.06
	2015 年春季	3.72	0.81	2.84	0.09
	2015 年夏季	3.79	0.83	2.98	0.06
	2015 年秋季	3.38	0.86	2.99	0.07
平乐	2013 年冬季	3.17	0.86	2.87	0.07
	2014 年春季	2.32	0.64	1.99	0.27

续表

位点	时间	D	J'	H'	C
平乐	2014 年夏季	3.49	0.91	3.20	0.05
	2014 年秋季	3.42	0.85	2.94	0.07
	2014 年冬季	2.89	0.79	2.53	0.11
	2015 年春季	2.90	0.88	2.87	0.07
	2015 年夏季	3.73	0.86	3.05	0.06
	2015 年秋季	3.49	0.87	3.03	0.06
阳朔	2013 年冬季	2.99	0.90	2.95	0.06
	2014 年春季	2.09	0.61	1.83	0.28
	2014 年夏季	1.91	0.85	2.40	0.11
	2014 年秋季	2.20	0.84	2.52	0.11
	2014 年冬季	2.75	0.86	2.70	0.09
	2015 年春季	1.91	0.85	2.42	0.11
	2015 年夏季	3.39	0.89	3.02	0.06
	2015 年秋季	2.95	0.93	3.04	0.05
恭城	2013 年冬季	2.42	0.88	2.68	0.09
	2014 年春季	2.03	0.57	1.67	0.30
	2014 年夏季	2.49	0.84	2.64	0.10
	2014 年秋季	1.05	0.87	2.01	0.16
	2014 年冬季	1.32	0.91	2.26	0.12
	2015 年春季	1.64	0.85	2.32	0.12
	2015 年夏季	2.84	0.89	2.90	0.06
	2015 年秋季	2.44	0.92	2.84	0.07
潭下	2013 年冬季	1.32	0.92	2.29	0.11
	2014 年春季	1.42	0.65	1.73	0.29
	2014 年夏季	1.65	0.73	1.96	0.19
	2014 年秋季	1.27	0.81	2.00	0.18
	2014 年冬季	2.11	0.81	2.34	0.11
	2015 年春季	1.18	0.55	1.31	0.39
	2015 年夏季	1.99	0.86	2.50	0.10
	2015 年秋季	2.01	0.92	2.66	0.09
兴安	2013 年冬季	1.96	0.88	2.43	0.11
	2014 年春季	1.33	0.68	1.74	0.31
	2014 年夏季	2.64	0.87	2.77	0.08
	2014 年秋季	2.87	0.85	2.74	0.08
	2014 年冬季	1.87	0.88	2.43	0.12
	2015 年春季	1.45	0.77	1.98	0.20
	2015 年夏季	2.90	0.89	2.90	0.07
	2015 年秋季	3.10	0.90	2.93	0.06

注：D 代表 Margalef 种类丰富度指数；J' 代表 Pielou 均匀度指数；H' 代表 Shannon-Wiener 多样性指数；C 代表 Simpson 优势集中度指数

二、郁江鱼类群落结构时空特征

(一)群落结构空间特征

空间跨度上,从上游至下游种类丰富度指数、均匀度指数和多样性指数整体上呈上升趋势,优势集中度指数呈下降趋势;郁江各调查位点各项多样性指数分析显示(图 5-2),种类丰富度指数、均匀度指数、多样性指数从桂平(2.71、0.89、2.82)、贵港(2.57、0.88、2.73)至横县(2.30、0.86、2.60)依次下降,优势集中度指数(0.08、0.09、0.10)逐渐上升,表明鱼类群落结构从桂平至横县趋于简单,且各调查位点各项多样性指标季节差异明显,其中桂平各项指标季节差异最小,横县差异最大。

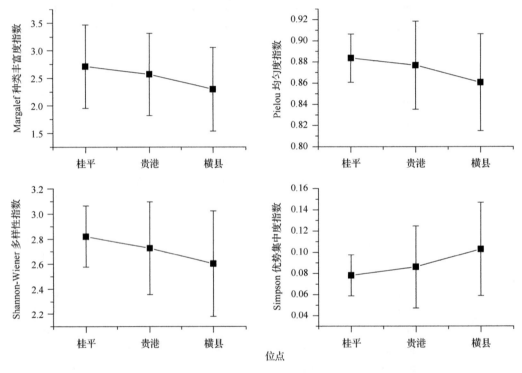

图 5-2　郁江不同位点间多样性指数的差异(误差线代表季节变化)

(二)群落结构时间特征

时间尺度上,各调查位点 Margalef 种类丰富度指数、Pielou 均匀度指数和 Shannon-Wiener 多样性指数计算的结果在春季较低,夏秋季节相对较高。此外,春季贵港种类丰富度指数、均匀度指数和多样性指数明显低于其他各季节,而 Simpson 优势集中度指数相比其他季节较高;夏秋季节各位点 Shannon-Wiener 多样性指数相比其他季节较高(表 5-2)。

表 5-2　郁江不同位点间生物多样性指数季节变化

位点	时间	D	J'	H'	C
桂平	2013 年冬季	2.54	0.92	2.87	0.07
	2014 年春季	2.33	0.87	2.69	0.09
	2014 年夏季	2.17	0.86	2.63	0.09
	2014 年秋季	3.84	0.86	3.05	0.07
	2014 年冬季	1.77	0.88	2.44	0.11
	2015 年春季	2.37	0.88	2.71	0.09
	2015 年夏季	2.84	0.92	3.03	0.06
	2015 年秋季	3.83	0.89	3.15	0.06
贵港	2013 年冬季	2.72	0.91	2.88	0.06
	2014 年春季	1.29	0.81	2.02	0.17
	2014 年夏季	2.46	0.89	2.79	0.08
	2014 年秋季	3.04	0.90	2.98	0.06
	2014 年冬季	3.13	0.88	2.88	0.07
	2015 年春季	1.73	0.82	2.28	0.12
	2015 年夏季	2.62	0.93	2.97	0.06
	2015 年秋季	3.56	0.87	3.02	0.06
横县	2013 年冬季	2.37	0.83	2.52	0.10
	2014 年春季	1.71	0.88	2.43	0.11
	2014 年夏季	3.12	0.89	3.02	0.06
	2014 年秋季	2.27	0.85	2.59	0.11
	2014 年冬季	1.64	0.78	2.11	0.17
	2015 年春季	1.13	0.84	2.01	0.16
	2015 年夏季	3.20	0.91	3.11	0.06
	2015 年秋季	2.93	0.92	3.02	0.06

注：D 代表 Margalef 种类丰富度指数；J' 代表 Pielou 均匀度指数；H' 代表 Shannon-Wiener 多样性指数；C 代表 Simpson 优势集中度指数

三、右江鱼类群落结构时空特征

(一)群落结构空间特征

空间跨度上,种类丰富度指数、均匀度指数和多样性指数从右江下游河段隆安(2.71、0.83、2.65)至上游河段西林(1.44、0.75、1.97)整体呈下降趋势,而优势集中度指数呈相反的趋势(0.10～0.20),其中西林优势集中度最高。这表明从隆安至西林鱼类群落结构相对简单(图 5-3)。

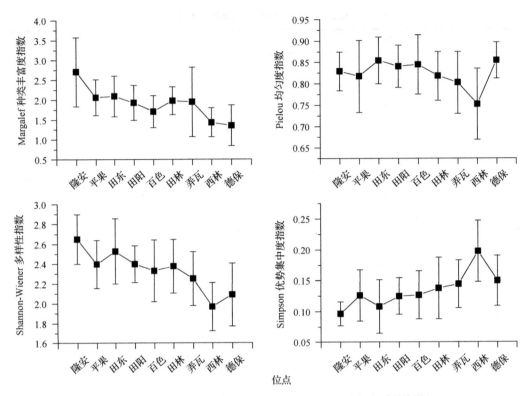

图 5-3　右江不同位点间多样性指数的差异(误差线代表季节变化)

(二)群落结构时间特征

时间尺度上，各调查位点鱼类群落结构季节变化明显，但调查位点间各季节不同生物多样性指标未表现出统一的变化趋势(表 5-3)，各调查位点鱼类群落结构受季节影响的程度或者方式存在一定的差异。各项多样性指标(D、J'、H' 和 C)时空差异显著。

表 5-3　右江不同位点间生物多样性指数季节变化

位点	时间	D	J'	H'	C
隆安	2013 年冬季	1.50	0.90	2.39	0.11
	2014 年春季	2.27	0.81	2.48	0.12
	2014 年夏季	3.32	0.76	2.64	0.10
	2014 年秋季	3.55	0.87	3.08	0.06
	2014 年冬季	2.07	0.86	2.53	0.10
	2015 年春季	2.27	0.81	2.48	0.12
	2015 年夏季	2.57	0.81	2.63	0.09
	2015 年秋季	4.10	0.81	2.98	0.07
平果	2013 年冬季	2.12	0.84	2.47	0.10
	2014 年春季	2.31	0.66	2.03	0.20

续表

位点	时间	D	J'	H'	C
平果	2014 年夏季	1.71	0.76	2.14	0.18
	2014 年秋季	2.78	0.86	2.82	0.08
	2014 年冬季	1.27	0.93	2.32	0.11
	2015 年春季	1.92	0.86	2.50	0.10
	2015 年夏季	2.25	0.78	2.39	0.12
	2015 年秋季	2.15	0.84	2.51	0.11
田东	2013 年冬季	1.49	0.90	2.38	0.10
	2014 年春季	2.16	0.85	2.55	0.10
	2014 年夏季	1.45	0.77	2.02	0.19
	2014 年秋季	2.76	0.90	2.93	0.06
	2014 年冬季	2.19	0.89	2.66	0.10
	2015 年春季	1.72	0.80	2.21	0.14
	2015 年夏季	2.74	0.91	2.96	0.06
	2015 年秋季	2.23	0.82	2.50	0.11
田阳	2013 年冬季	2.40	0.84	2.60	0.09
	2014 年春季	1.97	0.75	2.17	0.17
	2014 年夏季	1.66	0.88	2.45	0.11
	2014 年秋季	2.25	0.85	2.60	0.10
	2014 年冬季	1.76	0.81	2.26	0.15
	2015 年春季	1.81	0.89	2.47	0.10
	2015 年夏季	2.46	0.80	2.51	0.13
	2015 年秋季	1.14	0.89	2.13	0.14
百色	2013 年冬季	2.04	0.77	2.28	0.14
	2014 年春季	1.25	0.89	2.22	0.13
	2014 年夏季	2.03	0.92	2.77	0.07
	2014 年秋季	1.54	0.74	1.96	0.17
	2014 年冬季	1.97	0.82	2.36	0.12
	2015 年春季	1.04	0.88	2.02	0.16
	2015 年夏季	2.11	0.92	2.81	0.07
	2015 年秋季	1.68	0.81	2.25	0.14
田林	2013 年冬季	1.55	0.85	2.25	0.14
	2014 年春季	1.43	0.69	1.78	0.25
	2014 年夏季	1.93	0.79	2.31	0.16
	2014 年秋季	2.45	0.81	2.53	0.12
	2014 年冬季	2.04	0.86	2.49	0.10

续表

位点	时间	D	J′	H′	C
田林	2015 年春季	2.08	0.86	2.55	0.10
	2015 年夏季	2.04	0.83	2.49	0.12
	2015 年秋季	2.32	0.85	2.62	0.11
弄瓦	2013 年冬季	1.29	0.84	2.08	0.16
	2014 年春季	3.17	0.68	2.27	0.16
	2014 年夏季	2.88	0.79	2.61	0.10
	2014 年秋季	1.20	0.87	2.17	0.14
	2014 年冬季	1.29	0.84	2.08	0.16
	2015 年春季	1.51	0.71	1.87	0.22
	2015 年夏季	2.92	0.81	2.68	0.09
	2015 年秋季	1.31	0.88	2.26	0.13
西林	2013 年冬季	1.70	0.81	2.25	0.14
	2014 年春季	1.19	0.69	1.66	0.27
	2014 年夏季	1.51	0.68	1.89	0.22
	2014 年秋季	2.15	0.76	2.31	0.16
	2014 年冬季	1.06	0.91	2.10	0.14
	2015 年春季	1.46	0.67	1.78	0.22
	2015 年夏季	1.09	0.70	1.73	0.24
	2015 年秋季	1.32	0.79	2.02	0.19
靖西	2013 年冬季	1.33	0.84	2.08	0.15
	2014 年春季	0.98	0.83	1.83	0.19
	2014 年夏季	0.68	0.91	1.77	0.18
	2014 年秋季	1.79	0.87	2.41	0.11
	2014 年冬季	1.85	0.92	2.54	0.09
	2015 年春季	1.97	0.79	2.25	0.14
	2015 年夏季	0.71	0.85	1.65	0.21
	2015 年秋季	1.52	0.83	2.19	0.14

注：D 代表 Margalef 种类丰富度指数；$J′$ 代表 Pielou 均匀度指数；$H′$ 代表 Shannon-Wiener 多样性指数；C 代表 Simpson 优势集中度指数

四、左江鱼类群落结构时空特征

(一)群落结构空间特征

空间跨度上，从上游至下游种类丰富度指数、均匀度指数和多样性指数整体上呈上升趋势，优势集中度指数呈下降趋势；左江各调查位点鱼类群落结构分析结果显示(图 5-4)，在龙州其种类丰富度指数(3.18)、均匀度指数(0.86)和多样性指数(2.86)均高于左江其他各位点，优势集中度(0.08)低于其他位点，表明该水域鱼类群落结构相对复杂。

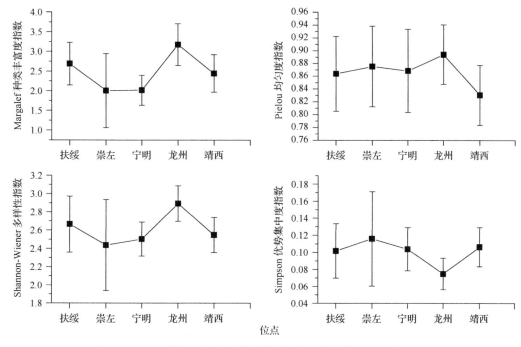

图 5-4　左江不同位点间多样性指数的差异(误差线代表季节变化)

(二)群落结构时间特征

时间尺度上，各调查位点鱼类群落结构季节变化明显。各调查位点种类丰富度指数、均匀度指数和多样性指数计算的结果在春季较低，夏秋季节相对较高。春季大多数调查位点种类丰富度指数(龙州、靖西除外)、均匀度指数和多样性指数明显低于其他各季节，而优势集中度指数多数情况下高于其他各季节(表 5-4)，表明各调查位点春季的群落结构相对简单。

表 5-4　左江不同位点间生物多样性指数季节变化

位点	时间	D	J'	H'	C
扶绥	2013 年冬季	2.13	0.85	2.49	0.11
	2014 年春季	2.05	0.73	2.14	0.16
	2014 年夏季	3.16	0.90	3.07	0.06
	2014 年秋季	2.89	0.80	2.65	0.10
	2014 年冬季	2.25	0.89	2.67	0.09
	2015 年春季	2.41	0.79	2.43	0.13
	2015 年夏季	3.44	0.84	2.93	0.08
	2015 年秋季	3.16	0.87	2.93	0.08

续表

位点	时间	*D*	*J'*	*H'*	*C*
崇左	2013 年冬季	2.34	0.89	2.67	0.08
	2014 年春季	0.87	0.86	1.80	0.18
	2014 年夏季	1.03	0.83	1.91	0.18
	2014 年秋季	2.78	0.89	2.88	0.07
	2014 年冬季	0.99	0.97	2.12	0.13
	2015 年春季	1.92	0.75	2.13	0.17
	2015 年夏季	3.19	0.91	3.07	0.05
	2015 年秋季	2.90	0.89	2.91	0.06
宁明	2013 年冬季	1.81	0.94	2.61	0.08
	2014 年春季	1.75	0.90	2.50	0.10
	2014 年夏季	2.78	0.79	2.59	0.13
	2014 年秋季	1.78	0.81	2.24	0.13
	2014 年冬季	1.85	0.96	2.66	0.07
	2015 年春季	1.66	0.83	2.24	0.13
	2015 年夏季	2.16	0.82	2.45	0.11
	2015 年秋季	2.33	0.90	2.73	0.08
龙州	2013 年冬季	2.02	0.91	2.64	0.09
	2014 年春季	3.54	0.88	3.05	0.06
	2014 年夏季	3.51	0.83	2.91	0.09
	2014 年秋季	3.55	0.88	3.08	0.06
	2014 年冬季	2.76	0.88	2.78	0.07
	2015 年春季	3.33	0.76	2.60	0.11
	2015 年夏季	3.41	0.88	3.05	0.06
	2015 年秋季	3.29	0.89	3.02	0.06
靖西	2013 年冬季	3.14	0.89	2.93	0.07
	2014 年春季	2.83	0.79	2.56	0.11
	2014 年夏季	2.56	0.83	2.65	0.09
	2014 年秋季	1.91	0.83	2.35	0.12
	2014 年冬季	1.81	0.88	2.44	0.12
	2015 年春季	2.82	0.74	2.39	0.14
	2015 年夏季	2.35	0.86	2.64	0.08
	2015 年秋季	2.11	0.82	2.41	0.12

注：*D* 代表 Margalef 种类丰富度指数；*J'* 代表 Pielou 均匀度指数；*H'* 代表 Shannon-Wiener 多样性指数；*C* 代表 Simpson 优势集中度指数

五、红水河鱼类群落结构时空特征

(一)群落结构空间特征

红水河年度生物多样性状况及其空间差异分析显示(表 5-5)，各位点间 Shannon-

Wiener 多样性指数变化范围为 1.01~2.29；Simpson 优势集中度指数年度平均值为 0.26，各位点间 Simpson 优势集中度指数变化范围为 0.12~0.65。

表 5-5　红水河不同位点间生物多样性指数季节变化

季节	位点	D	J'	H'	C
2015 年春季	天峨	2.92	0.67	2.19	0.17
	东兰	1.67	0.75	2.02	0.19
	都安	2.93	0.69	2.24	0.17
	平均值	2.51	0.70	2.15	0.18
2015 年夏季	天峨	2.98	0.67	2.24	0.18
	东兰	1.38	0.66	1.74	0.22
	来宾	2.12	0.69	1.65	0.26
	平均值	2.16	0.67	1.88	0.22
2015 年秋季	天峨	1.97	0.81	2.29	0.12
	东兰	1.72	0.70	1.86	0.22
	巴马	2.28	0.33	1.01	0.65
	平均值	1.99	0.61	1.72	0.33
2015 年冬季	来宾	3.40	0.59	2.07	0.27
	天峨	3.27	0.52	1.74	0.29
	东兰	1.15	0.58	1.28	0.36
	平均值	2.61	0.56	1.70	0.31

注：D 代表 Margalef 种类丰富度指数；J' 代表 Pielou 均匀度指数；H' 代表 Shannon-Wiener 多样性指数；C 代表 Simpson 优势集中度指数

（二）群落结构时间特征

红水河江段 Margalef 种类丰富度指数年度平均值为 2.315，其中冬季（2.61）＞春季（2.51）＞夏季（2.16）＞秋季（1.99），各位点间 Margalef 种类丰富度指数变化范围为 1.15~3.40，其中东兰位点在各季节的 Margalef 种类丰富度指数均为最低；Pielou 均匀度指数年度平均值为 0.635，其中春季（0.70）＞夏季（0.67）＞秋季（0.61）＞冬季（0.56），各位点间 Pielou 均匀度指数变化范围为 0.33~0.81；Shannon-Wiener 多样性指数年度平均值为 1.86，其中春季（2.15）＞夏季（1.88）＞秋季（1.72）＞冬季（1.70）。

六、柳江鱼类群落结构时空特征

（一）群落结构空间特征

柳江年度生物多样性状况及其空间差异分析显示（表 5-6），各位点间 Shannon-Wiener 多样性指数变化范围为 1.60~2.55；Simpson 优势集中度指数年度平均值为 0.19，各位点间 Simpson 优势集中度指数变化范围为 0.10~0.35。

表 5-6 柳江不同位点间生物多样性指数季节变化

时间	位点	D	J'	H'	C
2014 年春季	三江	2.47	0.70	2.20	0.17
	融水	3.14	0.85	2.55	0.10
	融安	2.33	0.79	2.14	0.16
	柳城	2.07	0.70	1.86	0.21
	象州	2.60	0.79	2.31	0.14
	平均值	2.52	0.77	2.21	0.16
2014 年夏季	三江	1.56	0.61	1.60	0.35
	融水	1.78	0.80	1.93	0.17
	融安	2.78	0.74	1.95	0.20
	柳城	2.84	0.71	1.91	0.22
	象州	2.25	0.72	1.91	0.21
	平均值	2.24	0.72	1.86	0.23
2015 年夏季	三江	2.50	0.74	2.05	0.17
	融水	2.20	0.78	1.99	0.19
	融安	2.35	0.77	2.02	0.19
	柳城	2.18	0.77	2.17	0.15
	象州	1.96	0.71	1.86	0.22
	平均值	2.24	0.75	2.02	0.18
2015 年秋季	三江	2.01	0.80	2.16	0.16
	融水	2.35	0.79	2.20	0.14
	融安	1.76	0.75	1.73	0.24
	柳城	1.47	0.81	1.94	0.17
	象州	1.98	0.77	1.97	0.19
	平均值	1.91	0.78	2.00	0.18
2015 年冬季	三江	1.44	0.81	1.78	0.20
	融水	2.10	0.81	2.00	0.19
	融安	1.90	0.73	1.97	0.17
	柳城	1.71	0.73	1.88	0.20
	象州	1.94	0.69	1.81	0.27
	平均值	1.82	0.75	1.89	0.21

注：D 代表 Margalef 种类丰富度指数；J'代表 Pielou 均匀度指数；H'代表 Shannon-Wiener 多样性指数；C 代表 Simpson 优势集中度指数

(二)群落结构时间特征

柳江 Margalef 种类丰富度指数年度平均值为 2.146，其中春季(2.52)＞夏季(2.24)＞秋季(1.91)＞冬季(1.82)，各位点间 Margalef 种类丰富度指数变化范围为 1.44～3.14；Pielou 均匀度指数年度平均值为 0.755，各位点间 Pielou 均匀度指数变化范围为 0.61～0.85；Shannon-Wiener 多样性指数年度平均值为 1.996，其中春季(2.21)＞秋季(2.00)＞夏季(1.96)＞冬季(1.89)。

综上所述,桂江、郁江、右江等水域鱼类 Margalef 种类丰富度指数和 Shannon-Wiener 多样性指数从上游至下游大体上呈上升趋势,该结果符合鱼类群落沿河分布的一般特征,从上游至下游水域鱼类多样性增加(茹辉军等,2010),群落结构趋于复杂化(Welcomme,1985);左江、红水河、柳江在空间尺度上呈波动状态;右江鱼类群落多样性空间变化相对较大,年平均指数最小。调查江段各季节多样性指数结果表明,夏、秋两季鱼类多样性较高,春季多样性最低。

相关研究表明,大坝的阻隔尤其是梯级电站的建立会导致鱼类多样性的下降(曹文宣,2005;谢平等,2017)。本次调查中,受大坝影响较大的调查水域如横县、百色、西林等鱼类优势集中度较高,繁殖能力强、世代周期短的杂食性鱼类(鲎、海南似鲚、罗非鱼等)在群落中占绝对优势地位,鱼类群落结构趋于简单化,多样性程度严重下降。

第二节　鱼类群落稳定性评价

一、桂江鱼类群落稳定性评价

桂江各季节鱼类丰度与生物量优势度曲线分析显示(图 5-5),桂江夏、秋两季鱼类丰度曲线在生物量曲线之上或短暂相交,W 值分别为 -0.047 和 -0.022,鱼类群落在夏、秋两

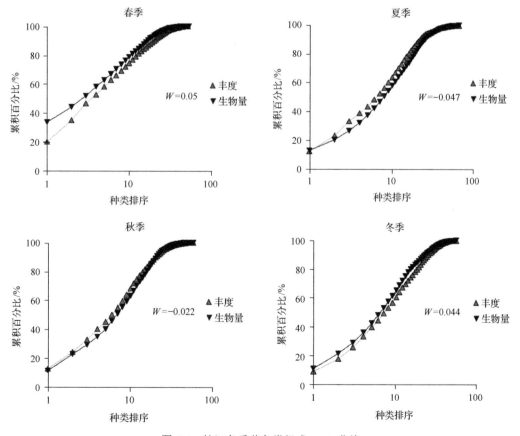

图 5-5　桂江各季节鱼类组成 ABC 曲线

季受外界干扰强度较大，群落结构处于不稳定状态。春季，优势群体在鱼类丰度和生物量中所占比例明显高于其他各季节，且鱼类生物量起点值远大于鱼类丰度起点值，显示春季桂江鱼类群落优势集中度较高，且优势群体个体相对较大。

桂江各调查位点分析结果显示(图 5-6)，各调查位点鱼类丰度和生物量优势度曲线均存在交互现象，表明各调查位点鱼类群落结构均受到一定程度的干扰，其中平乐、阳朔

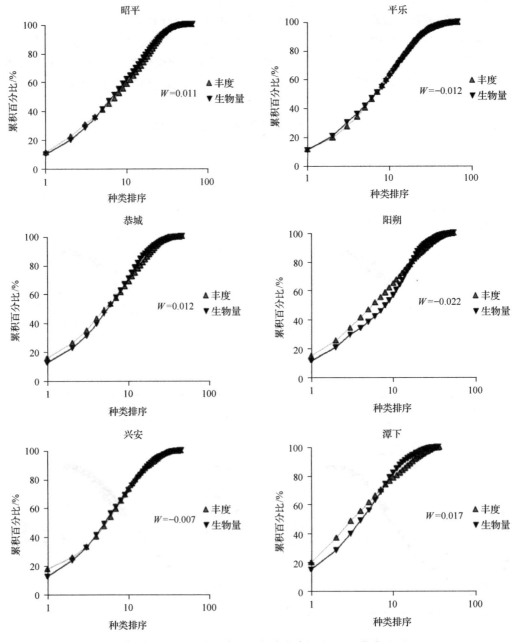

图 5-6　桂江各调查位点年度鱼类组成 ABC 曲线

和兴安 W 值分别为-0.012、-0.022 和-0.007，均小于或接近于 0，受环境扰动的影响较大。特别是在阳朔位点，其鱼类丰度累积曲线与生物量累积曲线明显相交，且排序靠前的种类丰度累积曲线在生物量累积曲线之上，其鱼类优势群体以小型鱼类(泥鳅、黄颡鱼、宽鳍鱲、中华沙塘鳢等)为主，大中型鱼类如斑鳠、草鱼、光倒刺鲃等在鱼类丰度中所占比例较低，阳朔生态环境受到了中等程度的干扰，鱼类群落稳定性较低，这与该水域近年来密集的人类活动相关。

二、郁江鱼类群落稳定性评价

郁江各季节鱼类丰度和生物量优势度曲线如图 5-7 所示。各季节鱼类丰度和生物量优势度曲线均存在交叉，且夏、秋两季 W 值分别为-0.01 和-0.013，郁江鱼类群落结构在各个季节均受到不同程度的干扰，在夏、秋两季尤为严重。此外，郁江第一优势群体除春季外在鱼类丰度和生物量中所占比例均小于 20%。

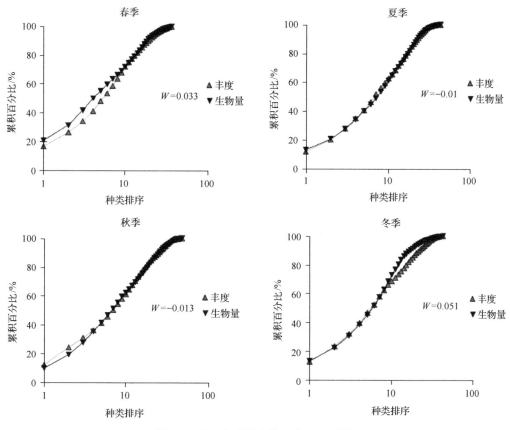

图 5-7　郁江各季节鱼类组成 ABC 曲线

各调查位点分析结果显示(图 5-8)，各位点鱼类丰度和生物量优势度曲线存在较大程度的交叉，且 W 值为正或接近 0，各调查位点鱼类群落结构受到干扰程度较小，群落结构相对稳定。

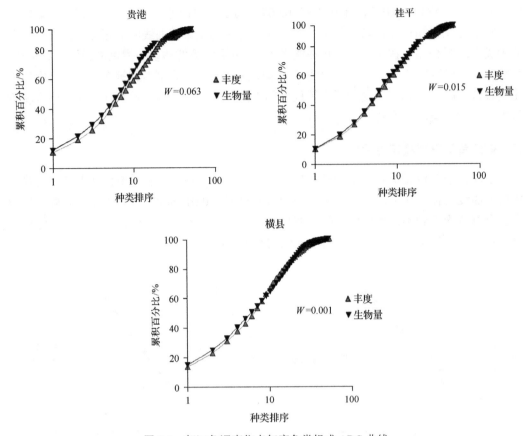

图 5-8　郁江各调查位点年度鱼类组成 ABC 曲线

三、右江鱼类群落稳定性评价

右江各季节鱼类丰度和生物量优势度曲线分析显示(图 5-9)：春季，鱼类丰度优势度曲线在鱼类生物量优势度曲线之上，W 为−0.039，右江鱼类群落结构在该季节受到严重程度的干扰；夏季和冬季，鱼类丰度和生物量优势度累积曲线存在较大程度的交叉，且

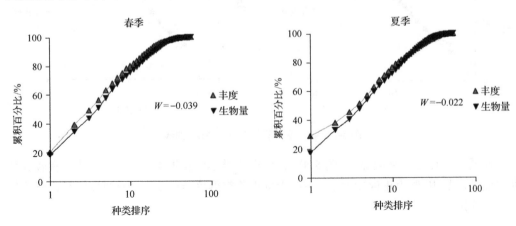

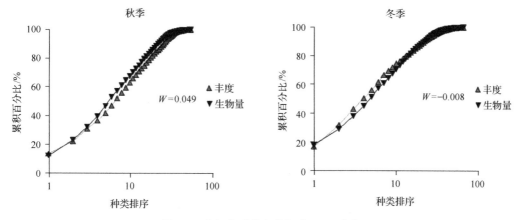

图 5-9　右江各季节鱼类组成 ABC 曲线

W 值分别为-0.022 和-0.008，鱼类群落受中等程度的扰动。秋季，鱼类生物量优势度曲线在鱼类丰度优势度曲线之上，且 W 为 0.049，鱼类群落未受或所受外界干扰的影响较小，群落结构相对稳定。此外，优势群体在各季节鱼类丰度和生物量中所占比例显示，夏季优势群体在鱼类丰度中所占比例远高于在鱼类生物量中所占比例，表明小型鱼类在右江夏季鱼类组成中优势度明显。

右江各调查位点 ABC 曲线分析显示(图 5-10)，平果、百色鱼类丰度优势度曲线在鱼类生物量优势度曲线之上，且 W 均为正值，鱼类群落结构所受环境干扰严重。在右江平果、百色等地，优势群体(鳌、海南似鲚、尼罗罗非鱼等)在鱼类丰度和生物量中所占比例均达 80%以上，且鱼类丰度曲线在生物量曲线之上，表明上述位点小型鱼类所占比例极高，且鱼类组成中优势群体的组成特点基本决定了调查位点生物量优势度曲线和丰度优势曲线的相对位置。

优势群体在鱼类组成中所占比例分析显示，上述位点鱼类优势集中度较高，单一种类在鱼类丰度中所占比例可达 50%左右，鱼类群落结构趋向简单化，右江年度种类丰富度指数和多样性指数都较小，群落内种类多样性的程度较低，群落结构不稳定。

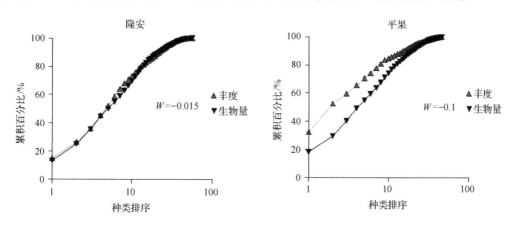

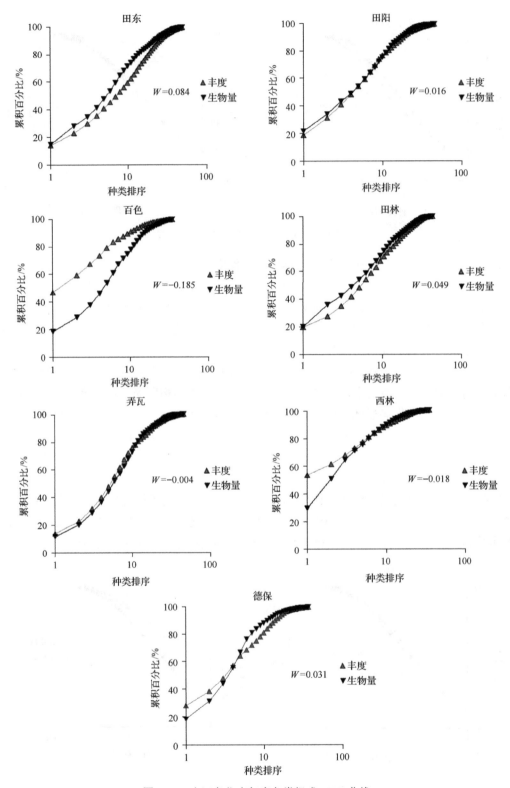

图 5-10 右江各位点年度鱼类组成 ABC 曲线

四、左江鱼类群落稳定性评价

左江各季节鱼类丰度和生物量优势度曲线如图 5-11 所示。春季，鱼类生物量优势度曲线大体在鱼类丰度优势度曲线之上，W 为 0.008，鱼类群落结构受外界干扰较小；夏季，鱼类丰度优势度曲线大体在鱼类生物量优势度曲线之上，W 为−0.04，鱼类群落结构处于严重干扰状态；秋季和冬季，鱼类丰度和生物量优势度曲线紧密相交，鱼类群落结构受到一定程度的干扰。此外，第一优势群体在各季节鱼类组成中所占比例除夏季外，均小于 20%，表明左江鱼类优势集中度相对较低。

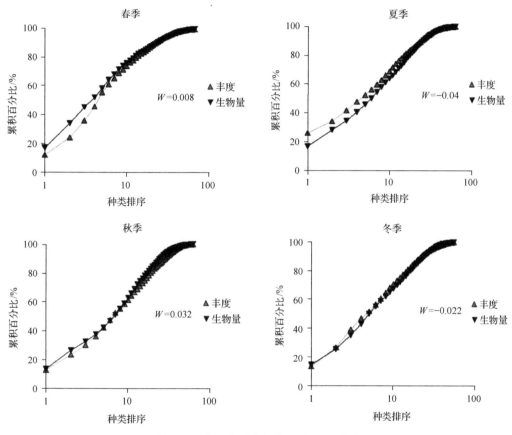

图 5-11　左江各季节鱼类组成 ABC 曲线

左江各调查位点鱼类丰度和生物量优势度曲线分析结果表明(图 5-12)，宁明鱼类丰度优势度曲线在鱼类生物量优势度曲线之上，W 为−0.091，鱼类群落结构处于严重干扰状态；靖西鱼类生物量优势度曲线在鱼类丰度优势度曲线之上，W 为 0.027，鱼类群落结构未受或受环境影响较小；扶绥、崇左和龙州鱼类丰度和生物量优势度曲线相交，鱼类群落结构处于中等干扰状态。

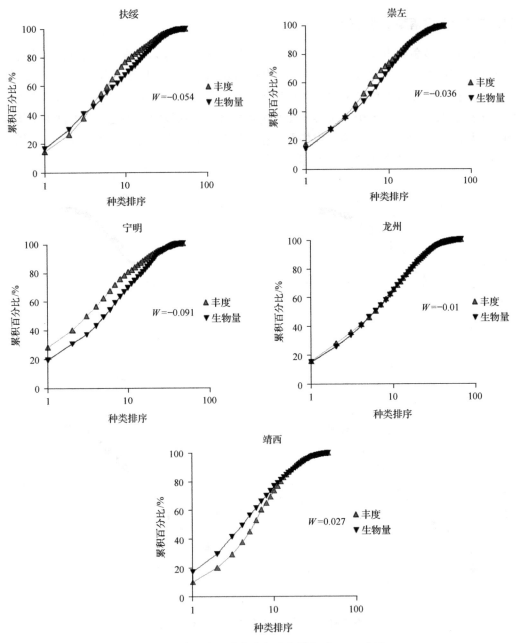

图 5-12　左江各调查位点年度鱼类组成 ABC 曲线

　　在左江宁明位点，鳘、银鮈、尼罗罗非鱼等中小型鱼类在年度鱼类丰度中所占比例较高，因而其累积鱼类丰度曲线明显在累积鱼类生物量曲线之上，中小型鱼类在群落竞争中处于优势地位，群落结构稳定性较差，优势集中度高，群落中鱼类组成将继续朝个体小型化趋势发展。为提高该水域鱼类群落结构的稳定性，应加强对该位点大中型鱼类资源(赤眼鳟、鲮、光倒刺鲃、长臀鮠等)的保护。

五、红水河鱼类群落稳定性评价

红水河各季节鱼类丰度与生物量优势度曲线分析显示(图 5-13)，春、夏、冬三季鱼类丰度优势度曲线在鱼类生物量优势度曲线之上，W 值分别为-0.051、-0.162 和-0.218，鱼类群落在春、夏、冬三季受外界干扰强度较大，群落结构处于不稳定状态。其中夏季鱼类丰度起点值远大于鱼类生物量起点值，第一优势种丰度起点高于 60%，夏季红水河鱼类群落优势集中度较高，且优势群体个体相对较小，鱼类群落结构趋向简单化，群落结构极不稳定。秋季鱼类丰度和生物量优势度曲线存在交互，W 值为-0.04，鱼类群落受中等程度的扰动。

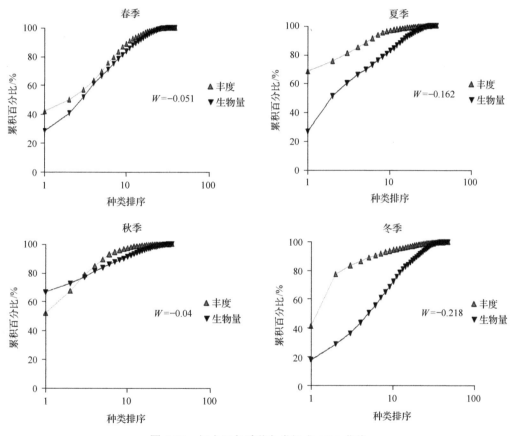

图 5-13　红水河各季节鱼类组成 ABC 曲线

六、柳江鱼类群落稳定性评价

柳江各季节鱼类丰度与生物量优势度曲线分析显示(图 5-14)，柳江各季节鱼类生物量优势度曲线均在鱼类丰度优势度曲线之上，且 W 值均为正，分别为 0.053、0.058、0.091 和 0.046，各季节柳江鱼类群落结构未受到外界干扰，群落结构基本稳定。其中第一优势群体除秋季外在其他各季节鱼类丰度和生物量中所占比例均为 20%左右，表示该江段鱼类群落优势集中度相对较低。

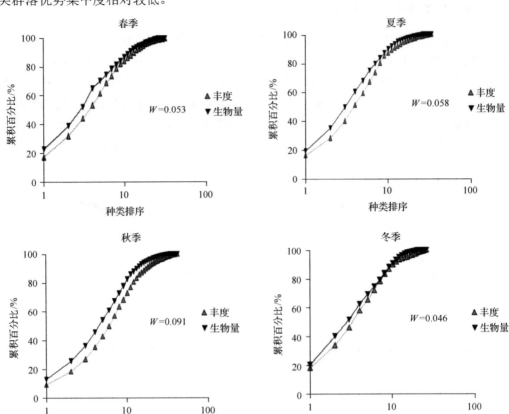

图 5-14　柳江各季节鱼类组成 ABC 曲线

综上所述，各江段鱼类群落都受到了一定程度的干扰，季节上也呈不同状态，整体上春季、冬季稳定性较高，夏季、秋季稳定性较低。除柳江外各江段夏季鱼类丰度优势度曲线均在生物量优势度曲线之上，鱼类群落受到了干扰，处于不稳定状态，其中红水河调查期间处于不稳定状态。夏季为多数鱼类的繁殖期和仔稚生长期，鱼类丰度增长迅速，且此时水温、水位、流量等环境条件变化较大，而这些因素往往与鱼类的繁殖和觅食习性相关。多数江段春季鱼类生物量优势度曲线在丰度优势度曲线之上，说明春季鱼类群落处于相对稳定的状态，而秋季鱼类丰度和生物量优势度曲线存在一定程度的交叉，说明鱼类群落受到中等程度的干扰。空间尺度上，红水河、右江受干扰位点较多。

第三节　鱼类群落时空分布特征

一、鱼类群落相似性分析

（一）Jaccard 相似性指数

本次调查结果与 20 世纪 80 年代调查结果相比，江河间鱼类群落种类组成表现出趋同的特点。

在空间跨度上，2013～2015 年调查江段间鱼类群落组成相似性为 0.515～0.663，为中等相似水平；而 20 世纪 80 年代调查各江段间鱼类群落组成相似性为 0.388～0.526，基本为中等不相似水平。

在时间尺度上，广西各江河两次调查的鱼类群落组成相似性较低，各江段均为中等不相似水平（0.354～0.419），在过去的几十年中，各江段鱼类群落种类组成发生了较大变化（附录 2），其中桂江鱼类群落种类组成变化最明显，鱼类物种数减少了 69 种，主要包括暗鳜、鳡、瓣结鱼等；新增物种数主要包括柳州鳜、斑点叉尾鮰、革胡子鲇等 15 种；两次调查相同物种数 68 种，主要包括鲤、鲫、鲎等，两次调查鱼类群落种类相似性仅为 0.354。

（二）鱼类群落聚类与排序

调查江段各季节鱼类群落聚类分析结果（图 5-15）显示，鱼类群落结构江段间差异程度明显高于季节差异程度，研究江段鱼类群落被明显分成了两组，其中桂江单独一类（A组），郁江、右江和左江为另一类（B 组）。江段内各季节鱼类群落相似性分析显示，各江段夏季和秋季群落相似性较高。桂江、郁江、右江和左江夏、秋两季鱼类群落相似性分别为 84.46%、80.88%、75.4% 和 80.45%。MDS 分析结果（stress=0.08）说明排序结果较好地解释了江段间鱼类群落结构的相似性。

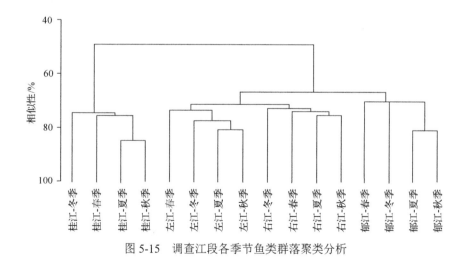

图 5-15 调查江段各季节鱼类群落聚类分析

各调查位点鱼类群落聚类分析结果显示（图 5-16），位点 S1～S6（桂江）为一组，其他位点为另一组（位点的分布参照表 3-1）。MDS 分析结果（stress 为 0.11）见图 5-17。ANOSIM分析表明，在 0.1% 的置信水平上，A、B 两组间群落结构差异显著（R=0.926），桂江鱼类群落结构与其他各江段鱼类群落结构地域差异明显。

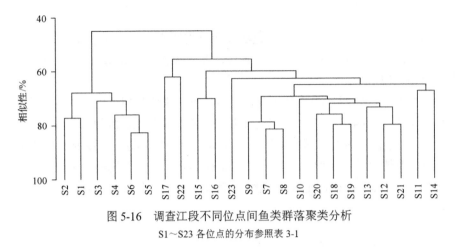

图 5-16　调查江段不同位点间鱼类群落聚类分析

S1～S23 各位点的分布参照表 3-1

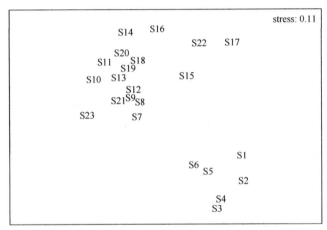

图 5-17　调查江段不同位点间鱼类群落 MDS 分析

S1～S23 各位点的分布参照表 3-1

　　根据以上聚类与排序分析的结果,调查位点可分成 A 组(S1～S6)和 B 组(S7～S23),在此基础上通过 SIMPER 相似性百分比分析可进一步得出鱼类群落对组内相似性和组间差异性的贡献率,结果如表 5-7～表 5-9 所示。A 组内各调查位点间鱼类群落相似性为63.88,B 组内各调查位点间鱼类群落相似性为 58.49,A、B 两组间鱼类群落差异性为65.26。A 组各位点间群落相似性累积贡献率达 90%以上的种类主要有黄颡鱼、泥鳅、鲤、鲫、中华沙塘鳢、鲇、宽鳍鱲等共 16 种,仅占 A 组鱼类种类数的 27.59%;B 组各位点间群落相似性累积贡献率达 90%以上的种类主要有尼罗罗非鱼、鰲、鲤、鲫、莫桑比克罗非鱼、鲇、银鮈、黄颡鱼、赤眼鳟等共 16 种,仅占 B 组鱼类种类数的 15.84%;A、B两组间群落差异性累积贡献率达 90%以上的种类主要有尼罗罗非鱼、鰲、泥鳅、黄颡鱼、中华沙塘鳢、莫桑比克罗非鱼等共 29 种。相关研究指出,群落间差异性贡献率大于 5%的鱼类,可认为是不同组间的指示性种类,因此,尼罗罗非鱼、鰲、泥鳅和黄颡鱼是区分 A、B 两组的指示性鱼类。指示性鱼类在各调查位点鱼类群落中分布如图 5-18 所示,尼罗罗非鱼和鰲在 B 组各位点鱼类群落中的优势度明显高于其在 A 组各位点的优势度,为 B 组鱼类群落中的指示性鱼类，而泥鳅和黄颡鱼在 A 组鱼类群落中的优势度明显高于其在 B 组各位点鱼类群落中的优势度，为 A 组鱼类群落中的指示性种类。

表 5-7　A 组相似性累积贡献率达 90%以上的种类

种类	平均相似性	贡献率/%	累积贡献率/%
黄颡鱼 Pelteobagrus fulvidraco	12.41	19.42	19.42
泥鳅 Misgurnus anguillicaudatus	10.40	16.28	35.70
鲤 Cyprinus carpio	6.31	9.88	45.58
鲫 Carassius auratus	4.93	7.71	53.29
中华沙塘鳢 Odontobutis sinensis	3.44	5.38	58.67
瓦氏黄颡鱼 Pelteobagrus vachelli	3.33	5.22	63.88
宽鳍鱲 Zacco platypus	3.21	5.02	68.90
鲇 Silurus asotus	2.28	3.58	72.48
黄鳝 Monopterus albus	2.09	3.28	75.75
带半刺光唇鱼 Acrossocheilus hemispinus cinctus	1.70	2.67	78.42
斑鳜 Siniperca scherzeri	1.45	2.27	80.69
鳘 Hemiculter leucisculus	1.38	2.17	82.86
大刺鳅 Mastacembelus armatus	1.29	2.02	84.88
草鱼 Ctenopharyngodon idellus	1.23	1.92	86.80
斑鱯 Mystus guttatus	1.02	1.60	88.40
粗唇鮠 Leiocassis crassilabris	1.02	1.60	90.00

注：A 组为桂江各调查位点

表 5-8　B 组相似性累积贡献率达 90%以上的种类

种类	平均相似性	贡献率/%	累积贡献率/%
尼罗罗非鱼 Oreochromis niloticus	12.99	22.22	22.22
鳘 Hemiculter leucisculus	11.19	19.13	41.35
鲤 Cyprinus carpio	6.40	10.95	52.29
鲫 Carassius auratus	6.34	10.84	63.13
莫桑比克罗非鱼 Oreochromis mossambicus	2.94	5.03	68.17
鲇 Silurus asotus	2.66	4.55	72.72
银鮈 Squalidus argentatus	2.21	3.78	76.50
黄颡鱼 Pelteobagrus fulvidraco	1.80	3.07	79.57
赤眼鳟 Squaliobarbus curriculus	1.18	2.02	81.59
胡子鲇 Clarias fuscus	0.99	1.69	83.28
大眼鳜 Siniperca kneri	0.96	1.64	84.92
泥鳅 Misgurnus anguillicaudatus	0.94	1.61	86.53

续表

种类	平均相似性	贡献率/%	累积贡献率/%
纹唇鱼 *Osteochilus salsburyi*	0.77	1.32	87.85
瓦氏黄颡鱼 *Pelteobagrus vachelli*	0.62	1.06	88.91
鳙 *Aristichthys nobilis*	0.58	0.99	89.89
斑鳠 *Mystus guttatus*	0.53	0.90	90.80

注：B组包括郁江、右江、左江各江段调查位点

表 5-9　A&B 两组间差异性累积贡献率达 90%以上的种类

种类	平均差异性	贡献率/%	累积贡献率/%
尼罗罗非鱼 *Oreochromis niloticus*	7.38	11.31	11.31
鳘 *Hemiculter leucisculus*	6.25	9.58	20.89
泥鳅 *Misgurnus anguillicaudatus*	6.03	9.24	30.13
黄颡鱼 *Pelteobagrus fulvidraco*	6.01	9.20	39.33
中华沙塘鳢 *Odontobutis sinensis*	2.70	4.13	43.46
莫桑比克罗非鱼 *Oreochromis mossambicus*	2.37	3.63	47.09
宽鳍鱲 *Zacco platypus*	2.16	3.31	50.40
瓦氏黄颡鱼 *Pelteobagrus vachelli*	1.95	2.98	53.39
鲫 *Carassius auratus*	1.88	2.89	56.27
鲤 *Cyprinus carpio*	1.86	2.85	59.12
带半刺光唇鱼 *Acrossocheilus hemispinus cinctus*	1.55	2.38	61.50
海南似鱎 *Toxabramis houdemeri*	1.53	2.35	63.85
银鮈 *Squalidus argentatus*	1.51	2.32	66.17
大眼华鳊 *Sinibrama macrops*	1.38	2.11	68.28
鲇 *Silurus asotus*	1.22	1.88	70.16
赤眼鳟 *Squaliobarbus curriculus*	1.21	1.86	72.02
马口鱼 *Opsariichthys bidens*	1.19	1.83	73.85
大刺鳅 *Mastacembelus armatus*	1.14	1.75	75.60
大眼鳜 *Siniperca kneri*	1.14	1.74	77.34
斑鳠 *Mystus guttatus*	1.13	1.74	79.08
黄鳝 *Monopterus albus*	1.10	1.68	80.76
斑鳜 *Siniperca scherzeri*	0.99	1.52	82.28
粗唇鮠 *Leiocassis crassilabris*	0.94	1.43	83.71
纹唇鱼 *Osteochilus salsburyi*	0.90	1.38	85.09
草鱼 *Ctenopharyngodon idellus*	0.81	1.24	86.34
胡子鲇 *Clarias fuscus*	0.76	1.16	87.50
高体鳑鲏 *Rhodeus ocellatus*	0.67	1.02	88.52
鲮 *Cirrhinus molitorella*	0.66	1.01	89.53
斑鳢 *Channa maculata*	0.66	1.01	90.54

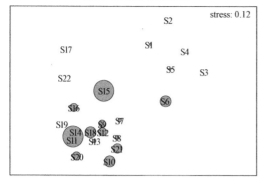
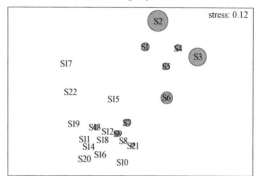
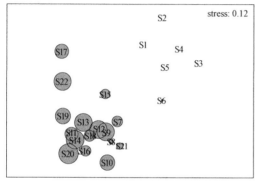

图 5-18　4 种指示性鱼类在各位点的分布

二、鱼类群落结构与理化环境因子关系

各江段重要鱼类组成与理化环境因子典型对应分析(CCA)结果显示(表 5-10,图 5-19),第一轴和第二轴对鱼类群落空间差异的解释力分别为 50.3%和 11.6%,累积解释力为 61.9%;第一轴和第二轴对鱼类群落与理化环境因子相关性的解释力分别为 68%和 15.7%,累积解释力为 83.7%,表明典型对应分析的结果能较好地解释调查位点鱼类群落结构的空间差异及其随环境梯度的变化。蒙特卡罗(Monte Carlo)显著性检验结果显示,第一轴的特征值为 0.123(F=6.066,P=0.009),所有轴总的特征值为 0.181(F=2.836,P=0.005)。调查位点 pH 与第一轴正相关,相关系数为 0.6,纬度与第一轴负相关,相关系数为−0.91;NH₃-N 和总磷与第二轴正相关,相关系数分别为 0.68 和 0.54,水位与第二轴负相关,相关系数为−0.56,由此可见,纬度的梯度变化对鱼类群落空间差异的相关性最显著,其次为 pH。各调查位点沿第一轴的分布显示(图 5-19A),桂江各调查位点(S1~S5)主要的环境特征为高纬度低 pH,其他位点多为低纬度高 pH(CCA1 中 pH、纬度和与大坝的距离是主要影响因素,CCA2 中水位、总磷和 NH₃-N 是主要影响因素;其中 pH 和纬度对鱼类群落空间变化的影响大于与大坝的距离)。

表 5-10　广西内陆江河共有重要鱼类种类

编号	物种	学名
Sp1	斑鳠	*Mystus guttatus*
Sp2	鳘	*Hemiculter leucisculus*
Sp3	草鱼	*Ctenopharyngodon idellus*
Sp4	赤眼鳟	*Squaliobarbus curriculus*
Sp5	粗唇鮠	*Leiocassis crassilabris*
Sp6	胡子鲇	*Clarias fuscus*
Sp7	黄颡鱼	*Pelteobagrus fulvidraco*
Sp8	黄鳝	*Monopterus albus*
Sp9	鲫	*Carassius auratus*
Sp10	鲤	*Cyprinus carpio*
Sp11	马口鱼	*Opsariichthys bidens*
Sp12	莫桑比克罗非鱼	*Oreochromis mossambicus*
Sp13	南方拟鳘	*Pseudohemiculter dispar*
Sp14	尼罗罗非鱼	*Oreochromis niloticus*
Sp15	泥鳅	*Misgurnus anguillicaudatus*
Sp16	鲇	*Silurus asotus*
Sp17	瓦氏黄颡鱼	*Pelteobagrus vachelli*
Sp18	银鮈	*Squalidus argentatus*
Sp19	鳙	*Aristichthys nobilis*
Sp20	子陵吻虾虎鱼	*Rhinogobius giurinus*

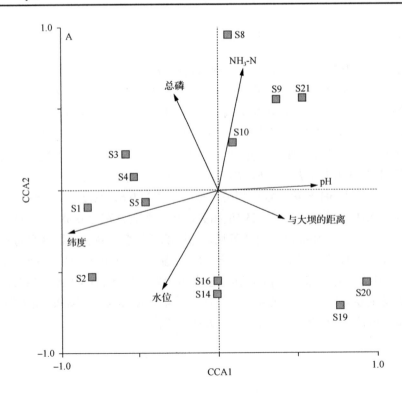

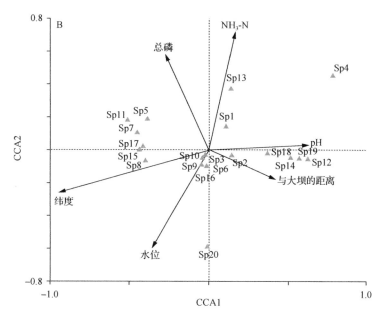

图 5-19　调查江段理化环境因子与调查位点(A)和优势鱼类(B)群落结构 CCA 典型对应分析

Si(i=1、2、3、4、5、8、9、10、14、16、19、20、21)分别代表调查位点,Sp1～20 代表各江段优势鱼类

据鱼类群落在第一轴方向上的组成特征(图 5-19B),可将各江段优势鱼类组成分成三大类群,第一类主要包括黄颡鱼、泥鳅、宽鳍鱲、瓦氏黄颡鱼、粗唇鮠等耐低温和低 pH 的鱼类,第二类主要为鲤、鲫、鳘、鲇等环境耐受性鱼类,第三组主要包括尼罗罗非鱼、莫桑比克罗非鱼、银鮰、鳙等喜高温高 pH 的鱼类。综上分析,桂江各调查位点主要以耐低温和低 pH 的鱼类为主,其他江段鱼类组成以耐高温和高 pH 的鱼类为主,而环境耐受能力较强的鱼类(鲇、胡子鲇、鲤等)在各江段均有分布。

聚类与排序结果表明,鱼类群落结构空间差异明显,桂江调查位点分成一组,郁江、右江和左江调查位点为另一组,因此,郁江、右江和左江之间的地理环境及生境条件的相似性程度高于其与桂江的相似性。国外相关研究指出,相似的生境和环境条件通常具有相似的群落结构(Romero et al.,1998;Araújo and Azevedo,2001)。根据各江段重要水质参数空间梯度变化结果(表 5-5)可知,桂江年均 pH 水平明显低于其他各江段(P=0.014),各江段(桂江、郁江、右江、左江)年均 pH 水平分别为 7.47、7.68、7.7 和7.76,pH 水平的高低是影响鱼类群落空间分布的重要环境因子。国外相关研究指出,pH水平与鱼类群落的组成和分布关系十分密切。例如,Öhman(2006)根据 40 个淡水湖泊的酸度水平与鱼类的群落特征研究发现,黑鲫与斜齿鳊的出现频率和丰度与 pH 呈正相关关系;Jackson 和 Running(2001)研究发现,鱼类群落的组成特征与调查江段 pH 及溶氧条件相关。ANOSIM 差异显著性分析结果(R=0.926)进一步证实了桂江鱼类群落结构与其他江段之间鱼类群落结构的差异性。此外,根据 Arroyo-Rodríguez 等(2013)研究结果,与其他因子相比,地理空间的距离是导致斑块间群落空间差异的主要原因,斑块间距离越远,其群落空间差异越显著。桂江与郁江分别在西江干流的左侧和右侧,地域差异较大,加上拦河筑坝工程的协同作用(巴江口水利枢纽、昭平水电枢纽),从而使桂江与其他江段间鱼类群落空间差异显著。调查水域鱼类群落与重要理化因子(pH、水位、$NH_3\text{-}N$、总磷、与大坝的距离和纬度)典型对应分析结果显示,第一轴和第二轴对调查江段鱼类群落与理化因子的相关性解释率分别为 68%和 15.7%,其中 pH 水平和纬度主要与第一轴 (CCA1) 相关,其他理化因子(水位、$NH_3\text{-}N$、总磷、与大坝距离等)主要与第二轴相关 (CCA2),pH 和纬度是影响调查江段鱼类群落空间分布差异的主要环境因素,其他理化因子影响相对较小或主要作为间接的影响因子。在季节尺度上,各江段鱼类群落可分为三大类群,春季和冬季各为一组,夏、秋两季为一组。国内外相关研究指出,水温通过影响鱼类组成的季节变化来影响其群落结构变化,可分为春季、冬季和夏季/秋季三个类群(Laffaille et al.,2000;张衡和陆健健,2007)。另外,通过相似性百分比分析结果发现(表 5-7,表 5-8),造成 A 组内群落结构相似性度较高(贡献率>5%)的种类主要有黄颡鱼、泥鳅、鲤、鲫、中华沙塘鳢、瓦氏黄颡鱼和宽鳍鱲,其组内相似性贡献率分别为 19.42%、16.28%、9.88%、7.71%、5.38%、5.22%、5.02%;造成 B 组内群落相似度较高(贡献率>5%)的种类主要有尼罗罗非鱼、鲮、鲤、鲫和莫桑比克罗非鱼,其组内相似性贡献率分别为 22.22%、19.13%、10.95%、10.84%和 5.03%。因此,黄颡鱼、泥鳅、中华沙塘鳢、宽鳍鱲、尼罗罗非鱼、鲮和莫桑比克罗非鱼等在各调查位点间分布不均是造成 A、B 两组间鱼类群落结构空间差异的主要原因。此外,鲤和鲫在 A、B 两组内群落相似性贡献率均较高,二者在调查江段年度鱼类组成中均占较高比例且分布范围极广,因而不是造成 A(桂江)和 B(郁江、右江和左江)组间鱼类群落空间差异的主要生物因子。根据组内差异性百分比分析结果显示(表 5-9),对 A、B 两组间群落差异性贡献率较高(贡献率>5%)的种类主要有黄颡鱼、泥鳅、鲮和尼罗罗非鱼,其贡献率分别为 9.20%、9.24%、9.58% 和 11.31%。综上分析,黄颡鱼、泥鳅、鲮和尼罗罗非鱼可作为区分桂江鱼类群落与其他各江段鱼类群落的指示性鱼类,其分布如图 5-17 所示。此外,根据鱼类群落在 CCA1 方向上的典型对应分析发现(图 5-18B),在长期的生态选择作用下,调查江段鱼类群落大体可分成耐低温低 pH 的群体(如黄颡鱼、泥鳅、粗唇鮠、瓦氏黄颡鱼、带半刺光唇鱼等)、广适性的群体(鲤、鲫、鲇等)和喜高温高 pH 的群体(尼罗罗非鱼、鲮、莫桑比克罗非鱼、赤眼鳟等)三大类。

国外有关研究显示,外来物种的入侵是驱动鱼类群落结构时空变化的重要生物因子 (Rahel,2003;Marchetti et al.,2006;Olden,2006)。罗非鱼在郁江、右江、左江的爆发性增长是造成上述江段鱼类群落结构与桂江表现出明显差异的主要生物驱动因子。相关研究指出,外来鱼类一方面可通过直接捕食部分土著种类或吞食其鱼卵从而引起鱼类群落结构的变化(Arthington et al.,1994;Goudswaard et al.,2002);另一方面,外来鱼类可通过与土著鱼类之间的饵料和栖息地竞争,从而对栖息地及原有鱼类群落结构产生影响(Bunn and Arthington,2002;Koehn,2004)。综上分析,调查江段鱼类群落结构在空间梯度上的差异是生物(罗非鱼的爆发性增长)与非生物(纬度与 pH 水平的差异)环境因子共同作用的结果。

第六章 大型水库鱼类资源评估

水利工程建设在世界范围内的迅速扩张使得河流系统片段化形势不断加剧，进而影响鱼类群落的组成和鱼类资源的变动（Benke，1990；Dudgeon，1992；Dynesius and Nilsson，1994）。有研究表明（Chapin et al.，2000），内陆水域水利设施兴建的影响反映在多个方面：从经济利益角度来看，水利工程兴建可以使人类社会受益（发电、航运、灌溉、旅游观光等）；从渔业角度来看，水坝通常会改变传统的河流渔业，有时会产生正面的影响（随着流水接近大坝，上游的流水变成静水从而形成了水库渔业（reservoir fishery），但更常见的是负面的影响（da Silva，1988；丁庆秋等，2015）。一方面，大坝的修建使得原来连续的河流生态系统被分割成不连续的环境单元，库区鱼类原有习性与生境发生了变化，如迁徙路径阻塞（March et al.，2003）、栖息地碎裂（Travnichek et al.，1993）和食物网简单化（Power et al.，1996）等。另一方面，大坝的修建还会引起环境的扰动，导致江段内原有的水文水质特征发生改变，主要表现为水位的无序升降对鱼类的繁殖、觅食等带来不利影响，大坝蓄水之后，坝上水位抬高，并且为了满足发电、航运、泄洪等需求，库区水位经常会发生较为频繁的波动，且消落带区域变动幅度较大。此外，水库的形成引起如库区流速减缓、深度增大、流态单调、泥沙沉积、反季节涨落等原有河流生态环境改变的现象，这些对于库区鱼类也会产生一定的影响。库区生物群落通常有从适应河流类型的物种转移到更适应静态环境的生物类群，这使得一部分喜急流性鱼类的生存面临挑战，大坝水库中整体的鱼类群体物种多样性通常随时间推移下降（Kanehl et al.，1997；Santucci et al.，2005）。

广西境内密集的水利工程设施建设影响了其内陆江河水域生态系统格局，从而使得江河鱼类群落出现了较大变化。为了摸清典型生境渔业资源现状，探究鱼类群落在新生境下的格局变动，本章以广西典型水库（百色水库、龟石水库、岩滩水库）生境为研究对象，应用水声学技术并结合渔获物分析，对广西水库鱼类资源的时空分布特征及特定鱼类种群昼夜变动和行为进行了研究，并分析了鱼类群落结构时空变动与水文、水质等非生物因子及生物因子的关系。

第一节 百色水库鱼类资源评估

一、概况

百色水库位于郁江上游右江，坝址在百色市上游 22km，于 2006 年建成，是一座以防洪为主，兼顾发电、灌溉、航运、供水等综合利用效益的大型水利枢纽。百色水库正常蓄水位 228m，水库面积 136km²，相应库容 48×10⁸m³；最高洪水位 233.73m，相应总库容 56×10⁸m³；防洪限制水位 214m，防洪库容 16.4×10⁸m³，死水位 203m，死库容 21.8×10⁸m³；水库调节库容 26.2×10⁸m³。

二、水文水质特征

(一)理化因子季节变化

水库各项理化指标呈双峰变化趋势(图 6-1),具体表现为:夏、秋两季各项指标相对较高,春、冬两季相对较低。水库季均水温变幅为 17.44~27.35℃;pH 变幅为 7.64~7.95;铵离子浓度变幅为 0.12~1.41mg/L;叶绿素含量变幅为 1.77~3.34μg/L;溶氧量变幅为 5.88~7.59mg/L。另外,各季节不同水层理化指标差异分析显示,夏、秋两季各项指标在垂直方向上差异较大,其次为春季,冬季差异最小。具体表现为:在 0~30m 水深范围内,水温变化范围夏季为 18.11~31.19℃,秋季为 24.8~30.34℃,春季为 17.95~21.15℃,冬季为 21.87~22.06℃;不同水层 pH 变化范围夏季为 7.46~8.28,秋季为 7.54~8.11,春季为 7.51~7.95,冬季为 7.38~7.65;不同水层铵离子浓度变化范围夏季为 0.15~0.5mg/L,秋季为 0.92~1.76mg/L,春季为 0.08~0.14mg/L,冬季为 0.14~0.18mg/L;不同水层叶绿素含量变化范围夏季为 1.1~5.48μg/L,秋季为 1.02~7.66μg/L,春季为 1.25~2.41μg/L,冬季为 1.64~1.98μg/L;不同水层溶氧量变化范围夏季为 6.1~8.72mg/L,秋季为 6.21~8.97mg/L,春季为 5.48~6.75mg/L,冬季为 6.29~6.65mg/L。

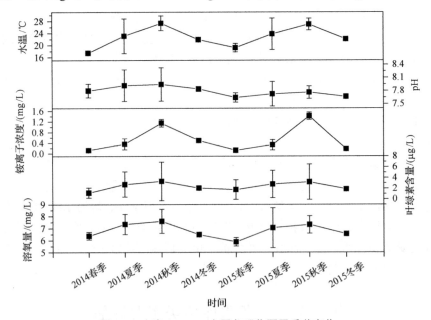

图 6-1　水库 0~30m 水层各理化因子季节变化

(二)理化因子水平梯度变化

水库 2014 年各季节不同位点间理化环境因子水平差异如表 6-1 所示。各项指标不同位点间差异较小,其中春季(3 月)、夏季(6 月)、冬季(12 月)上游区域水温较高,秋季(9 月)下游区域水温较高;各季节 pH 从上游至下游依次降低;不同季节铵离子浓度没有表现出明显的区域性特征;上游水域夏、秋两季叶绿素含量高于中、下游水域,而春、冬两季下游水域叶绿素含量高于中、上游水域；各季节溶氧量状况从上游至下游逐渐降低。此外，一般线性模型的分析结果表明：除 pH 外，各理化因子季节差异显著（$P<0.05$）；除铵离子浓度外，各理化因子位点间差异均不显著（$P>0.05$）。

表 6-1 百色水库 2014 年各理化因子时空变化（0～30m 水深）

季节	位点	水温/℃	pH	铵离子浓度/(mg/L)	叶绿素含量/(μg/L)	溶氧量/(mg/L)
春季	上游	17.78	7.81	0.11	1.17	6.41
	中游	17.46	7.80	0.11	1.20	6.36
	下游	17.09	7.79	0.14	1.21	6.33
夏季	上游	23.32	7.94	0.63	3.80	7.52
	中游	23.07	7.92	0.18	2.41	7.34
	下游	22.75	7.90	0.24	2.09	7.15
秋季	上游	27.26	7.97	1.11	3.96	7.94
	中游	27.34	7.94	1.15	3.52	7.50
	下游	27.44	7.93	1.17	2.54	7.34
冬季	上游	21.95	7.85	0.50	1.94	6.58
	中游	21.84	7.84	0.47	1.70	6.48
	下游	21.82	7.83	0.50	2.59	6.38
季节差异		$P<0.05$	$P=0.338$	$P<0.05$	$P=0.032$	$P<0.05$
位点差异		$P=0.941$	$P=0.921$	$P=0.026$	$P=0.586$	$P=0.252$

水库 2015 年各季节调查位点间理化因子差异较小，具体结果如表 6-2 所示。除秋季外，上游水域水温略高于中、下游水域；下游水域 pH 相对较低；不同季节铵离子浓度没有表现出明显的区域性特征；除春季外，上游水域叶绿素含量高于中、下游水域；除冬季外，上游水域溶氧量高于其他水域。针对各理化因子时空差异的方差分析结果表明：各理化因子季节差异显著（$P<0.05$）；除 pH 外，各理化因子上、中、下游不同位点间差异不显著（$P>0.05$）。

表 6-2 百色水库 2015 年各理化因子时空变化（0～30m 水深）

季节	位点	水温/℃	pH	铵离子浓度/(mg/L)	叶绿素含量/(μg/L)	溶氧量/(mg/L)
春季	上游	19.46	7.76	0.12	1.66	6.17
	中游	19.06	7.62	0.12	1.93	5.82
	下游	19.02	7.55	0.12	1.74	5.64
夏季	上游	24.07	7.71	0.41	3.34	7.08
	中游	23.74	7.76	0.30	2.84	7.06
	下游	23.44	7.72	0.25	2.26	7.00
秋季	上游	26.96	7.85	1.32	4.04	7.71
	中游	26.71	7.71	1.40	3.14	7.19
	下游	27.29	7.73	1.51	2.46	6.89

续表

季节	位点	水温/℃	pH	铵离子浓度/(mg/L)	叶绿素含量/(μg/L)	溶氧量/(mg/L)
	上游	22.18	7.45	0.18	2.12	6.38
冬季	中游	22.00	7.58	0.16	2.03	6.62
	下游	21.94	7.36	0.16	1.50	6.60
季节差异		$P<0.05$	$P<0.05$	$P<0.05$	$P=0.044$	$P<0.05$
位点差异		$P=0.927$	$P=0.044$	$P=0.958$	$P=0.304$	$P=0.398$

(三)理化因子垂直梯度变化

水库 2014~2015 年各季节水温、pH、铵离子浓度、叶绿素含量和溶氧量在 0~30m 水层的变化如图 6-2~图 6-6 所示。夏季 0~25m 水层水温变化较大，25m 以下水温基本稳定在 18℃左右，秋季平均水温最高，但不同水层温差小于夏季，10m 以下水温较夏季明显升高，春、冬两季温差相对较小，其中冬季温差最不明显，0~30m 水层水温基本维持在 22℃左右，春季平均水温最低，15m 以下水温基本维持在 17℃左右。各季节 pH 的变化主要表现为 0~10m 水层明显下降，10m 以下基本稳定，且夏、秋两季变化较为明显。0~30m 水层铵离子浓度在夏、秋两季大体呈上升趋势，春、冬两季变化较小。另外，秋季不同水层铵离子浓度明显高于其他各季节。不同水层叶绿素含量的变化表现出与 pH 类似的特征：在 0~10m 大体呈下降趋势，10m 以下基本稳定在 1~2μg/L，且夏、秋两季的变化明显大于春、冬两季。夏、秋两季不同水层溶氧量的变化大体呈持续下降的趋势，春季溶氧量的变化主要表现在 0~15m，15m 以下基本不变，冬季各水层溶氧量基本维持在 6.5mg/L 左右。方差分析表明：各理化因子在不同季节和不同水层之间差异均显著($P<0.05$)。

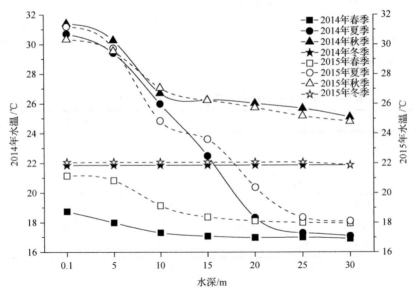

图 6-2　百色水库不同水层(0~30m 水深)水温的差异

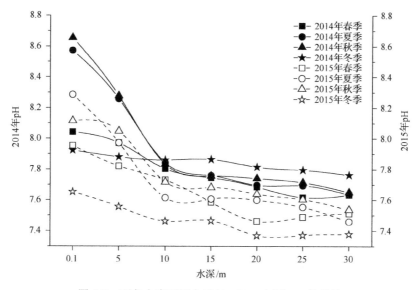

图 6-3　百色水库不同水层(0～30m 水深)pH 的差异

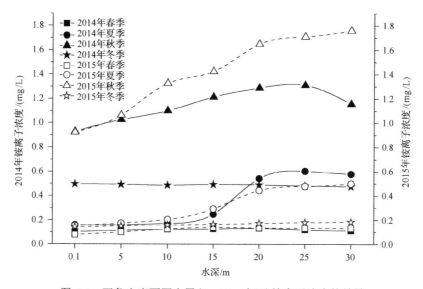

图 6-4　百色水库不同水层(0～30m 水深)铵离子浓度的差异

(四)水流时空变化

水库各季节不同位点水体流速为 0.13～0.18m/s(表 6-3),整体上流速较缓。秋、冬两季不同位点间水体流速变化相对较大(0.13～0.18m/s),春季和夏季不同位点间水体流速变化较小(0.15～0.17m/s)。不同水层流速变化未表现出明显的变化趋势(图 6-7),春季,上层水域水体流速相对较低,0～30m 水层水体流速由 0.14m/s 上升至 0.17m/s;夏季,各水层水体流速变化极小,0～30m 水层水体流速为 0.16～0.17m/s;秋季,0～30m 水层水体流速呈先下降后上升的趋势,但整体变化不大(0.14～0.16m/s);冬季,0～30m 水层水体流速由 0.12m/s 上升至 0.17m/s,表现出较明显的上升趋势。

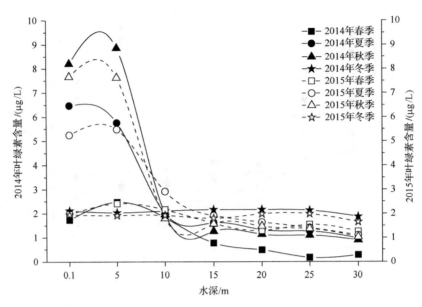

图 6-5　百色水库不同水层(0～30m 水深)叶绿素含量的差异

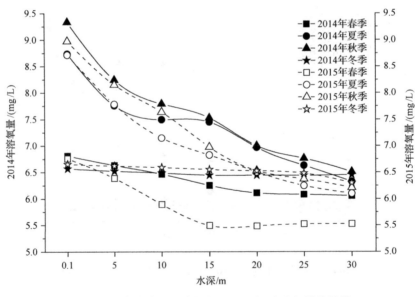

图 6-6　百色水库不同水层(0～30m 水深)溶氧量的差异

表 6-3　百色水库不同区域(上、中、下游)水流均值　　　　(单位：m/s)

季节	上游	中游	下游
春季	0.15	0.16	0.16
夏季	0.16	0.17	0.17
秋季	0.15	0.17	0.13
冬季	0.18	0.14	0.13

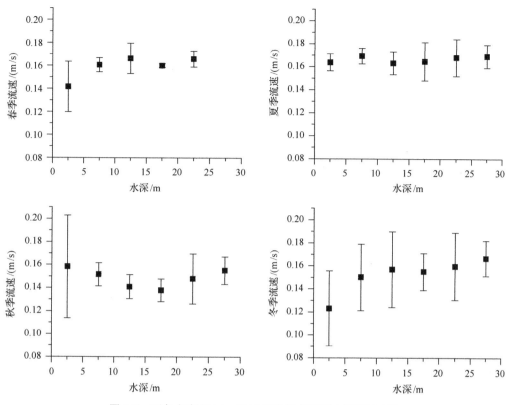

图 6-7 百色水库 2014～2015 年各季节不同水层流速变化

三、鱼类资源现状

(一)鱼类丰度

百色水库共调查记录 33 种鱼类(表 6-4),其中海南似鲚为水库全年优势群体,在春、夏、秋、冬各季节鱼类丰度中所占比例分别为 96.700%、97.138%、97.274%、96.560%。其他鱼类在水库年度鱼类丰度中所占比例极小,仅红鳍原鲌、鲮和罗非鱼(包括尼罗罗非鱼和莫桑比克罗非鱼)相对较高,在各季节鱼类组成中所占比例分别为 0.123%、0.075%、0.108%、0.129%,1.973%、1.982%、1.985%、1.971%和 0.363%、0.169%、0.203%、0.338%。从各季节鱼类组成差异分析发现,夏、秋两季海南似鲚在鱼类丰度中所占比例有所上升,其他种类在夏、秋两季鱼类组成中所占比例相对较低。

表 6-4 百色水库 2014～2015 年各季节鱼类丰度百分比(%)组成特点

种类	春季	夏季	秋季	冬季
斑点叉尾鲖 *Ictalurus punetatus*	0.000	0.001	0.001	0.006
斑鳜 *Siniperca scherzeri*	0.006	0.000	0.000	0.000
斑鳠 *Mystus guttatus*	0.015	0.012	0.022	0.115
斑鳢 *Channa maculata*	0.073	0.054	0.052	0.000

续表

种类	春季	夏季	秋季	冬季
鳊 *Parabramis pekinensis*	0.000	0.004	0.001	0.000
草鱼 *Ctenopharyngodon idellus*	0.021	0.010	0.017	0.005
赤眼鳟 *Squaliobarbus curriculus*	0.007	0.014	0.003	0.006
刺鳅 *Mastacembelus aculeatus*	0.009	0.018	0.011	0.016
大刺鳅 *Mastacembelus armatus*	0.002	0.011	0.020	0.006
大眼鳜 *Siniperca kneri*	0.054	0.045	0.027	0.028
大眼华鳊 *Sinibrama macrops*	0.023	0.028	0.004	0.001
大眼近红鲌 *Ancherythroculter lini*	0.000	0.014	0.001	0.007
海南似鲚 *Toxabramis houdemeri*	96.700	97.138	97.274	96.560
鰲 *Hemiculter leucisculus*	1.973	1.982	1.985	1.971
红鳍原鲌 *Cultrichthys erythropterus*	0.123	0.075	0.108	0.129
胡子鲇 *Clarias fuscus*	0.001	0.002	0.001	0.000
黄颡鱼 *Pelteobagrus fulvidraco*	0.061	0.097	0.098	0.308
黄鳝 *Monopterus albus*	0.000	0.002	0.000	0.010
鲫 *Carassius auratus*	0.005	0.014	0.014	0.023
宽鳍鱲 *Zaccop latypus*	0.000	0.009	0.003	0.000
鲤 *Cyprinus carpio*	0.088	0.064	0.038	0.071
鲢 *Hypophthalmichthys molitrix*	0.007	0.007	0.009	0.007
鲮 *Cirrhinus molitorella*	0.010	0.011	0.008	0.008
罗非鱼 *Oreochromis* sp.	0.363	0.169	0.203	0.338
马口鱼 *Opsariichthys bidens*	0.207	0.093	0.034	0.095
麦瑞加拉鲮 *Cirrhinus mrigala*	0.004	0.005	0.003	0.008
鲇 *Silurus asotus*	0.079	0.022	0.012	0.063
青鱼 *Mylopharyngodon piceus*	0.002	0.002	0.001	0.004
银鲴 *Xenocypris argentea*	0.000	0.027	0.005	0.006
银鮈 *Squalidus argentatus*	0.000	0.025	0.000	0.143
鳙 *Aristichthys nobilis*	0.165	0.043	0.045	0.065
长臀鮠 *Cranoglanis bouderius*	0.002	0.002	0.000	0.000

(二)鱼类生物量

调查发现,百色水库优势群体海南似鲚个体均重在 6g 左右,体型相对于其他鱼类较小,但生物量仍占较高比例(表 6-5),春、夏、秋、冬四季分别为 31.468%、45.125%、46.929%和 34.056%。斑鳢、鲇、罗非鱼、大眼鳜、鲤、红鳍原鲌、鲢、鳙等生物量百分比分别为 4.06%、3.17%、7.38%、1.92%、6.03%、1.40%、1.63%、20.95%，其他种类生物量百分比均较小。

表 6-5　百色水库 2014～2015 年各季节鱼类生物量百分比（%）组成特点

种类	春季	夏季	秋季	冬季
斑点叉尾鮰 *Ietalurus punetaus*	0.000	0.082	0.045	0.421
斑鳜 *Siniperca scherzeri*	0.268	0.000	0.000	0.000
斑鳠 *Mystus guttatus*	0.641	0.821	1.612	6.680
斑鳢 *Channa maculata*	5.009	5.019	6.213	0.000
鳊 *Parabramis pekinensis*	0.000	0.148	0.011	0.000
草鱼 *Ctenopharyngodon idellus*	4.023	2.604	3.992	1.292
赤眼鳟 *Squaliobarbus curriculus*	0.404	1.147	0.309	0.470
刺鳅 *Mastacembelus aculeatus*	0.098	0.283	0.222	0.261
大刺鳅 *Mastacembelus armatus*	0.036	0.310	0.409	0.115
大眼鳜 *Siniperca kneri*	2.565	2.393	1.259	1.463
大眼华鳊 *Sinibrama macrops*	0.307	0.604	0.088	0.020
大眼近红鲌 *Ancherythroculter lini*	0.000	0.322	0.028	0.141
海南似鱎 *Toxabramis houdemeri*	31.468	45.125	46.929	34.056
餐 *Hemiculter leucisculus*	1.656	2.375	2.47	1.792
红鳍原鲌 *Cultrichthys erythropterus*	1.485	1.005	1.481	1.613
胡子鲇 *Clarias fuscus*	0.052	0.187	0.134	0.082
黄颡鱼 *Pelteobagrus fulvidraco*	0.789	1.580	1.325	4.963
黄鳝 *Monopterus albus*	0.000	0.022	0.000	0.121
鲫 *Carassius auratus*	0.098	0.125	0.216	0.239
宽鳍鱲 *Zacco platypus*	0.000	0.058	0.009	0.000
鲤 *Cyprinus carpio*	7.232	6.381	3.549	6.977
鲢 *Hypophthalmichthys molitrix*	1.384	1.651	1.497	1.973
鲮 *Cirrhinus molitorella*	0.696	0.210	0.291	0.322
罗非鱼 *Oreochromis* sp.	6.337	6.620	7.657	8.889
马口鱼 *Opsariichthys bidens*	0.698	0.392	0.087	0.185
麦瑞加拉鲮 *Cirrhinus mrigala*	0.406	0.952	0.402	0.886
鲇 *Silurus asotus*	4.914	2.129	1.297	4.332
青鱼 *Mylopharyngodon piceus*	0.581	0.739	0.519	1.411
银鲴 *Xenocypris argentea*	0.000	0.412	0.092	0.127
银鮈 *Squalidus argentatus*	0.000	0.012	0.000	0.054
鳙 *Aristichthys nobilis*	28.708	16.144	17.845	21.089
长臀鮠 *Cranoglanis bouderius*	0.144	0.146	0.013	0.027

(三)鱼类优势度组成

根据相对重要性指数(IRI)计算得到水库鱼类优势度,其结果如表 6-6 所示。海南似鲚在各季节鱼类组成中的优势度明显高于其他鱼类,各季节优势度指数均在 10 000 以上;水库其他优势群体(IRI>500)还包括鲤、罗非鱼、鳙等;斑鳠和黄颡鱼为冬季优势群体;斑鳢在冬季极少出现。此外,水库常见鱼类(IRI>100)有草鱼、大眼鳜、红鳍原鲌、鲇、餐、鲢等。

表 6-6　百色水库 2014～2015 年各季节鱼类相对重要性指数(IRI)

种类	春季	夏季	秋季	冬季
斑点叉尾鮰 *Ietalurus punetaus*	0.00	0.91	1.01	14.26
斑鳜 *Siniperca scherzeri*	6.08	0.00	0.00	0.00
斑鳠 *Mystus guttatus*	43.70	64.80	163.41	604.01
斑鳢 *Channa maculata*	508.22	507.30	556.92	0.00
鳊 *Parabramis pekinensis*	0.00	3.38	0.12	0.00
草鱼 *Ctenopharyngodon idellus*	314.59	261.41	356.35	100.88
赤眼鳟 *Squaliobarbus curriculus*	13.69	77.36	13.88	26.41
刺鳅 *Mastacembelus aculeatus*	3.58	16.76	12.90	15.42
大刺鳅 *Mastacembelus armatus*	1.28	17.83	28.63	2.67
大眼鳜 *Siniperca kneri*	232.81	243.88	128.58	132.53
大眼华鳊 *Sinibrama macrops*	7.33	21.06	2.06	0.23
大眼近红鲌 *Ancherythroculter lini*	0.00	7.47	0.66	4.94
海南似鲚 *Toxabramis houdemeri*	12 816.80	14 226.30	14 420.30	13 061.60
餐 *Hemiculter leucisculus*	362.9	435.7	445.5	376.3
红鳍原鲌 *Cultrichthys erythropterus*	107.21	95.98	158.92	154.82
胡子鲇 *Clarias fuscus*	0.59	6.30	4.47	1.82
黄颡鱼 *Pelteobagrus fulvidraco*	56.68	149.08	142.31	527.06
黄鳝 *Monopterus albus*	0.00	0.27	0.00	2.90
鲫 *Carassius auratus*	3.43	6.16	17.95	14.58
宽鳍鱲 *Zacco platypus*	0.00	1.48	0.13	0.00
鲤 *Cyprinus carpio*	569.36	644.56	358.70	704.80
鲢 *Hypophthalmichthys molitrix*	61.79	128.96	133.87	88.03
鲮 *Cirrhinus molitorella*	31.40	14.76	16.61	14.68
罗非鱼 *Oreochromis* sp.	669.95	678.89	785.92	922.73
马口鱼 *Opsariichthys bidens*	30.18	26.96	6.74	12.44
麦瑞加拉鲮 *Cirrhinus mrigala*	18.22	53.18	22.52	39.71

续表

种类	春季	夏季	秋季	冬季
鲇 *Silurus asotus*	499.26	215.07	116.30	341.79
青鱼 *Mylopharyngodon piceus*	19.44	49.40	23.13	62.91
银鲴 *Xenocypris argentea*	0.00	14.63	3.21	2.95
银鮈 *Squalidus argentatus*	0.00	0.82	0.00	6.55
鳙 *Aristichthys nobilis*	2 245.66	1 618.72	1 788.97	1 880.39
长臀鮠 *Cranoglanis bouderius*	6.48	9.86	0.45	0.61

四、鱼类资源量水声学评估

对百色水库上、中、下游 3 个区域，按季节实施声学评估调查研究，路线设置如图 6-8 所示。

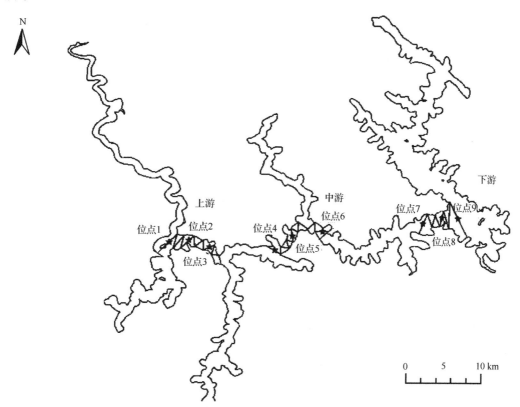

图 6-8　百色水库声学走航路线与水质检测位点设置

依据百色水库年度鱼类组成的特点及鱼类目标强度计算的结果，将上、中、下游各水域回波信号分成了 −62～−50dB、−50～−35dB 和 −35～−25dB 3 组，分别对应小型鱼类、中型鱼类和大型鱼类 3 个类群。各信号区间百分比组成在时空上的变化如图 6-9～图 6-11 所示。小型鱼类（海南似鲚）在上、中、下游各季节回波信号中所占比例最高，为 91.92%，其次为中型鱼类，在各季节回波信号中所占比例为 7.58%，大型鱼类所占比例为 0.50%。

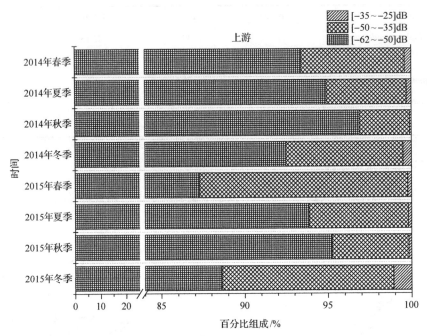

图 6-9　百色水库上游水域不同回波区间百分比组成季节变化

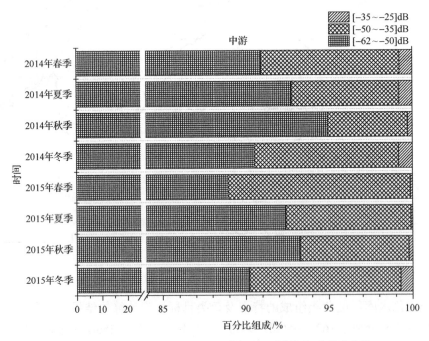

图 6-10　百色水库中游水域不同回波区间百分比组成季节变化

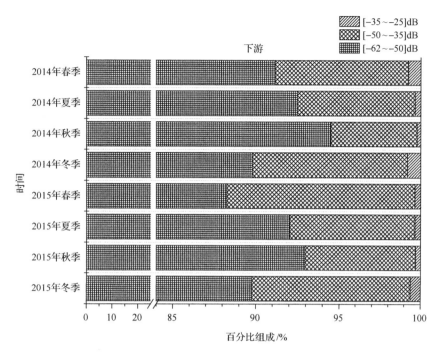

图 6-11　百色水库下游水域不同回波区间百分比组成季节变化

　　从季节尺度分析，小型鱼类回波信号在总回波信号中所占比例在夏、秋两季大幅上升，大中型回波信号所占比例明显减小。具体表现为：春季和冬季小型鱼类回波信号所占比例分别为 89.99% 和 90.23%，中型鱼类所占比例分别为 9.57% 和 9.01%，大型鱼类所占比例分别为 0.44% 和 0.76%；夏季和秋季小型鱼类回波信号所占比例分别为 93.06% 和 94.66%，中型鱼类所占比例分别为 6.58% 和 5.15%，大型鱼类所占比例分别为 0.36% 和 0.19%。

　　从空间跨度上分析，小型鱼类回波信号在上游水域总回波信号中所占比例高于其在中、下游回波信号中所占比例。具体表现为：上游水域小型鱼类回波信号所占比例约为 92.84%，而在中游和下游水域回波信号中所占比例分别为 91.74% 和 91.36%。综上可知，水库各季节上、中、下游鱼类大小组成声学评估结果与年度渔获中鱼类统计的结果基本一致（表 6-5）。

　　基于水库各季节上、中、下游声学走航结果，以 100pings 为一个取样单元，获得取样单元内鱼类资源体积密度与地理坐标信息，利用 ArcGIS 进行插值分析得到如图 6-12 所示结果。水库夏季和秋季鱼类资源密度相对较高，分别为 110.43 尾/1000m³ 和 131.23 尾/1000m³，春季和冬季鱼类资源密度分别为 31.33 尾/1000m³ 和 27.91 尾/1000m³。在空间跨度上（表 6-12），上游水域年度鱼类资源密度明显高于中游和下游水域，从上游至下游年度鱼类资源密度分别为 100.81 尾/1000m³、65.28 尾/1000m³ 和 59.59 尾/1000m³。

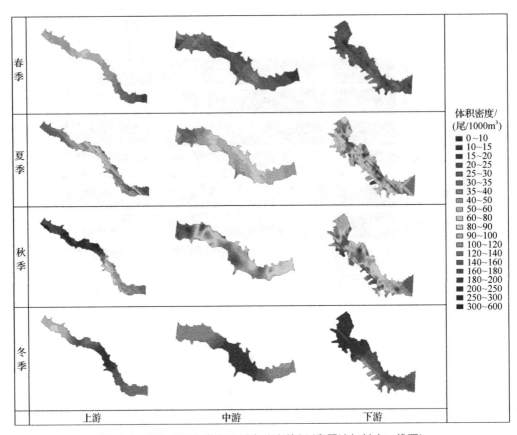

图 6-12　百色水库鱼类资源时空分布特征(彩图请扫封底二维码)

表 6-7　百色水库鱼类资源数量时空变动　　　　　　(单位：尾/1000m³)

位点	春季	夏季	秋季	冬季
上游	49.43	127.77	184.56	41.46
中游	30.98	108.62	96.88	24.62
下游	13.57	94.89	112.24	17.65

五、海南似鱎行为与季节分布特征

渔获调查统计发现，海南似鱎在各年度鱼类组成中均表现出较高的优势度。该物种生活史短、繁殖能力强、食性广、对环境耐受性强，易在湖泊或水库中大量繁殖(Yang et al.，1996；Gozlan et al.，2010；Guo et al.，2012)，造成资源利用紧张，在珠江江段各大水库中均有分布。此外，海南似鱎等鳊鲌亚科鱼类有吞食其他鱼类鱼卵和幼鱼的习性，对库区鱼类生物多样性的保护和鱼类资源的可持续发展会产生不利的影响(Bailey and Houde，1989；Swain and Sinclair，2000)。为弄清其群落结构变动规律与资源量状况，本次调查以水声探测方式对百色水库中海南似鱎资源量时空分布和行为进行深入分析。

（一）海南似鲚昼夜行为分析

1. 海南似鲚资源密度昼夜差异

百色水库上午、下午、晚上 3 个不同时段海南似鲚体积密度声学评估结果（图 6-13）显示：从上游至下游海南似鲚体积密度呈递减的趋势；从上午至晚上海南似鲚体积密度呈上升趋势。单因素方差分析结果表明，海南似鲚体积密度在不同位点（F=10.0005，P<0.01，df=2）及不同时段（F=4.654，P=0.01，df=2）差异均显著。两两比较结果表明，海南似鲚体积密度在上午和下午之间差异不显著（P=0.393）。百色水库上游水域晚上海南似鲚体积密度最高，为 318 尾/1000m³，下游水域上午海南似鲚体积密度最低，仅 152 尾/1000m³（表 6-8）。

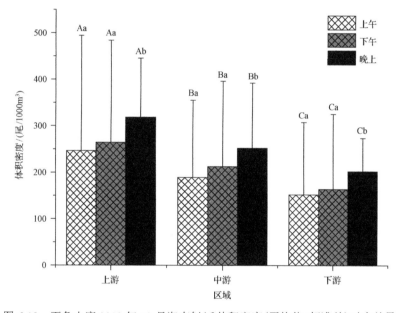

图 6-13　百色水库 2013 年 10 月海南似鲚体积密度（平均值±标准差）时空差异
大写字母（A、B、C）代表不同区域间差异显著，小写字母（a、b、c）代表不同时段间差异显著

表 6-8　百色水库声学走航覆盖率及不同时段海南似鲚体积密度

位点	下游	中游	上游
时间	2013.10.23～24	2013.10.26～27	2013.10.28～29
覆盖率/%	7.43	8.47	8.34
密度（上午）/(尾/1000m³)	152	189	246
密度（下午）/(尾/1000m³)	164	213	264
密度（晚上）/(尾/1000m³)	203	252	318

2. 海南似鲚昼夜分布特征

通过不同水层海南似鲚体积密度分析显示（图 6-14），海南似鲚体积密度在垂直方向

上的分布，即在上、中、下游 3 个不同区域表现出了相似的特征。不同水层海南似鲚体积密度差异极显著（$P<0.01$），目标群体主要集中在 2～42m 水层，约占海南似鲚资源总量的 98.07%。另外，上午、下午、晚上 3 个不同时段海南似鲚体积密度在垂直方向上的分布显示，上午和下午目标群体空间分布差异较小，而夜间海南似鲚表现出了更高的集中度。具体表现为：从下午至晚上 2～12m 水层海南似鲚体积密度由 84.10% 升高至 95.54%，海南似鲚在该时段有向上迁移的行为。

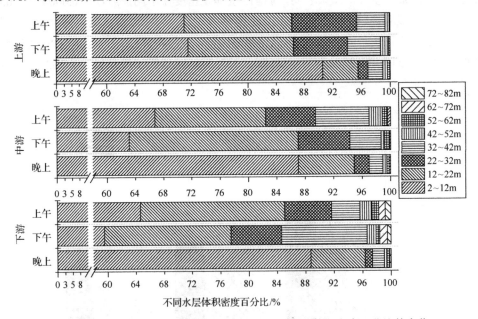

图 6-14　百色水库不同区域、水层及时段海南似鲚体积密度百分比的变化

3. 海南似鲚昼夜分布特征与理化因子关系

海南似鲚体积密度主要与叶绿素含量、溶氧量及 pH 在 0.01 水平上呈显著性正相关关系（表 6-9）。叶绿素含量与溶氧量、水温和 pH 在 0.01 水平上呈显著性正相关关系；溶氧量与水温、pH 在 0.01 水平上呈显著正相关关系，与铵离子浓度成负相关关系，但相关性不显著。

表 6-9　海南似鲚体积密度与各理化因子在不同区域和不同水层的相关性分析

	叶绿素含量	溶氧量	铵离子浓度	水温	pH	体积密度
叶绿素含量	1	0.800**	0.094	0.652**	0.879**	0.683**
溶氧量	0.800**	1	−0.021	0.516**	0.889**	0.636**
铵离子浓度	0.094	−0.021	1	0.555**	−0.105	0.032
水温	0.652**	0.516**	0.555**	1	0.434*	0.346
pH	0.879**	0.889**	−0.105	0.434*	1	0.678**
体积密度	0.683**	0.636**	0.032	0.346	0.678**	1

注：**表示在 0.01 水平上差异显著，*表示在 0.05 水平上差异显著

(二)海南似鲚季节分布特征

1. 各季节水平梯度变化

水库上、中、下游海南似鲚体积密度在时间层面上表现出相同的变化趋势：夏、秋两季海南似鲚体积密度明显高于春季和冬季(图6-15～图6-17)。具体表现为：上游水域

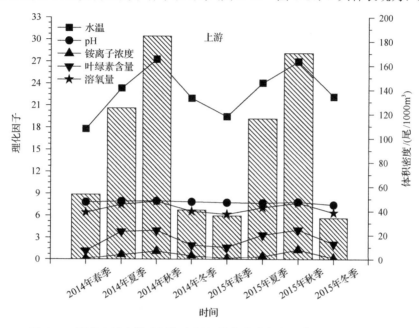

图 6-15　百色水库上游水域海南似鲚体积密度与各理化因子的季节变化

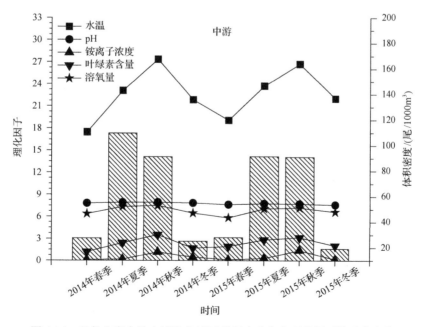

图 6-16　百色水库中游水域海南似鲚体积密度与各理化因子的季节变化

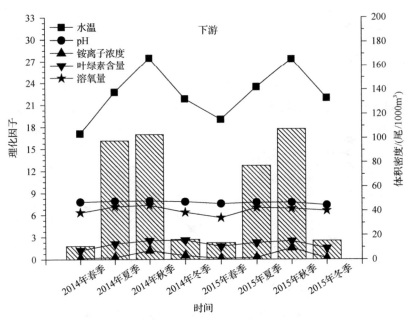

图 6-17　百色水库下游水域海南似鲚体积密度与各理化因子的季节变化

2014～2015 年夏、秋两季海南似鲚的平均体积密度分别为 120.62 尾/1000m³ 和 177.35 尾/1000m³，而春、冬两季海南似鲚的体积密度分别为 44.90 尾/1000m³ 和 37.60 尾/1000m³；中游水域夏、秋两季海南似鲚的体积密度分别为 100.60 尾/1000m³ 和 91.15 尾/1000m³，春、冬两季海南似鲚的体积密度分别为 27.85 尾/1000m³ 和 22.25 尾/1000m³；下游水域夏、秋两季海南似鲚的体积密度分别为 87.48 尾/1000m³ 和 105.26 尾/1000m³，春、冬两季海南似鲚的体积密度分别为 12.15 尾/1000m³ 和 15.85 尾/1000m³。此外，在水平方向上，上游水域海南似鲚的体积密度明显高于中游和下游水域。上游水域海南似鲚全年的平均体积密度为 95.12 尾/1000m³，中游水域为 60.46 尾/1000m³，下游水域为 55.19 尾/1000m³。除 pH 在时间层面上变化较小外，其他理化因子(叶绿素含量、溶氧量、水温)在时间层面上的变化趋势与海南似鲚体积密度的变化趋势基本一致。

2. 各季节垂直梯度变化

水库上游海南似鲚体积密度在垂直方向上的分布季节差异明显，夏、秋两季海南似鲚主要集中在 2～12m 水层，占 2～82m 水层海南似鲚资源总量的 91.93% 和 80.33%，而春季和冬季 1～11m 水层海南似鲚资源量仅占海南似鲚资源总量的 45.55% 和 54.56%(图 6-18)，从夏、秋两季至冬季和春季海南似鲚在垂直方向有向下迁移的趋势。此外，在中游和下游水域海南似鲚在垂直方向上的分布表现出与上游水域相似的特征(图 6-19，图 6-20)。

在中游水域，夏季和秋季海南似鲚主要集中在 2～12m 水层，分别占 2～92m 水层海南似鲚资源总量的 89.64% 和 86.63%，春季和冬季 2～12m 水层海南似鲚资源量仅占资源总量的 21.41% 和 60.39%。

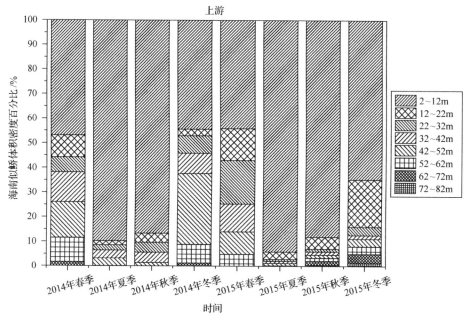

图 6-18　百色水库上游水域海南似鲚体积密度垂直分布特征

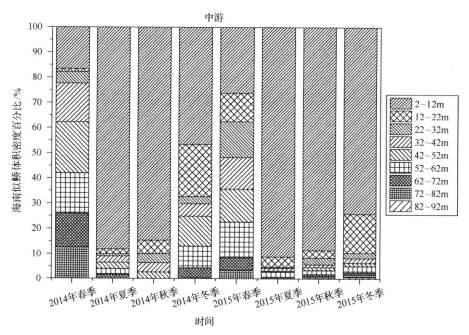

图 6-19　百色水库中游水域海南似鲚体积密度垂直分布特征

在下游水域，夏季和秋季 2～12m 水层海南似鲚资源量占 2～102m 水层海南似鲚资源总量的 93.42% 和 80.33%，春季和冬季 2～12m 水层海南似鲚资源量仅占资源总量的 17.88% 和 50.08%。

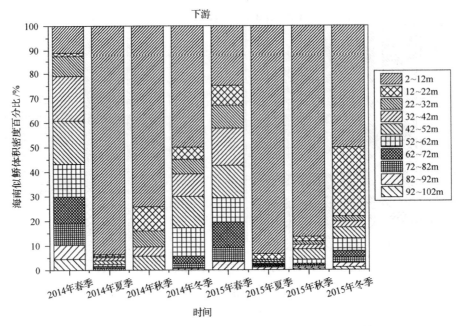

图 6-20　百色水库下游水域海南似鲚体积密度垂直分布特征

综上所述,从夏季、秋季、冬季至春季,海南似鲚在垂直方向上的集中程度依次降低;从上游、中游至下游,海南似鲚在垂直方向上的集中程度也在逐渐降低。

3. 海南似鲚季节分布特征与环境因子的关系

海南似鲚体积密度季节变动、垂直分布与理化因子的相关性分析见表 6-10 和表 6-11,在时间尺度上,海南似鲚体积密度与叶绿素含量、溶氧量、铵离子浓度、水温及 pH 在 0.01 水平上呈显著正相关关系。夏季和秋季海南似鲚体积密度相对较高,此时各理化因子检测的结果也相对较高(图 6-15～图 6-17)。水库中海南似鲚资源的季节变动与叶绿素含量、溶氧量、铵离子浓度、水温和 pH 密切相关。另外,海南似鲚在垂直方向上的分布与各理化因子(除铵离子浓度外)在垂直方向上的梯度变化同样呈显著正相关关系。在夏季和秋季,海南似鲚在垂直方向上的分布极不均匀,主要集中在 2～12m 水层(图 6-18～图 6-20)。此时,各理化因子(叶绿素含量、溶氧量、水温和 pH)水平从 0～30m 水层呈明显下降趋势;在春季和冬季,海南似鲚在垂直方向上的分布相对比较均匀(图 6-18～图 6-20),各理化因子在 0～30m 水深范围内变化较小。

表 6-10　海南似鲚体积密度与各理化因子的相关性分析

	体积密度	水温	pH	铵离子浓度	叶绿素含量	溶氧量
体积密度	1	0.762**	0.558**	0.659**	0.836**	0.896**
水温	0.762**	1	0.313	0.856**	0.809**	0.814**
pH	0.558**	0.313	1	0.396	0.411*	0.582**
铵离子浓度	0.659**	0.856**	0.396	1	0.693**	0.652**
叶绿素含量	0.836**	0.809**	0.411*	0.693**	1	0.809**
溶氧量	0.896**	0.814**	0.582**	0.652**	0.809**	1

注:*表示在 0.05 水平上显著相关(双侧检验),**表示在 0.01 水平上显著相关(双侧检验)

表 6-11 2014～2015 年百色水库不同水层(0～30m)海南似鲔体积密度与理化因子的相关性分析

	体积密度	水温	pH	铵离子浓度	叶绿素含量	溶氧量
体积密度	1	0.660**	0.897**	⁻0.082	0.900**	0.786**
水温	0.660**	1	0.705*	0.569	0.749**	0.882**
pH	0.897**	0.705*	1	0.052	0.916**	0.873**
铵离子浓度	⁻0.082	0.569	0.052	1	0.076	0.326
叶绿素含量	0.900**	0.749**	0.916**	0.076	1	0.914**
溶氧量	0.786**	0.882**	0.873**	0.326	0.914**	1

注：*表示在 0.05 水平上显著相关(双侧检验)，**表示在 0.01 水平上显著相关(双侧检验)

第二节 岩滩水库鱼类资源评估

一、概况

岩滩水电站位于红水河中游的广西壮族自治区大化瑶族自治县岩滩镇，是红水河上梯级开发的第五座水电站，是一座以发电为主，兼有防洪、航运等综合利用效益的水电枢纽工程，总装机容量 1810MW，多年平均发电量 $74.4 \times 10^8 kW \cdot h$。水库正常蓄水位 223m，相应水面面积 $121km^2$，相应库容 26.12 亿 m^3，死水位 212m，控制江段面积 $106\,580km^2$，多年平均流量 $1760m^3/s$，平均年径流量 $555 \times 10^8 m^3$，属季调节型水库。水库影响大化瑶族自治县、巴马瑶族自治县、东兰县、南丹县、天峨县 5 个县的 26 个乡(镇)。

二、水文水质特征

岩滩库区气温变化范围 15.0～32.7℃，平均值 23.6℃；水温变化范围 17.0～29.9℃，平均值 23.0℃；透明度变化范围 50～590cm，平均值 284cm；流速 0～1m/s，平均值 0.115m/s；pH 变化范围 7.03～8.16，平均值 7.61；溶氧量变化范围 4.02～12.84mg/L，平均值 8.02mg/L；总氮变化范围 0.05～2.78mg/L，平均值 1.64mg/L；总磷变化范围 0.01～0.08mg/L，平均值 0.025mg/L；叶绿素含量变化范围 0.65～63.38μg/L，平均值 5.91mg/L；亚硝酸盐浓度始终极低，小于 0.002mg/L；高锰酸盐指数 (CODMn) 变化范围 1.0～2.2mg/L，平均值 1.48mg/L。

三、鱼类资源现状

(一)种类组成

岩滩水库有鱼类 86 种和亚种，隶属 5 目 18 科(表 6-12)。其中，鲑形目鱼类 1 种，合鳃鱼目鱼类 2 种；鲈形目鱼类共 9 种，所占比例约为 10.47%；鲇形目鱼类共 13 种，所占比例约为 15.12%；鲤形目鱼类共计 61 种，所占比例最高，约为 70.93%。

表 6-12　岩滩水库鱼类组成

种类	学名	目	科	属
太湖新银鱼	*Neosalanx taihuensis*	鲑形目	银鱼科	新银鱼属
巴马似原吸鳅	*Paraprotomyzon bamaensis*	鲤形目	平鳍鳅科	似原吸鳅属
横纹南鳅	*Schistura fasciolata*	鲤形目	鳅科	南鳅属
壮体沙鳅	*Sinibotia robusta*	鲤形目	鳅科	沙鳅属
大斑薄鳅	*Leptobotia pellegrini*	鲤形目	鳅科	薄鳅属
泥鳅	*Misgurnus anguillicaudatus*	鲤形目	鳅科	泥鳅属
宽鳍鱲	*Zacco platypus*	鲤形目	鲤科	鱲属
马口鱼	*Opsariichthys bidens*	鲤形目	鲤科	马口鱼属
青鱼	*Mylopharyngodon piceus*	鲤形目	鲤科	青鱼属
草鱼	*Ctenopharyngodon idellus*	鲤形目	鲤科	草鱼属
鳡	*Ochetobius elongatus*	鲤形目	鲤科	鳡属
鳡	*Elopichthys bambusa*	鲤形目	鲤科	鳡属
单纹似鳡	*Luciocyprinus langsoni*	鲤形目	鲤科	似鳡属
赤眼鳟	*Squaliobarbus curriculus*	鲤形目	鲤科	赤眼鳟属
飘鱼	*Pseudolaubuca sinensis*	鲤形目	鲤科	飘鱼属
鳊	*Parabramis pekinensis*	鲤形目	鲤科	鳊属
海南似鲚	*Toxabramis houdemeri*	鲤形目	鲤科	似鲚属
鲦	*Hemiculter leucisculus*	鲤形目	鲤科	鲦属
南方拟鲦	*Pseudohemiculter dispar*	鲤形目	鲤科	拟鲦属
海南拟鲦	*Pseudohemiculter hainanensis*	鲤形目	鲤科	拟鲦属
翘嘴鲌	*Culter alburnus*	鲤形目	鲤科	鲌属
海南鲌	*Culter recurviceps*	鲤形目	鲤科	鲌属
大眼近红鲌	*Ancherythroculter lini*	鲤形目	鲤科	近红鲌属
银鲴	*Xenocypris argentea*	鲤形目	鲤科	鲴属
鳙	*Aristichthys nobilis*	鲤形目	鲤科	鳙属
鲢	*Hypophthalmichthys molitrix*	鲤形目	鲤科	鲢属
间鲹	*Hemibarbus medius*	鲤形目	鲤科	鲹属
花鲹	*Hemibarbus maculatus*	鲤形目	鲤科	鲹属
麦穗鱼	*Pseudorasbora parva*	鲤形目	鲤科	麦穗鱼属
小鳔	*Sarcocheilichthys parvus*	鲤形目	鲤科	鳔属
银鮈	*Squalidus argentatus*	鲤形目	鲤科	银鮈属
棒花鱼	*Abbottina rivularis*	鲤形目	鲤科	棒花鱼属

续表

种类	学名	目	科	属
蛇鮈	*Saurogobio dabryi*	鲤形目	鲤科	蛇鮈属
短须鱊	*Acheilognathus barbatulus*	鲤形目	鲤科	鱊属
越南鱊	*Acheilognathus tonkinensis*	鲤形目	鲤科	鱊属
高体鳑鲏	*Rhodeus ocellatus*	鲤形目	鲤科	鳑鲏属
彩石鳑鲏	*Rhodeus lighti*	鲤形目	鲤科	鳑鲏属
条纹小鲃	*Puntius semifasciolatus*	鲤形目	鲤科	小鲃属
光倒刺鲃	*Spinibarbus hollandi*	鲤形目	鲤科	倒刺鲃属
倒刺鲃	*Spinibarbus denticulatus denticulatus*	鲤形目	鲤科	倒刺鲃属
细身光唇鱼	*Acrossocheilus elongatus*	鲤形目	鲤科	光唇鱼属
多耙光唇鱼	*Acrossocheilus clivosius*	鲤形目	鲤科	光唇鱼属
云南光唇鱼	*Acrossocheilus yunnanensis*	鲤形目	鲤科	光唇鱼属
长鳍光唇鱼	*Acrossocheilus longipinnis*	鲤形目	鲤科	光唇鱼属
细尾白甲鱼	*Onychostoma leptura*	鲤形目	鲤科	白甲鱼属
白甲鱼	*Onychostoma simum*	鲤形目	鲤科	白甲鱼属
南方白甲鱼	*Onychostoma gerlachi*	鲤形目	鲤科	白甲鱼属
瓣结鱼	*Folifer brevifilis*	鲤形目	鲤科	结鱼属
鲮	*Cirrhinus molitorella*	鲤形目	鲤科	鲮属
纹唇鱼	*Osteochilus salsburyi*	鲤形目	鲤科	纹唇鱼属
暗色唇鲮	*Semilabeo obscurus*	鲤形目	鲤科	唇鲮属
唇鲮	*Semilabeo notabilis*	鲤形目	鲤科	唇鲮属
泉水鱼	*Pseudogyrinocheilus procheilus*	鲤形目	鲤科	泉水鱼属
卷口鱼	*Ptychidio jordani*	鲤形目	鲤科	卷口鱼属
东方墨头鱼	*Garra orientalis*	鲤形目	鲤科	黑头鱼属
点纹银鮈	*Squalidus wolterstorffi*	鲤形目	鲤科	银鮈属
四须盘鮈	*Discogobio tetrabarbatus*	鲤形目	鲤科	盘鮈属
乌原鲤	*Procypris merus*	鲤形目	鲤科	原鲤属
三角鲤	*Cyprinus multitaeniata*	鲤形目	鲤科	鲤属
鲤	*Cyprinus carpio*	鲤形目	鲤科	鲤属
须鲫	*Carassioides cantonensis*	鲤形目	鲤科	须卿属
鲫	*Carassius auratus*	鲤形目	鲤科	鲫属
越南鲇	*Silurus cochinchinensis*	鲇形目	鲇科	鲇属
鲇	*Silurus asotus*	鲇形目	鲇科	鲇属

续表

种类	学名	目	科	属
胡子鲇	*Clarias fuscus*	鲇形目	胡子鲇科	胡子鲇属
革胡子鲇	*Clarias gariepinus*	鲇形目	胡子鲇科	胡子鲇属
长臀鮠	*Cranoglanis bouderius*	鲇形目	长臀鮠科	长臀鮠属
黄颡鱼	*Pelteobagrus fulvidraco*	鲇形目	鲿科	黄颡鱼属
瓦氏黄颡鱼	*Pelteobagrus vachelli*	鲇形目	鲿科	黄颡鱼属
粗唇鮠	*Leiocassis crassilabris*	鲇形目	鲿科	鮠属
斑鳠	*Mystus guttatus*	鲇形目	鲿科	鳠属
福建纹胸鮡	*Glyptothorax fukiensis fukiensis*	鲇形目	鮡科	纹胸鮡属
长尾鮡	*Pareuchiloglanis longicauda*	鲇形目	鮡科	鮡属
巨修仁鮠	*Xiurenbagrus gigas*	鲇形目	钝头鮠科	修仁鮠属
斑点叉尾鮰	*Ictalurus punctatus*	鲇形目	鮰科	鮰属
黄鳝	*Monopterus albus*	合鳃鱼目	合鳃鱼科	黄鳝属
大刺鳅	*Mastacembelus armatus*	合鳃鱼目	棘鳅科	刺鳅属
波纹鳜	*Siniperca undulata*	鲈形目	鮨科	鳜属
斑鳜	*Siniperca scherzeri*	鲈形目	鮨科	鳜属
大眼鳜	*Siniperca kneri*	鲈形目	鮨科	鳜属
尼罗罗非鱼	*Oreochromis niloticus*	鲈形目	丽鱼科	罗非鱼属
子陵吻虾虎鱼	*Rhinogobius giurinus*	鲈形目	虾虎鱼科	吻虾虎鱼属
溪吻虾虎鱼	*Rhinogobius duospilus*	鲈形目	虾虎鱼科	吻虾虎鱼属
斑鳢	*Channa maculata*	鲈形目	鳢科	鳢属
月鳢	*Channa asiatica*	鲈形目	鳢科	鳢属
海南新沙塘鳢	*Neodontobutis hainanensis*	鲈形目	沙塘鳢科	新沙塘鳢属

(二) 主要渔获组成

1. 丰度变化

岩滩水库常见渔获有 31 种,其中太湖新银鱼丰度占比最高,四季分别占比达到 86.463%、80.727%、88.044% 和 89.965%。其次为四须盘鮈、南方拟䱗、高体鳑鲏等小型鱼类。天峨位点优势种主要为四须盘鮈和青鱼,其中四须盘鮈渔获占比 68%;东兰优势种主要为罗非鱼和鲤;大化优势种主要为鲤和罗非鱼。调查水域存在 8 种(草鱼、赤眼鳟、鳜、黄颡鱼、鲤、鲢、青鱼、鳙)增殖放流鱼类。其中,黄颡鱼丰度百分比最高,占 0.705%;其次为鲤,占 0.543%;鲢占 0.110%;以下依次为青鱼、鳙、鳜、草鱼、赤眼鳟。主要增殖放流种类四大家鱼中的青鱼、鳙、鲢丰度较为接近,草鱼丰度较低(表 6-13),其中青鱼主要出现在天峨位点,其他位点丰度极低。

表6-13 岩滩水库各季节鱼类丰度百分比(%)组成特点

种类	学名	春季	夏季	秋季	冬季
巴马拟缨鱼	*Pseudocrossocheilus bamaensis*	0.721	0.673	0.734	0.750
斑点叉尾鮰	*Ictalurus punctatus*	0.017	0.012	0.014	0.024
斑鳠	*Mystus guttatus*	0.059	0.043	0.124	0.021
鳊	*Parabramis pekinensis*	0.000	0.000	0.000	0.000
草鱼	*Ctenopharyngodon idellus*	0.021	0.015	0.010	0.026
长臀鮠	*Cranoglanis bouderius*	0.073	0.045	0.101	0.074
长吻鮠	*Leiocassis longirostris*	0.017	0.000	0.038	0.000
赤眼鳟	*Squaliobarbus curriculus*	0.006	0.014	0.002	0.003
唇鲮	*Semilabeo notabilis*	0.000	0.000	0.000	0.000
鳡	*Elopichthys bambusa*	0.001	0.003	0.000	0.000
高体鳑鲏	*Rhodeus ocellatus*	1.846	5.887	0.000	0.000
革胡子鲇	*Clarias gariepinus*	0.003	0.009	0.000	0.000
鳜	*Siniperca chuatsi*	0.038	0.020	0.101	0.002
海南似鱎	*Toxabramis houdemeri*	0.692	0.646	0.704	0.720
黄颡鱼	*Pelteobagrus fulvidraco*	0.715	0.579	0.644	0.883
卷口鱼	*Ptychidio jordani*	0.034	0.082	0.027	0.000
鲤	*Cyprinus carpio*	0.551	0.447	0.491	0.684
鲢	*Hypophthalmichthys molitrix*	0.122	0.123	0.123	0.071
鲮	*Cirrhinus molitorella*	0.040	0.038	0.095	0.000
罗非鱼	*Oreochromis* sp.	1.286	1.177	1.375	1.305
马口鱼	*Opsariichthys bidens*	0.027	0.000	0.059	0.000
南方白甲鱼	*Onychostoma gerlachi*	0.007	0.009	0.013	0.000
南方拟䱗	*Pseudohemiculter dispar*	1.875	4.480	1.560	0.000
鲇	*Silurus asotus*	0.035	0.019	0.065	0.024
青鱼	*Mylopharyngodon piceus*	0.054	0.065	0.062	0.061
四须盘鮈	*Discogobio tetrabarbatus*	4.804	4.485	4.891	4.998
太湖新银鱼	*Neosalanx taihuensis*	86.463	80.727	88.044	89.965
团头鲂	*Megalobrama amblycephala*	0.003	0.008	0.000	0.000
鳙	*Aristichthys nobilis*	0.052	0.056	0.064	0.040
杂交鲟	*Huso huso*♀×*Acipenser ruthenus*♂	0.103	0.025	0.317	0.000
壮体沙鳅	*Sinibotia robusta*	0.336	0.314	0.342	0.350

2. 生物量变化

罗非鱼、鲤、青鱼、鳙、鲢、斑鳠、太湖新银鱼、长臀鮠等在调查水域年度渔获生物量中明显高于其他种类(表6-14),而岩滩水库渔获丰度优势种类太湖新银鱼,个体均重不足 3g,因此在各季节渔获生物量中所占比例并不高,分别为 5.964%(春季)、5.856%(夏季)、5.239%(秋季)和6.822%(冬季)。8 种增殖放流鱼类中,鲤、青鱼、鳙、鲢、黄颡鱼、草鱼、鳜和赤眼鳟所占比例依次为 15.79%、11.48%、8.36%、6.63%、4.34%、1.51%、0.77%和0.20%,占调查水域年度总渔获生物量的49.08%,表明增殖放流有助于该水域渔业资源的恢复和发展。

表 6-14　岩滩水库各季节鱼类生物量百分比(%)组成特点

种类	学名	春季	夏季	秋季	冬季
巴马拟缨鱼	*Pseudocrossocheilus bamaensis*	0.298	0.293	0.262	0.341
斑点叉尾鲴	*Ictalurus punctatus*	1.191	0.863	0.812	1.855
斑鳠	*Mystus guttatus*	6.070	4.641	11.028	2.393
鳊	*Parabramis pekinensis*	0.001	0.000	0.000	0.003
草鱼	*Ctenopharyngodon idellus*	1.751	1.268	0.679	2.338
长臀鮠	*Cranoglanis bouderius*	4.563	2.952	5.467	5.067
长吻鮠	*Leiocassis longirostris*	1.072	0.000	2.048	0.000
赤眼鳟	*Squaliobarbus curriculus*	0.185	0.445	0.065	0.085
唇鲮	*Semilabeo notabilis*	0.004	0.003	0.000	0.009
鳡	*Elopichthys bambusa*	0.070	0.195	0.000	0.033
高体鳑鲏	*Rhodeus ocellatus*	0.546	1.830	0.000	0.000
革胡子鲇	*Clarias gariepinus*	0.142	0.478	0.000	0.000
鳜	*Siniperca chuatsi*	0.779	0.444	1.808	0.046
海南似鲚	*Toxabramis houdemeri*	0.199	0.195	0.175	0.227
黄颡鱼	*Pelteobagrus fulvidraco*	4.354	3.703	3.383	5.906
卷口鱼	*Ptychidio jordani*	0.699	1.784	0.479	0.000
鲤	*Cyprinus carpio*	15.850	13.518	12.181	21.604
鲢	*Hypophthalmichthys molitrix*	7.443	7.894	6.441	4.735
鲮	*Cirrhinus molitorella*	0.837	0.819	1.698	0.000
罗非鱼	*Oreochromis* sp.	22.169	21.343	20.453	24.740
马口鱼	*Opsariichthys bidens*	0.008	0.000	0.015	0.000
南方白甲鱼	*Onychostoma gerlachi*	0.014	0.019	0.023	0.000
南方拟鳘	*Pseudohemiculter dispar*	2.155	5.416	1.547	0.000
鲇	*Silurus asotus*	2.263	1.319	3.617	1.736
青鱼	*Mylopharyngodon piceus*	10.216	12.918	10.121	12.678
四须盘鮈	*Discogobio tetrabarbatus*	1.988	1.952	1.746	2.274
太湖新银鱼	*Neosalanx taihuensis*	5.964	5.856	5.239	6.822
团头鲂	*Megalobrama amblycephala*	0.053	0.177	0.000	0.000
鳙	*Aristichthys nobilis*	8.303	9.396	8.741	6.995
杂交鲟	*Huso huso*♀×*Acipenser ruthenus*♂	0.713	0.182	1.887	0.000
壮体沙鳅	*Sinibotia robusta*	0.099	0.098	0.087	0.114

3. 优势种

依据相对重要性指数(IRI)分析结果(表 6-15),太湖新银鱼在各季节鱼类组成中的优势度(>10 000)明显高于其他鱼类。常见鱼类(IRI>100)主要有鲤、罗非鱼、南方拟鳘、四须盘鮈等。增殖放流的 8 种鱼类中,鲤和黄颡鱼的优势度指数相对较高,其他种类优势度指数极低。

表 6-15　岩滩水库各季节鱼类相对重要性指数

种类	学名	春季	夏季	秋季	冬季
巴马拟缨鱼	*Pseudocrossocheilus bamaensis*	8.156	7.217	8.117	9.086
斑点叉尾鲴	*Ictalurus punctatus*	0.232	0.116	0.125	0.511
斑鳠	*Mystus guttatus*	3.995	2.219	15.309	0.564
鳊	*Parabramis pekinensis*	0.000	0.000	0.000	0.000
草鱼	*Ctenopharyngodon idellus*	0.417	0.208	0.073	0.675
长臀鮠	*Cranoglanis bouderius*	3.748	1.491	6.252	4.199
长吻鮠	*Leiocassis longirostris*	0.207	0.000	0.877	0.000
赤眼鳟	*Squaliobarbus curriculus*	0.013	0.070	0.002	0.002
唇鲮	*Semilabeo notabilis*	0.000	0.000	0.000	0.000
鳡	*Elopichthys bambusa*	0.001	0.006	0.000	0.000
高体鳑鲏	*Rhodeus ocellatus*	49.061	504.728	0.000	0.000
革胡子鲇	*Clarias gariepinus*	0.005	0.049	0.000	0.000
鳜	*Siniperca chuatsi*	0.342	0.105	2.149	0.001
海南似鳡	*Toxabramis houdemeri*	6.844	6.035	6.879	7.574
黄颡鱼	*Pelteobagrus fulvidraco*	40.286	27.527	28.827	66.571
卷口鱼	*Ptychidio jordani*	0.275	1.700	0.151	0.000
鲤	*Cyprinus carpio*	100.499	69.403	69.171	169.323
鲢	*Hypophthalmichthys molitrix*	10.278	10.989	8.945	3.779
鲮	*Cirrhinus molitorella*	0.394	0.358	1.895	0.000
罗非鱼	*Oreochromis* sp.	335.018	294.512	333.436	377.670
马口鱼	*Opsariichthys bidens*	0.010	0.000	0.049	0.000
南方白甲鱼	*Onychostoma gerlachi*	0.001	0.003	0.005	0.000
南方拟䱗	*Pseudohemiculter dispar*	83.928	492.645	53.844	0.000
鲇	*Silurus asotus*	0.894	0.288	2.652	0.477
青鱼	*Mylopharyngodon piceus*	6.196	9.421	7.056	8.677
四须盘鮈	*Discogobio tetrabarbatus*	362.487	320.751	360.748	403.842
太湖新银鱼	*Neosalanx taihuensis*	88 795.500	77 661.900	91 256.050	96 748.430
团头鲂	*Megalobrama amblycephala*	0.002	0.017	0.000	0.000
鳙	*Aristichthys nobilis*	4.842	5.895	6.227	3.125
杂交鲟	*Huso huso*♀×*Acipenser ruthenus*♂	0.936	0.058	7.763	0.000
壮体沙鳅	*Sinibotia robusta*	1.628	1.436	1.635	1.802

第三节　龟石水库鱼类资源评估

一、概况

　　龟石水库位于广西壮族自治区富川瑶族自治县，截富江而成，是贺州市最大的水库。

水库始建于 1958 年,南北长 16km,东西最宽处 7km,最大水深达 38m。集雨面积 1254km²,总库容 5.95 亿 m³,其中调洪库容 1.55 亿 m³,有效库容 3.48 亿 m³,死库容 0.92 亿 m³,属大型水库。多年平均入库流量为 31.1m³/s,多年平均径流量 9.8 亿 m³。水库正常蓄水位 182m,死水位 171m。库区属亚热带季风气候,年均气温 19℃,年均降雨量 1700mm。水体溶氧量高,平均透明度 2.82m。水库岸线曲折,汊湾众多,库区周围被低山丘陵环绕,常年有山体植被的腐殖质和矿物质被雨水冲刷进入水体,水体肥沃,浮游生物和鱼类资源丰富。

二、水文水质特征

龟石水库长期处于中营养状态,水库中氮、磷浓度较高,从坝首向库尾方向先升高后降低。氨氮检出范围为 0.050～0.221mg/L,全年平均浓度达到 0.10mg/L;12 月浓度最高,其次为 6 月、7 月。总氮检出范围为 0.59～2.41mg/L,全年平均浓度为 1.20mg/L 左右;12 月浓度最高,其次为 11 月。总磷检出范围为 0.01～0.06mg/L,全年平均浓度为 0.024mg/L;6 月各位点平均浓度达到 0.035mg/L,明显高于其他月份,其次为 7 月。

三、鱼类资源现状

(一)龟石水库鱼类组成

在龟石水库共采集到鱼类 37 种,隶属于 6 目 13 科 32 属(表 6-16)。其中,鲤形目鱼类 2 科 19 属 22 种,占总种数的 59.46%;鲇形目 3 科 4 属 4 种,占总种数的 10.81%;鲈形目 5 科 5 属 7 种,占总种数的 18.92%;合鳃鱼目 2 科 2 属 2 种,鳉形目和鲑形目各 1 科 1 属 1 种。

表 6-16　龟石水库鱼类名录

种名	学名	目	科	属
太湖新银鱼	*Neosalanx taihuensis*	鲑形目	银鱼科	新银鱼属
中华花鳅	*Cobitis sinensis*	鲤形目	鳅科	花鳅属
泥鳅	*Misgurnus anguillicaudatus*	鲤形目	鳅科	泥鳅属
宽鳍鱲	*Zacco platypus*	鲤形目	鲤科	鱲属
马口鱼	*Opsariichthys bidens*	鲤形目	鲤科	马口鱼属
青鱼	*Mylopharyngodon piceus*	鲤形目	鲤科	青鱼属
草鱼	*Ctenopharyngodon idellus*	鲤形目	鲤科	草鱼属
鲦	*Hemiculter leucisculus*	鲤形目	鲤科	鲦属
伍氏半鲦	*Hemiculterella wui*	鲤形目	鲤科	半鲦属
团头鲂	*Megalobrama amblycephala*	鲤形目	鲤科	鲂属
鳙	*Aristichthys nobilis*	鲤形目	鲤科	鳙属
鲢	*Hypophthalmichthys molitrix*	鲤形目	鲤科	鲢属
唇𩾌	*Hemibarbus labeo*	鲤形目	鲤科	𩾌属
麦穗鱼	*Pseudorasbora parva*	鲤形目	鲤科	麦穗鱼属

续表

种名	学名	目	科	属
黑鳍鳈	*Sarcocheilichthys nigripinnis*	鲤形目	鲤科	鳈属
短须鱊	*Acheilognathus barbatulus*	鲤形目	鲤科	鱊属
长体小鳔鮈	*Microphysogobio elongatus*	鲤形目	鲤科	小鳔鮈属
棒花鱼	*Abbottina rivularis*	鲤形目	鲤科	棒花鱼属
侧条光唇鱼	*Acrossocheilus parallens*	鲤形目	鲤科	光唇鱼属
兴国红鲤	*Cyprinus carpio* var. *xingguonensis*	鲤形目	鲤科	鲤属
散鳞镜鲤	*Cyprinus carpio haematopterus*	鲤形目	鲤科	鲤属
鲤	*Cyprinus carpio*	鲤形目	鲤科	鲤属
鲫	*Carassius auratus*	鲤形目	鲤科	鲫属
鲇	*Silurus asotus*	鲇形目	鲇科	鲇属
胡子鲇	*Clarias fuscus*	鲇形目	胡子鲇科	胡子鲇属
黄颡鱼	*Pelteobagrus fulvidraco*	鲇形目	鲿科	黄颡鱼属
斑鳠	*Mystus guttatus*	鲇形目	鲿科	鳠属
食蚊鱼	*Gambusia affinis*	鳉形目	胎鳉科	食蚊鱼属
黄鳝	*Monopterus albus*	合鳃鱼目	合鳃科	黄鳝属
大刺鳅	*Mastacembelus armatus*	合鳃鱼目	棘鳅科	刺鳅属
中国少鳞鳜	*Coreoperca whiteheadi*	鲈形目	鮨科	鳜属
斑鳜	*Siniperca scherzeri*	鲈形目	鮨科	鳜属
大眼鳜	*Siniperca kneri*	鲈形目	鮨科	鳜属
尼罗罗非鱼	*Oreochromis niloticus*	鲈形目	丽鱼科	罗非鱼属
莫桑比克罗非鱼	*Oreochromis mossambicus*	鲈形目	丽鱼科	罗非鱼属
子陵吻虾虎鱼	*Rhinogobius giurinus*	鲈形目	虾虎鱼科	虾虎鱼属
斑鳢	*Channa maculata*	鲈形目	鳢科	鳢属

在鲤形目中，以鲤科鱼类最多，有 8 亚科 20 种，占龟石水库鱼类总种数的 54.05%（表 6-17）。

表 6-17　龟石水库鲤科鱼类各亚科种类组成

亚科	种数	所占比例/%
鲤亚科	4	20
雅罗鱼亚科	2	10
鲢亚科	2	10
鮈亚科	5	25
鲴亚科	2	10
鲌亚科	1	5
鲌亚科	3	15
鳑鲏亚科	1	5
合计	20	100

据调查，龟石水库主要养殖的鱼类有：鲢、鳙、团头鲂、银鱼。食蚊鱼和尼罗罗非鱼为外来种，散鳞镜鲤和兴国红鲤为养殖逃逸的种类。据渔民介绍，库区曾有青鳉、鳡鱼、鳗鲡，但近年调查未曾发现。

（二）主要渔获物组成

渔获物调查分析发现，龟石水库主要渔获物种类有大眼鳜、斑鳜、鲤、草鱼、鲢、鳙、鲫、唇鲭、鲞等 14 种，其中大眼鳜在渔获量中占优势，达到 33.07%，鲤次之，占 17.74%，鲞占 12.66%，草鱼占 6.33%，其余占 30.20%（图 6-21）。

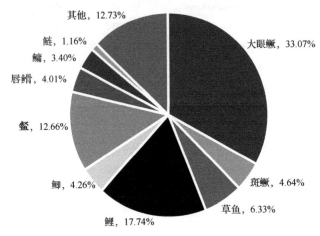

图 6-21　龟石水库渔获物组成

主要鱼类渔获量季节变化明显。大眼鳜于 4 月、5 月和 9 月、10 月在渔获物中的比例最高，其余月份含量相对较低。斑鳜渔获量比例最高的月份是 4 月和 5 月，分别达到 14.17% 和 15.86%，其余月份含量都很低。鲤在夏季和冬季渔获物中的比例较高，在 1 月达到 58.94%。草鱼在 11 月、12 月渔获量比较高。鲞在初春季节渔获量较高，在秋季渔获量最高，主要用灯光网诱捕。鲞、马口鱼、唇鲭等小型鱼类在渔获中的比例呈上升趋势，大型鱼类日趋减少。渔获物中主要鱼类趋于低龄化，以大眼鳜为例，渔获物中 1 龄以下的大眼鳜达 90% 以上。

有关学者认为，江河水利工程的修建使原来连续的河流生态系统被分隔成不连续的环境单元，造成生境破碎。水库蓄水使上游的流水生境消失，使急流性鱼类种群受到抑制，静水性鱼类种群得到发展，生物多样性下降（Kanehl et al.，1997）。各水库调查结果与历史资料相比，生态类型已发生较大变化，鱼类向小型化、湖库型及低多样性水平演化。其中，太湖新银鱼、罗非鱼、鲦鲅、海南似鲚、南方拟鲞和鲫等小规格鱼类丰度与生物量占比较高，已经逐步形成优势种群。鳜、斑鳜、斑鳢等大中型鱼类数量少，且表现出低龄化特征。岩滩水库中的太湖新银鱼，四须盘鮈、南方拟鲞、高体鲦鲅等小型鱼类所占丰度比例较高；百色水库中的海南似鲚占绝对优势，其他鱼类丰度所占比例较低；龟石水库中的马口鱼、唇鲭等小型鱼类的比例呈上升趋势。库区形成后，流水性底栖鱼类的生存空间被压缩至库尾或支流上端的流水河段，如岩滩水库中的四须盘鮈、卷口鱼、巴马拟缨鱼等主要出现在上游天峨段。外来物种是影响水库鱼类资源的另一重要因素，水库中采集到的外来鱼类有尼罗罗非鱼、太湖新银鱼、斑点叉尾鮰、革胡子鲇、短盖巨脂鲤、露斯塔野鲮等，其中太湖新银鱼和尼罗罗非鱼在渔获物中所占比例较大。这些鱼类适应能力强、生长快、繁殖率高、扩散迅速，与土著鱼类在空间、食物等方面形成竞争，对土著种生存造成威胁。

增殖放流与网箱养殖对水库渔业资源存在较大影响。青鱼、草鱼、鲢、鳙、鲤、银鱼等常作为三座水库过往的增殖放流种类。增殖放流鱼类中，鲤和黄颡鱼等适宜库区环境，能够自然繁殖，形成了稳定种群。此外，鳙的生物量在岩滩水库和百色水库中均较高，青鱼在岩滩水库中的生物量较高，草鱼在百色水库中的生物量较高，该结果可能与对应生境中的饵料生物丰富程度有关。岩滩库区淡水壳菜生物量高，为青鱼提供了充足的饵料，但因其是深水型水库，水生植物匮乏，不利于草鱼的生长。另外，库区过去大力发展网箱养殖，对渔业资源产生了较大干扰。大量养殖鱼类逃逸至水库中，导致水库鱼类群落结构逐渐发生变化。网箱投饵造成区域饵料丰富，海南似鱎、银鱼等小型鱼类猛增。与蓄水前相比，岩滩水库增殖放流库区浮游动植物种类减少，但单位面积生物量增加，这也为鱼类提供了丰富的饵料。

第七章　常见鱼类遗传多样性

鱼类遗传多样性是种质资源的重要组成部分，对于开展鱼类资源保护与利用有重要的科学价值。线粒体 DNA 作为一种分子工具被广泛地应用在物种进化和遗传分析研究中。在线粒体分子标记中通常是选择变化速率快的控制区(D-loop)、保守性强的细胞色素 b 基因($Cyt\ b$)等，用单倍型多样性(haplotype diversity，h)和核苷酸多样性(nucleotide diversity，π)来评估群体的遗传多样性水平(Grant and Bowen，1998)。单倍型多样性(h)是指从群体中任意选择两条序列，这两条序列属于不同单倍型的概率(Nei，1987)，而核苷酸多样性(π)是指从群体中任意选择两条序列，在这两条序列上任意选择一个位置的相同位点，在这个位点上两条序列的碱基不一致的概率(Tajima，1983；Nei，1987)。Grant 和 Bowen(1998)认为，$h>0.5$ 属于高单倍型多样性，$h<0.5$ 则为低单倍型多样性；$\pi>0.005$ 为高核苷酸多样性，而 $\pi<0.005$ 属于低核苷酸多样性。高单倍型多样性和高核苷酸多样性表明群体遗传多样性水平高，即该群体的遗传变异越丰富，其对环境变化的适应能力就越强，种群结构就越稳定，也就越容易扩大其分布范围和适应新的环境。反之，低单倍型多样性和低核苷酸多样性，则说明群体遗传多样性水平低，受环境变化(如环境恶化、过度捕捞、外来物种入侵等)的影响大，可能导致遗传衰退、种群数量减少等现象。

针对珠江广西境内鱼类遗传多样性，前人虽有过一些报道，但缺乏系统和详细的资料。本章节在广西地区主要江段采集了常见鱼类样本，利用线粒体分子标记技术开展鱼类遗传多样性和分子遗传学的分析。

第一节　主要江段鱼类遗传多样性分析

在珠江广西境内的 10 个江段(左江、右江、郁江、漓江、融江、桂江、红水河、黔江、浔江和柳江)，对 4 目 11 科 48 属 49 种鱼类的近 5000 尾样品进行了线粒体 DNA D-loop 的遗传多样性分析，以核苷酸多样性(π)和单倍型多样性(h)作为评价指标(附表 1 和附图 1)，结果如下。

(1)广西境内 49 种鱼类的遗传多样性水平差异较大，各种鱼类的种质资源现状有差别。鲢、鲇、中华花鳅、子陵吻虾虎鱼、横纹南鳅、唇𩾃、银鮈、鳙、美丽沙鳅、黑鳍鳈、鲫、越南鲬、壮体沙鳅、鲮、蛇鮈、青鱼、卷口鱼、鳘、泥鳅、东方墨头鱼、赤眼鳟、黄尾鲴、鲤、条纹小鲃、月鳢、海南鲌、大眼华鳊、花斑副沙鳅、大刺鳅、草鱼、南方拟鳘、黄颡鱼、中华沙塘鳢共 33 种鱼类呈现高单倍型多样性($h>0.5$)和高核苷酸多样性($\pi>0.005$)。大眼鳜、斑鳢、高体鳑鲏、美丽小条鳅、棒花鱼、胡子鲇、麦穗鱼、大眼近红鲌、圆吻鲴、南方白甲鱼、海南似鲚、中国少鳞鳜、飘鱼、刺鳅共 14 种鱼类呈现高单倍型多样性($h>0.5$)和低核苷酸多样性($\pi<0.005$)。粗唇鮠和纹唇鱼呈现低单倍型多样性($h<0.5$)和低核苷酸多样性($\pi<0.005$)。

（2）同种鱼类在不同江段群体的遗传多样性有差别。例如，大刺鳅在左江和右江均呈现高核苷酸多样性（$\pi > 0.005$）、高单倍型多样性（$h > 0.5$），但在桂江却呈现低核苷酸多样性（$\pi < 0.005$）、低单倍型多样性（$h < 0.5$）。斑鳢在左江呈现高核苷酸多样性（$\pi > 0.005$）、低单倍型多样性（$h < 0.5$），但在漓江、融江、桂江和红水河均呈现低核苷酸多样性（$\pi < 0.005$）、高单倍型多样性（$h > 0.5$），而在右江则为低核苷酸多样性（$\pi < 0.005$）、低单倍型多样性（$h < 0.5$）。银鮈在右江、郁江、漓江、桂江、黔江、浔江均呈现高核苷酸多样性（$\pi > 0.005$）、高单倍型多样性（$h > 0.5$），但在融江和红水河呈现低核苷酸多样性（$\pi < 0.005$）、高单倍型多样性（$h > 0.5$），而在左江却为高核苷酸多样性（$\pi > 0.005$）、低单倍型多样性（$h < 0.5$）。

（3）珠江流域特有鱼类大眼近红鲌（陈宜瑜，1998；乐佩琦，2000；郑慈英，1989）在广西境内的遗传多样性水平不同。大眼近红鲌为低核苷酸多样性（$\pi = 0.0026$）、高单倍型多样性（$h = 0.989$），其在广西境内整体遗传多样性水平偏低。

一、左江

对左江 3 目 8 科 31 属 31 种常见鱼类（银鮈、鲮、南方拟鳌、鲫、鲤、海南鲌、飘鱼、鲮、纹唇鱼、大刺鳅、黄颡鱼、草鱼、鲇、大眼鳜、粗唇鮠、蛇鮈、东方墨头鱼、卷口鱼、泥鳅、子陵吻虾虎鱼、斑鳢、横纹南鳅、壮体沙鳅、越南鳈、美丽沙鳅、花斑副沙鳅、中国少鳞鳜、黄尾鲴、美丽小条鳅、海南似鲚和条纹小鲃）进行了线粒体 DNA D-loop 序列分析：①31 种鱼类在左江各群体的核苷酸多样性（π）范围为 0.0004～0.0474，其中纹唇鱼等 9 种鱼类都呈现低核苷酸多样性（0.0004～0.0048），鲇等 22 种鱼类呈现高核苷酸多样性（0.0050～0.0474）（图 7-1）；②31 种鱼类在左江的单倍型多样性（h）范围为 0.2420～1.0000，其中，纹唇鱼等 4 种鱼呈现低单倍型多样性（0.2420～0.4950），黄颡鱼等 27 种鱼类在左江均呈现高单倍型多样性（0.5460～1.0000），美丽沙鳅、东方墨头鱼、条纹小鲃、壮体沙鳅、黄尾鲴、黄颡鱼群体的 h 均达到 1.0000，呈现丰富的单倍型多样性（图 7-2）。

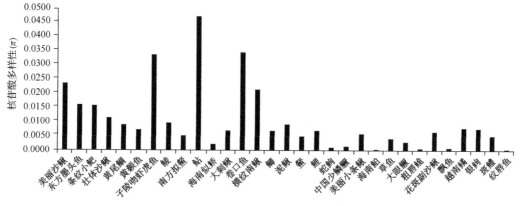

图 7-1　左江 31 种鱼类核苷酸多样性

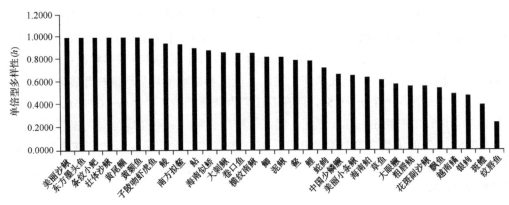

图 7-2　左江 31 种鱼类单倍型多样性

参照近年左江渔业资源调查数据和各鱼类物种相对重要性指数(IRI)，鳘、子陵吻虾虎鱼、泥鳅、壮体沙鳅、鲤、黄颡鱼、鲮和鲇等鱼类为左江优势种及常见种，均呈现高核苷酸多样性(0.0050～0.0474)和高单倍型多样性(0.7910～1.0000)，这些鱼类在左江遗传多样性丰富，均有稳定的遗传群体。但是，常见种纹唇鱼的左江群体核苷酸多样性低(0.0004)、单倍型多样性低(0.2420)，该群体遗传多样性水平低。

二、右江

对右江 3 目 9 科 30 属 31 种常见鱼类(银鮈、鳘、南方拟鳘、鲫、鲤、海南鲌、飘鱼、鲮、纹唇鱼、大刺鳅、黄颡鱼、草鱼、鲇、大眼鳜、粗唇鮠、蛇鮈、东方墨头鱼、卷口鱼、泥鳅、子陵吻虾虎鱼、斑鳢、横纹南鳅、壮体沙鳅、越南鲥、美丽沙鳅、胡子鲇、鳙、鲢、大眼近红鲌、中华花鳅和棒花鱼)进行了线粒体 DNA D-loop 序列分析：①31 种鱼类在右江各群体的核苷酸多样性(π)范围为 0.0002～0.0591，其中，粗唇鮠等 12 种鱼类呈现低核苷酸多样性(0.0002～0.0049)，鲇等 19 种鱼类呈现高核苷酸多样性(0.0063～0.0591)(图 7-3)。②右江 31 种鱼类单倍型多样性(h)范围为 0.1310～1.0000，其中，纹唇鱼等 3 种鱼类呈现低单倍型多样性(0.1310～0.4525)，子陵吻虾虎鱼等 28 种鱼类均为高单倍型多样性(0.5300～1.0000)，子陵吻虾虎鱼和棒花鱼群体的 h 均达到 1.0000，呈现极高的单倍型多样性(图 7-4)。

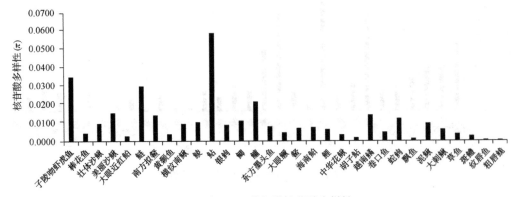

图 7-3　右江 31 种鱼类核苷酸多样性

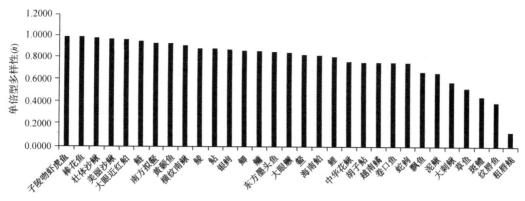

图 7-4　右江 31 种鱼类单倍型多样性

参照近年右江渔业资源调查数据和各鱼类物种相对重要性指数(IRI),银鲴、鰲、鲫、泥鳅和鲤等为右江的优势种、常见种,均呈现高核苷酸多样性(0.0063~0.0111)和高单倍型多样性(0.6670~0.8860),这些鱼类在右江遗传多样性丰富,遗传群体稳定。常见种黄颡鱼右江群体的核苷酸多样性为 0.0039、单倍型多样性为 0.9410,其在右江遗传多样性水平偏低。

珠江流域特有鱼类大眼近红鲌右江群体的核苷酸多样性为 0.0028、单倍型多样性为0.9757,其在右江的遗传多样性水平偏低。

三、郁江

对郁江 3 目 7 科 24 属 24 种常见鱼类(银鲴、鰲、南方拟鰲、鲫、鲤、海南鲌、飘鱼、鲮、纹唇鱼、大刺鳅、黄颡鱼、草鱼、鲇、大眼鳜、粗唇鮠、蛇鲴、东方墨头鱼、卷口鱼、海南似鳡、胡子鲇、鳙、鲢、大眼华鳊和赤眼鳟)进行了线粒体 DNA D-loop 序列分析:①24 种鱼类在郁江各群体的核苷酸多样性(π)范围为 0.0006~0.0451,其中,蛇鲴等 11 种鱼类呈现低核苷酸多样性(0.0006~0.0049),鲇等 13 种鱼类呈现高核苷酸多样性(0.0057~0.0451)(图 7-5)。②郁江 24 种鱼类单倍型多样性(h)范围为 0.2530~0.9840,其中,大刺鳅等 3 种鱼类呈现低单倍型多样性(0.2530~0.4810),黄颡鱼等 21 种鱼类均为高单倍型多样性(0.5000~0.9840)(图 7-6)。

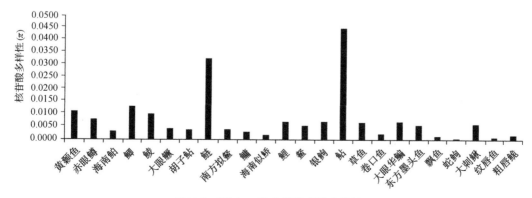

图 7-5　郁江 24 种鱼类核苷酸多样性

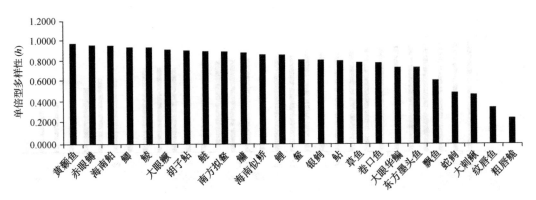

图7-6　郁江24种鱼类单倍型多样性

参照近年郁江渔业资源调查数据和各鱼类物种相对重要性指数(IRI)，鲞、黄颡鱼、鲤、大眼华鳊等为郁江的优势种、常见种，均呈现高核苷酸多样性(0.0057～0.0114)和高单倍型多样性(0.7443～0.9840)，这些鱼类在郁江遗传多样性丰富，有稳定的遗传群体。

四、漓江

对漓江3目7科17属17种常见鱼类(银鮈、鲞、子陵吻虾虎鱼、斑鳢、壮体沙鳅、越南鱊、美丽小条鳅、条纹小鲃、麦穗鱼、黑鳍鳈、中华花鳅、棒花鱼、唇鲬、圆吻鲴、月鳢、刺鳅和中华沙塘鳢)进行了线粒体DNA D-loop序列分析：①17种鱼类在漓江各群体的核苷酸多样性(π)范围为0.0007～0.0450，其中，斑鳢等8种鱼类呈现低核苷酸多样性(0.0007～0.0028)，子陵吻虾虎鱼等9种鱼类呈现高核苷酸多样性(0.0054～0.0450)(图7-7)。②漓江17种鱼类的单倍型多样性(h)范围为0.3490～1.0000，除了鲞(0.3490)为低单倍型多样性，月鳢等16种鱼类均为高单倍型多样性(0.5110～1.0000)，月鳢群体的h达到1.0000，呈现极高的单倍型多样性(图7-8)。

在漓江，银鮈、子陵吻虾虎鱼、壮体沙鳅、条纹小鲃、中华沙塘鳢、越南鱊、黑鳍鳈和唇鲬均呈现高核苷酸多样性(0.0054～0.0450)、高单倍型多样性(0.7660～0.9840)，这些鱼类遗传多样性丰富，遗传群体稳定。

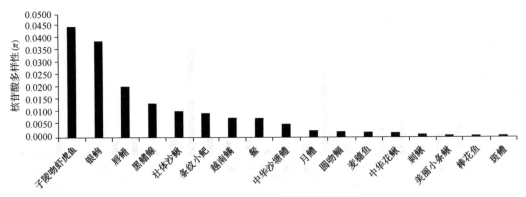

图7-7　漓江17种鱼类核苷酸多样性

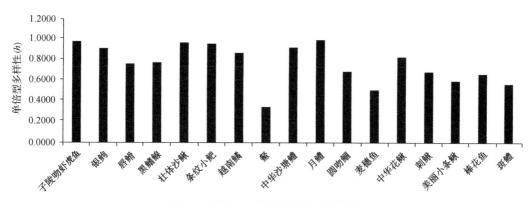

图 7-8　漓江 17 种鱼类单倍型多样性

五、桂江

对桂江 3 目 6 科 17 属 17 种常见鱼类(银鮈、鲻、南方拟鳘、鲫、鲤、海南鲌、大刺鳅、黄颡鱼、草鱼、鲇、斑鳢、鳙、鲢、中华花鳅、大眼华鳊、圆吻鲴和月鳢)进行了线粒体 DNA D-loop 序列分析:①17 种鱼类在桂江各群体的核苷酸多样性(π)范围为0.0007~0.0814,其中,圆吻鲴等 7 种鱼类呈现低核苷酸多样性(0.0007~0.0049),鲢等10 种鱼类呈现高核苷酸多样性(0.0061~0.0814)(图 7-9)。②17 种鱼类在桂江各群体的单倍型多样性(h)范围为 0.4050~1.0000,圆吻鲴(0.4050)和大刺鳅(0.4420)的单倍型多样性较低,南方拟鳘等 15 种鱼类均呈现高单倍型多样性(0.6560~1.0000),南方拟鳘的 h为 1.0000,呈现极高的单倍型多样性(图 7-10)。

参照近年桂江渔业资源调查数据和各鱼类物种相对重要性指数(IRI),鲻、鲫和鲤等为桂江优势种、常见种,均呈现高核苷酸多样性(0.0071~0.0184)和高单倍型多样性(0.7830~0.9030),这些鱼类在桂江遗传多样性丰富,遗传群体稳定。而常见种大刺鳅桂江群体的核苷酸多样性为 0.0044、单倍型多样性为 0.4420,其遗传多样性水平低,遗传群体不稳定。

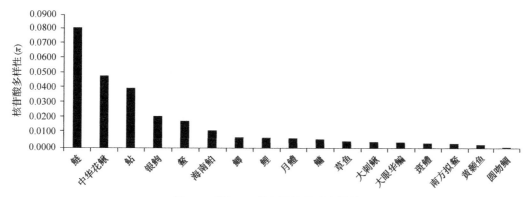

图 7-9　桂江 17 种鱼类核苷酸多样性

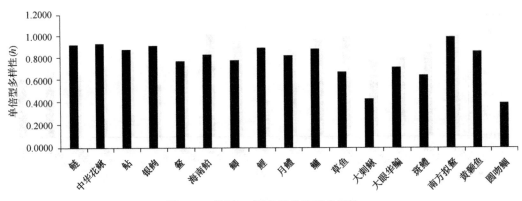

图 7-10　桂江 17 种鱼类单倍型多样性

六、融江

　　对融江 2 目 4 科 15 属 15 种常见鱼类(银鮈、鳘、南方拟鳘、海南鲌、飘鱼、子陵吻虾虎鱼、斑鳢、中国少鳞鳠、黄尾鲴、麦穗鱼、大眼近红鲌、大眼华鳊、圆吻鲴、月鳢和南方白甲鱼)进行了线粒体 DNA D-loop 序列分析:①15 种鱼类在融江各群体的核苷酸多样性(π)范围为 0.0011～0.0500,其中,斑鳢等 11 种鱼类呈现低核苷酸多样性(0.0011～0.0048),子陵吻虾虎鱼等 4 种鱼类呈现高核苷酸多样性(π＞0.005)(图 7-11)。②15 种鱼类在融江的单倍型多样性(h)范围为 0.3200～1.0000,仅有鳘(0.3200)的单倍型多样性较低,子陵吻虾虎鱼等 14 种鱼类均呈现高单倍型多样性(0.5865～1.0000),子陵吻虾虎鱼和南方白甲鱼群体的 h 均达到 1.0000,呈现极高的单倍型多样性(图 7-12)。

　　在融江,子陵吻虾虎鱼、月鳢和海南鲌均呈现高核苷酸多样性(0.0056～0.0500)、高单倍型多样性(0.8969～1.0000),这些鱼类遗传多样性丰富,遗传群体稳定。珠江流域特有鱼类大眼近红鲌融江群体的核苷酸多样性为 0.0024、单倍型多样性为 0.9739,其在融江的遗传多样性水平偏低,遗传群体不稳定。

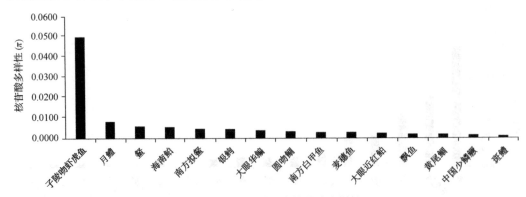

图 7-11　融江 15 种鱼类核苷酸多样性

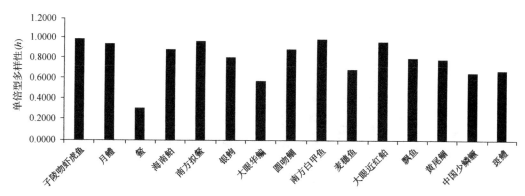

图 7-12　融江 15 种鱼类单倍型多样性

七、红水河

对红水河 3 目 6 科 16 属 16 种常见鱼类(银鲴、鲫、鲤、鲮、纹唇鱼、草鱼、鲇、大眼鳜、子陵吻虾虎鱼、斑鳢、横纹南鳅、美丽小条鳅、条纹小鲃、鳙、赤眼鳟和青鱼)进行了线粒体 DNA D-loop 序列分析:①16 种鱼类在红水河各群体的核苷酸多样性(π)范围为 0.0004~0.0351,其中,纹唇鱼等 8 种鱼类呈现低核苷酸多样性(0.0004~0.0045),子陵吻虾虎鱼等 8 种鱼类呈现高核苷酸多样性(0.0073~0.0351)(图 7-13)。②16 种鱼类在红水河的单倍型多样性(h)范围为 0.2480~1.0000,其中,条纹小鲃等 2 种鱼类为低单倍型多样性(0.2480~0.3140),子陵吻虾虎鱼等 14 种鱼类在红水河各群体均呈现高单倍型多样性(0.5440~1.0000),子陵吻虾虎鱼群体的 h 达到 1.0000,呈现极高的单倍型多样性(图 7-14)。

参照近年红水河渔业资源调查数据和各鱼类物种相对重要性指数(IRI),子陵吻虾虎鱼、鲫、鲤、鲇和青鱼等为红水河的优势种、常见种,均呈现高核苷酸多样性(0.0073~0.3510)、高单倍型多样性(0.8750~1.0000),这些鱼类在红水河遗传多样性高,遗传群体稳定。

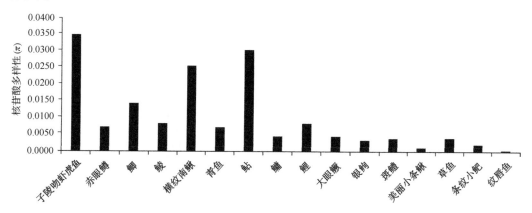

图 7-13　红水河 16 种鱼类核苷酸多样性

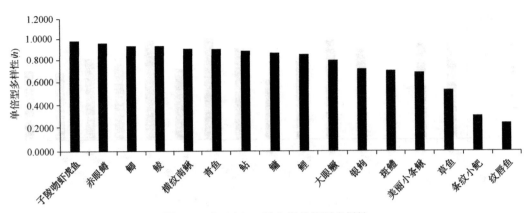

图 7-14　红水河 16 种鱼类单倍型多样性

八、黔江

对黔江 2 目 3 科 10 属 10 种常见鱼类(银鮈、南方拟䱗、纹唇鱼、壮体沙鳅、美丽沙鳅、花斑副沙鳅、麦穗鱼、圆吻鲴、高体鳑鲏和南方白甲鱼)进行了线粒体 DNA D-loop序列分析：①10 种鱼类在黔江各群体的核苷酸多样性(π)范围为 0.0009～0.0105，其中，纹唇鱼等 7 种鱼类呈现低核苷酸多样性(0.0009～0.0046)，壮体沙鳅等 3 种鱼类呈现高核苷酸多样性(0.0055～0.0105)(图 7-15)。②10 种鱼类在黔江各群体的单倍型多样性(h)范围为 0.2860～1.0000，除了纹唇鱼(0.3900)和麦穗鱼(0.2860)的单倍型多样性较低，壮体沙鳅等 8 种鱼类呈现高单倍型多样性(0.5610～1.0000)，壮体沙鳅、南方拟䱗和美丽沙鳅群体的 h 均达到 1.0000，呈现极高的单倍型多样性(图 7-16)。

在黔江，壮体沙鳅、银鮈和花斑副沙鳅均呈现高核苷酸多样性(0.0055～0.0105)、高单倍型多样性(0.8510～1.0000)，这些鱼类在黔江的遗传多样性水平高，有稳定的遗传群体。而纹唇鱼和麦穗鱼均呈现低核苷酸多样性(0.0009～0.0014)、低单倍型多样性(0.2860～0.3900)，在黔江的遗传多样性水平低，遗传群体不稳定。

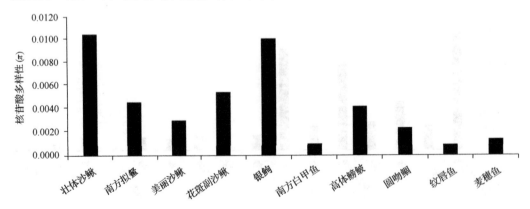

图 7-15　黔江 10 种鱼类核苷酸多样性

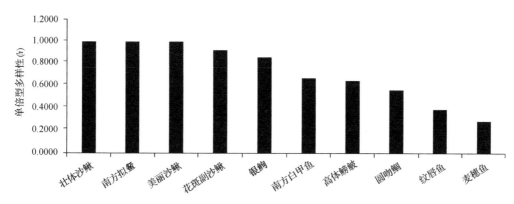

图 7-16　黔江 10 种鱼类单倍型多样性

九、浔江

对浔江 1 目 2 科 7 属 7 种常见鱼类(银鮈、鳘、胡子鲇、海南鲌、纹唇鱼、海南似鱎和条纹小鲃)进行了线粒体 DNA D-loop 序列分析：①7 种鱼类在浔江各群体的核苷酸多样性(π)范围为 0.0005～0.0075，其中，纹唇鱼等 5 种鱼类呈现低核苷酸多样性(0.0005～0.0037)，条纹小鲃等 2 种鱼类呈现高核苷酸多样性(0.0060～0.0075)(图 7-17)。②7 种鱼类在浔江各群体的单倍型多样性(h)范围为 0.3090～0.9780，其中，鳘(0.3780)和纹唇鱼(0.3090)的单倍型多样性较低，胡子鲇等 5 种鱼类在浔江均呈现高单倍型多样性(0.6810～0.9780)(图 7-18)。

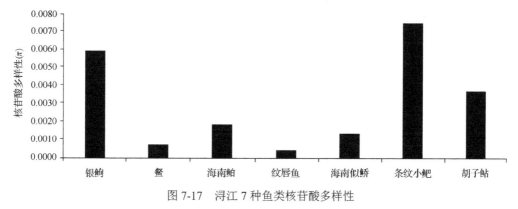

图 7-17　浔江 7 种鱼类核苷酸多样性

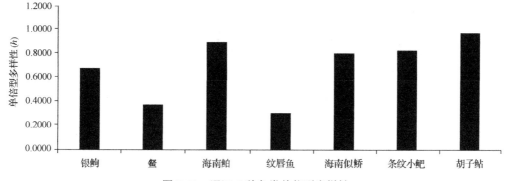

图 7-18　浔江 7 种鱼类单倍型多样性

在浔江，条纹小鲃和银鮈均呈现高核苷酸多样性(0.0060～0.0075)、高单倍型多样性(0.6810～0.8330)，这些鱼类在浔江的遗传多样性高，有稳定的遗传群体。而纹唇鱼和鳘均呈现低核苷酸多样性(0.0005～0.0008)、低单倍型多样性(0.3090～0.3780)，在浔江的遗传多样性低，遗传群体不稳定。

十、柳江

对柳江3目4科5属5种常见鱼类(草鱼、鲇、大眼鳜、东方墨头鱼和青鱼)进行了线粒体 DNA D-loop 序列分析：①5 种鱼类在浔江各群体的核苷酸多样性(π)范围为0.0039～0.0210，其中大眼鳜(0.0048)和草鱼(0.0039)呈现低核苷酸多样性，鲇等 3 种鱼类呈现高核苷酸多样性(0.0095～0.0210)(图7-19)。②5 种鱼类在浔江各群体的单倍型多样性(h)范围为 0.5750～1.0000，均呈现高单倍型多样性，且青鱼群体的 h 达到 1.0000，呈现极高的单倍型多样性(图7-20)。

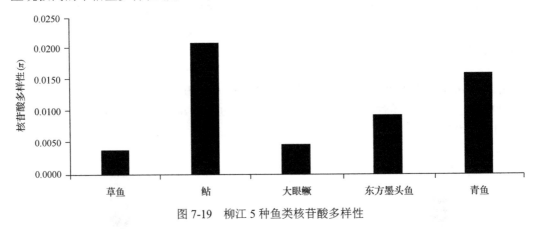

图 7-19　柳江 5 种鱼类核苷酸多样性

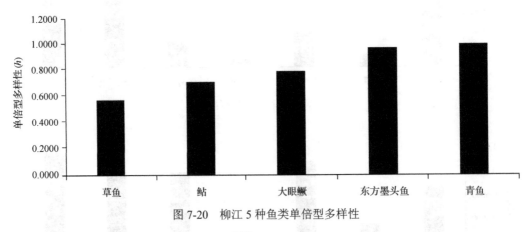

图 7-20　柳江 5 种鱼类单倍型多样性

在柳江，鲇、青鱼和东方墨头鱼均呈现高核苷酸多样性(0.0095～0.0210)、高单倍型多样性(0.7130～1.0000)，在柳江的遗传多样性丰富，有稳定的遗传群体。

第二节　常见鱼类分子遗传分析

本节对广西境内常见的 16 种鱼类进行分子遗传分析,研究其遗传多样性和遗传分化水平,进而评估其种质资源现状。通过分子变异分析(AMOVA)和成对遗传分化分析,以遗传分化指数(F_{ST})来评估群体间的遗传变异分化程度,F_{ST} 为 0～0.05 表示极小的遗传分化,F_{ST} 为 0.05～0.15 则表示中度的遗传分化,F_{ST} 为 0.15～0.25 表示大的遗传分化,F_{ST} 为 0.25 以上则表示极大的遗传分化(Wright,1965);通过遗传距离分析,以 0.05、0.3 和 0.9 为标准,区分物种之间种群、种和属(Shaklee et al.,1982)。

一、南方拟䱻 *Hypophthalmichthys molitrix*

采集江段:桂江、郁江、左江、右江、融江、黔江、都柳江。

(一)遗传多样性

通过线粒体 D-loop 序列和 *Cyt b* 基因的分析(表 7-1)可知:南方拟䱻整体属于高单倍型多样性($h>0.5$)和高核苷酸多样性($\pi>0.005$),表明南方拟䱻在珠江整体遗传多样性丰富,对环境变化的适应能力强,有稳定的遗传群体;比较 7 个江段各群体的 D-loop 序列结果,桂江、黔江、融江和郁江群体均呈现出低核苷酸多样性($\pi<0.005$)、高单倍型多样性($h>0.5$)现象。对比贵州境内的都柳江群体(高单倍型多样性和高核苷酸多样性)发现,南方拟䱻在广西 6 个江段各群体的遗传多样性水平偏低。

表 7-1　南方拟䱻群体遗传多样性

群体	单倍型多样性(h)		核苷酸多样性(π)	
	Cyt b	D-loop	*Cyt b*	D-loop
都柳江	0.787 30	0.809 52	0.023 58	0.017 09
桂江	0.769 75	1.000 0	0.051 15	0.003 21
黔江	0.903 23	1.000 0	0.034 64	0.004 62
融江	0.918 56	0.979 03	0.008 82	0.004 84
右江	0.865 50	0.942 0	0.001 42	0.014 21
郁江	0.902 83	0.902 83	0.028 12	0.004 23
左江	0.887 36	0.939 00	0.001 49	0.005 22
总体	0.862 08	0.885 00	0.021 32	0.005 52

(二)遗传结构

1. 遗传变异

通过 AMOVA 分析(表 7-2)可知:南方拟䱻各江段群体的遗传变异大部分发生于群体间,分别为 69.46%(D-loop)和 69.51%(*Cyt b*)。群体的总遗传分化指数 F_{ST} 分别为 0.6946(D-loop)和 0.6951(*Cyt b*),说明南方拟䱻各群体间存在极高程度的遗传变异。

表 7-2　南方拟鳌群体遗传变异分析

	变异来源	平方和	方差组分	变异百分率/%	F_{ST}	P
D-loop	群体间	3 254.973	18.665 78	69.46	0.694 6	0.000 0
	群体内	1 608.520	8.206 73	30.54		
	总计	4 863.493	26.872 51			
$Cyt\ b$	群体间	4 840.535	27.759 19	69.51	0.695 1	0.000 0
	群体内	2 386.795	12.177 52	30.49		
	总计	7 227.330	39.936 71			

2. 遗传分化

通过成对遗传分化分析(表 7-3)可知:郁江与右江和融江这 2 个群体、左江与右江和融江这 2 个群体、右江与融江群体间的遗传分化程度均极低($F_{ST}<0.05$),各个群体间的遗传相似度高;桂江群体与都柳江群体间属于中度的遗传分化($0.05<F_{ST}<0.15$);其余各江段群体间的成对遗传分化值均很高($F_{ST}>0.5$),各个群体间遗传相似度低。

表 7-3　南方拟鳌群体间遗传分化

		郁江	左江	都柳江	右江	桂江	黔江	融江
$Cyt\ b$	郁江							
	左江	0.065 38						
	都柳江	0.760 09	0.880 58					
	右江	0.044 02	0.005 12	0.861 73				
	桂江	0.594 19	0.722 30	0.086 79	0.683 49			
	黔江	0.664 82	0.803 08	0.698 56	0.771 23	0.537 44		
	融江	0.021 77	0.005 34	0.852 21	0.016 57	0.692 69	0.769 65	
D-loop	郁江							
	左江	0.029 11						
	都柳江	0.836 79	0.914 59					
	右江	0.016 36	0.025 35	0.904 64				
	桂江	0.679 10	0.759 95	0.117 71	0.727 76			
	黔江	0.658 01	0.744 46	0.572 65	0.709 64	0.402 14		
	融江	0.005 90	0.000 99	0.884 39	0.010 94	0.727 60	0.709 82	

二、海南鲌 *Culter recurviceps*

采集江段:浔江、桂江、融江、郁江、左江、右江。

(一)遗传多样性

通过线粒体 D-loop 序列和 $Cyt\ b$ 基因的分析(表 7-4)可知:海南鲌整体属于高单倍型多样性($h>0.5$)和高核苷酸多样性($\pi>0.005$);比较 6 个江段各群体,桂江、融江和右江

3 个群体均呈现高单倍型多样性($h>0.5$)和高核苷酸多样性($\pi>0.005$),而浔江、郁江和左江 3 个群体均呈现出低核苷酸多样性($\pi<0.005$)、高单倍型多样性($h>0.5$)现象。这表明海南鲌在广西地区整体遗传多样性丰富,有稳定的遗传群体,但在浔江、郁江和左江的遗传多样性水平偏低。

表 7-4 海南鲌群体遗传多样性

群体	单倍型多样性(h)		核苷酸多样性(π)	
	D-loop	$Cyt\ b$	D-loop	$Cyt\ b$
浔江	0.900 00	0.900 00	0.001 90	0.003 85
桂江	0.841 67	0.831 95	0.012 01	0.014 82
融江	0.896 83	0.919 05	0.005 60	0.006 27
郁江	0.964 29	0.785 71	0.003 40	0.001 03
左江	0.641 67	0.573 43	0.000 40	0.000 66
右江	0.826 58	0.850 52	0.007 47	0.010 17
总体	0.845 17	0.810 11	0.005 13	0.006 13

(二)遗传结构

1. 遗传变异

通过 AMOVA 分析(表 7-5)可知:海南鲌群体内变异百分率指标分别达到 81.17%和 78.07%,提示广西海南鲌的遗传变异主要发生于各江段群体内。各群体间的遗传分化指数 F_{ST} 分别为 0.1883(D-loop)和 0.2193($Cyt\ b$),表明广西海南鲌各江段群体间的遗传变异大($0.15<F_{ST}<0.25$)。

表 7-5 海南鲌群体遗传变异分析

	变异来源	自由度	平方和	方差组分	变异百分率/%	F_{ST}	P
D-loop	群体间	11	118.489	0.581	18.83	0.188 3	0.000 0
	群体内	165	413.443	2.506	81.17		
	总体	176	531.932	3.087			
$Cyt\ b$	群体间	11	222.921	1.139 66	21.93	0.219 3	0.000 0
	群体内	165	669.469	4.057 39	78.07		
	总体	176	892.390	5.197 05			

2. 遗传分化

通过成对遗传分化分析(表 7-6)可知:海南鲌桂江群体与其他各江段群体间的遗传分化均达到了中度至极大(F_{ST} 的范围为 $0.051\sim0.499$),各个群体间遗传相似度低;浔江与融江群体、左江与右江群体间的成对遗传分化值极小($F_{ST}<0.05$),各个群体间遗传相似度高。

表 7-6　海南鲌群体间遗传分化

		浔江	桂江	融江	郁江	右江	左江
D-loop	浔江						
	桂江	0.218					
	融江	0.042	0.320				
	郁江	0.022	0.309	0.114			
	右江	0.237	0.499	0.252	0.012		
	左江	0.057	0.258	0.002	0.038	0.011	
Cyt b	浔江						
	桂江	0.058					
	融江	0.037	0.051				
	郁江	0.146	0.138	0.102			
	右江	0.113	0.114	0.077	0.115		
	左江	0.099	0.106	0.070	0.095	0.031	

3. 遗传距离

通过群体间遗传距离分析(表 7-7):6 个江段各群体间遗传距离的范围分别为 0.001～0.014(D-loop)和 0.001～0.018(*Cyt b*),均未达到 0.05,说明海南鲌在广西 6 个江段各群体间的亲缘关系近,虽然有些群体间存在极大的遗传分化,但均未达到种群划分的程度。

表 7-7　海南鲌群体间遗传距离

		浔江	桂江	融江	郁江	右江	左江
D-loop	浔江						
	桂江	0.011					
	融江	0.004	0.013				
	郁江	0.003	0.012	0.005			
	右江	0.001	0.011	0.004	0.002		
	左江	0.005	0.014	0.007	0.006	0.005	
Cyt b	浔江						
	桂江	0.014					
	融江	0.005	0.016				
	郁江	0.003	0.014	0.005			
	右江	0.003	0.014	0.005	0.001		
	左江	0.008	0.018	0.009	0.007	0.007	

三、鳘 *Hemiculter leucisculus*

采集江段:右江、桂江、郁江、左江、都柳江。

（一）遗传多样性

通过线粒体 D-loop 序列和 $Cyt\ b$ 基因的分析（表 7-8）可知：鳘整体属于高单倍型多样性（$h>0.5$）和高核苷酸多样性（$\pi>0.005$），表明鳘在珠江整体遗传多样性丰富，对环境变化的适应能力强，有稳定的遗传群体；比较 5 个江段各群体，桂江和右江 2 个群体呈现高单倍型多样性（$h>0.5$）和高核苷酸多样性（$\pi>0.005$），遗传多样性高；除郁江和左江外，其他各江段均呈现出低核苷酸多样性（$\pi<0.005$）、高单倍型多样性（$h>0.5$）现象，遗传多样性偏低。

表 7-8　鳘群体遗传多样性

群体	单倍型多样性（h）		核苷酸多样性（π）	
	D-loop	$Cyt\ b$	D-loop	$Cyt\ b$
都柳江	0.764 71	0.661 76	0.003 88	0.004 43
桂江	0.783 00	0.756 61	0.018 44	0.028 03
右江	0.832 01	0.741 03	0.007 11	0.006 75
郁江	0.820 03	0.712 55	0.005 72	0.003 99
左江	0.791 02	0.476 92	0.005 00	0.003 07
总体	0.815 76	0.669 77	0.007 84	0.009 25

（二）遗传结构

1. 遗传分化

通过成对遗传分化分析（表 7-9）可知：都柳江群体与广西各江段群体间遗传分化程度极高（$F_{ST}>0.5$），各个群体间遗传相似度低；除了左江与郁江群体间，广西各江段群体间均属于中度的遗传分化（$0.05<F_{ST}<0.15$）。

表 7-9　鳘群体间遗传分化

		都柳江	桂江	右江	郁江	左江
D-loop	都柳江					
	桂江	0.7390				
	右江	0.8973	0.1137			
	郁江	0.9145	0.0785	0.1060		
	左江	0.9177	0.1340	0.0591	0.0704	
$Cyt\ b$	都柳江					
	桂江	0.7345				
	右江	0.9165	0.0912			
	郁江	0.9425	0.0864	0.0896		
	左江	0.9517	0.0963	0.1127	0.0094	

2. 遗传距离

通过遗传距离分析(表 7-10)可知：都柳江群体与广西各群体(桂江群体除外)产生的遗传距离均大于 0.05，而广西各群体间的遗传距离均小于 0.05。参考 Shaklee 等(1982)提出的标准，都柳江的鳘群体与广西各群体(桂江群体除外)间已存在种群的分化，与前面的成对遗传分化分析结果相一致。

表 7-10　鳘群体间遗传距离

		都柳江	桂江	右江	郁江	左江
D-loop	都柳江					
	桂江	0.043				
	右江	0.052	0.017			
	郁江	0.053	0.015	0.008		
	左江	0.052	0.015	0.007	0.005	
Cyt b	都柳江					
	桂江	0.077				
	右江	0.066	0.022			
	郁江	0.076	0.003	0.021		
	左江	0.077	0.008	0.024	0.007	

四、大眼华鳊 Sinibrama macrops

采集江段：桂江、融江、郁江、都柳江。

(一)遗传多样性

通过线粒体 D-loop 序列和 Cyt b 基因的分析(表 7-11)可知：大眼华鳊整体属于高单倍型多样性($h>0.5$)和高核苷酸多样性($\pi>0.005$)；比较 4 个江段各群体，郁江和都柳江这 2 个群体均为高单倍型多样性($h>0.5$)和高核苷酸多样性($\pi>0.005$)。这表明珠江大眼华鳊群体整体遗传多样性丰富，特别是郁江和都柳江群体的遗传多样性水平高，有稳定的遗传群体。

表 7-11　大眼华鳊群体遗传多样性

群体	单倍型多样性(h)		核苷酸多样性(π)	
	D-loop	Cyt b	D-loop	Cyt b
桂江	0.726 67	0.812 31	0.004 22	0.006 99
都柳江(贵州)	0.608 97	0.601 28	0.006 94	0.007 46
融江	0.586 54	0.618 49	0.003 90	0.004 40
郁江	0.744 37	0.738 46	0.007 32	0.007 24
总体	0.680 01	0.692 64	0.006 70	0.006 52

(二)遗传结构

1. 遗传变异

通过 AMOVA 分析(表 7-12)可知:对于变异速率更快的 D-loop 序列,其变异主要发生在种群内(57.89%);而对于更保守的 $Cyt\ b$ 基因,其变异主要发生在种群间(58.28%)。依据总遗传分化指数 F_{ST},各江段群体间存在极大的遗传分化($F_{ST}>0.25$)。

表 7-12　大眼华鳊群体遗传变异分析

	变异来源	自由度	平方和	方差组分	变异百分率/%	F_{ST}	P
	群体间	4	220.390	1.856 6	42.11	0.421 44	0.000 0
D-loop	群体内	143	364.935	2.551 9	57.89		
	总计	147	585.325	4.408 5			
	群体间	4	581.211	5.007 6	58.28	0.582 79	0.000 0
$Cyt\ b$	群体内	143	512.626	3.584 8	41.72		
	总计	147	1 093.837	8.592 4			

2. 遗传距离

通过遗传距离分析(表 7-13):各群体间的遗传距离值皆小于 0.05,说明大眼华鳊各江段群体间的亲缘关系仍保持较近,虽然有些群体间存在极大的遗传分化,但均未达到种群划分的程度。

表 7-13　大眼华鳊群体间遗传距离

		桂江	都柳江	融江	郁江
	桂江				
D-loop	都柳江	0.005			
	融江	0.003	0.005		
	郁江	0.005	0.007	0.004	
	桂江				
$Cyt\ b$	都柳江	0.007			
	融江	0.005	0.005		
	郁江	0.006	0.006	0.005	

五、大刺鳅 *Mastacembelus armatus*

采集江段:桂江、郁江、右江、左江。

(一)遗传多样性

通过线粒体 D-loop 序列和 $Cyt\ b$ 基因的分析(表 7-14)可知:大刺鳅整体属于高单倍

型多样性($h>0.5$)，但 D-loop 序列分析结果为高核苷酸多样性($\pi>0.005$)，而 $Cyt\ b$ 基因分析结果为低核苷酸多样性($\pi<0.005$)；比较 4 个江段各群体，左江群体呈现高单倍型多样性($h>0.5$)和高核苷酸多样性($\pi>0.005$)，而桂江群体则呈现低单倍型多样性($h<0.5$)和低核苷酸多样性($\pi<0.005$)。这表明大刺鳅在左江群体遗传多样性高、有稳定的遗传群体，而桂江群体的遗传多样性水平低，对环境变化的适应能力差，遗传群体不稳定。

表 7-14　大刺鳅群体遗传多样性

群体	单倍型多样性(h)		核苷酸多样性(π)	
	$Cyt\ b$	D-loop	$Cyt\ b$	D-loop
桂江	0.258 14	0.442 03	0.001 20	0.004 40
右江	0.348 32	0.586 02	0.003 69	0.006 32
郁江	0.667 41	0.481 00	0.004 15	0.006 25
左江	0.831 23	0.862 02	0.005 30	0.007 02
总体	0.601 40	0.761 01	0.003 59	0.005 90

(二)遗传结构

1. 遗传变异

通过 AMOVA 分析(表 7-15)可知：大刺鳅群体间的变异百分率分别为 51.37%($Cyt\ b$)和 56.61%(D-loop)，其 F_{ST} 分别为 0.5661(D-loop)和 0.5137($Cyt\ b$)，群体间的遗传变异极大。

表 7-15　大刺鳅群体遗传变异分析

	变异来源	平方和	方差组分	变异百分率/%	F_{ST}	P
	群体间	136.521	1.953 53	51.37	0.513 7	0.000 0
$Cyt\ b$	群体内	159.024	1.849 11	48.63		
	总计	295.545	3.802 64			
	群体间	194.167	2.800 08	56.61	0.566 1	0.000 0
D-loop	群体内	184.555	2.145 99	43.39		
	总计	378.722	4.946 07			

2. 遗传分化

通过成对遗传分化分析(表 7-16)可知：除了郁江群体与桂江群体间有极小的遗传分化($F_{ST}<0.05$)，其他各群体间的遗传分化均达到大至极大(0.219 07～0.719 32)，这些群体间遗传相似度低。

表 7-16 大刺鳅群体间遗传分化

		桂江	右江	郁江	左江
Cyt b	桂江				
	右江	0.567 60			
	郁江	0.037 84	0.558 63		
	左江	0.677 69	0.219 07	0.231 51	
D-loop	桂江				
	右江	0.597 52			
	郁江	0.043 26	0.593 55		
	左江	0.719 32	0.464 00	0.475 19	

六、草鱼 *Ctenopharyngodon idellus*

采集江段：桂江、郁江、右江、左江。

(一)遗传多样性

通过线粒体 D-loop 序列和 *Cyt b* 基因的分析(表 7-17)可知：草鱼整体呈现高单倍型多样性($h > 0.5$)和高核苷酸多样性($\pi > 0.005$)，表明广西草鱼整体的遗传多样性水平高，有稳定的遗传群体；比较 4 个江段各群体，左江和桂江这 2 个群体均为高单倍型多样性($h > 0.5$)和低核苷酸多样性($\pi < 0.005$)，说明其左江和桂江的群体遗传多样性偏低。

表 7-17 草鱼群体遗传多样性

群体	单倍型多样性(h)		核苷酸多样性(π)	
	Cyt b	D-loop	*Cyt b*	D-loop
右江	0.717 13	0.530 03	0.010 85	0.003 89
左江	0.564 24	0.618 02	0.001 48	0.004 20
桂江	0.740 32	0.684 01	0.001 55	0.004 93
郁江	0.691 41	0.794 04	0.002 48	0.007 01
总体	0.698 23	0.604 01	0.005 16	0.005 71

(二)遗传结构

1. 遗传变异

通过 AMOVA 分析(表 7-18)可知：草鱼群体间的变异百分率分别为 1.38%(*Cyt b*)和 0.29%(D-loop)，F_{ST} 分别为 0.0029(D-loop)和 0.0138(*Cyt b*)，小于 0.05，说明群体间遗传变异极小。广西草鱼群体的遗传变异绝大部分来自于其群体内，变异百分率分别为 99.71%(D-loop)和 98.62%(*Cyt b*)。

表 7-18 草鱼群体遗传变异分析

	变异来源	平方和	方差组分	变异百分率/%	F_{ST}	P
	群体间	4.135	0.025 25	1.38	0.013 8	0.000 0
$Cyt\ b$	群体内	139.372	1.858 29	98.62		
	总计	143.507	1.883 54			
	群体间	11.000	0.011 31	0.29	0.002 9	0.000 0
D-loop	群体内	291.139	3.881 85	99.71		
	总计	302.139	3.893 16			

2. 遗传分化

通过成对遗传分化分析(表 7-19)可知：右江群体与其他 3 个群体间均只有极小的遗传分化(F_{ST}<0.05)，其他各江段群体的遗传分化也只是低度到中度(0.007 52~0.074 19)，说明草鱼在广西各群体间遗传变异很小，遗传相似度高。

表 7-19 草鱼群体间遗传分化

	群体	右江	左江	桂江	郁江
	右江				
$Cyt\ b$	左江	0.011 54			
	桂江	0.037 70	0.056 08		
	郁江	0.006 74	0.041 33	0.007 52	
	右江				
D-loop	左江	0.017 31			
	桂江	0.031 57	0.028 02		
	郁江	0.011 54	0.040 92	0.074 19	

七、鲇 *Silurus asotus*

采集江段：桂江、郁江、右江、左江。

(一)遗传多样性

通过线粒体 D-loop 序列和 $Cyt\ b$ 基因的分析(表 7-20)可知：鲇整体呈现高单倍型多样性(h>0.5)和高核苷酸多样性(π>0.005)；4 个江段各群体也呈现同样状态。这表明鲇在广西整体及各个江段的遗传多样性丰富，均有稳定的遗传群体，对环境变化适应能力强。

(二)遗传结构

1. 遗传变异

通过 AMOVA 分析(表 7-21)可知：4 个鲇群体间的 F_{ST} 分别为 0.1908(D-loop)和 0.1915($Cyt\ b$)，大于 0.15，说明群体间存在大的遗传变异，但遗传变异绝大部分仍然是来自于其群体内，变异百分率分别为 80.92%(D-loop)和 80.85%($Cyt\ b$)。

表 7-20　鲇群体遗传多样性

群体	单倍型多样性(h)		核苷酸多样性(π)	
	$Cyt\ b$	D-loop	$Cyt\ b$	D-loop
桂江	0.874 33	0.889 02	0.015 97	0.040 61
右江	0.851 41	0.894 02	0.047 80	0.059 13
郁江	0.846 24	0.811 04	0.035 23	0.045 13
左江	0.906 01	0.903 03	0.035 26	0.047 42
总体	0.938 02	0.890 01	0.039 64	0.048 20

表 7-21　鲇群体遗传变异分析

	变异来源	平方和	方差组分	变异百分率/%	F_{ST}	P
$Cyt\ b$	群体间	468.518	4.563 59	19.15	0.191 5	0.000 0
	群体内	2 234.756	19.265 14	80.85		
	总计	2 703.274	23.828 73			
D-loop	群体间	270.269	2.630 98	19.08	0.190 8	0.000 0
	群体内	1 294.595	11.160 30	80.92		
	总计	1 564.864	13.791 28			

2. 遗传分化

通过成对遗传分化分析(表 7-22)可知：桂江群体与其他 3 个群体间均有极大的遗传分化($F_{ST}>0.25$)，其他各江段群体间的遗传分化只是低度到中度(0.039 16～0.090 41)，说明广西鲇的各群体间存在一定的遗传变异，群体间遗传相似度低。

表 7-22　鲇群体间遗传分化

	群体	桂江	右江	郁江	左江
$Cyt\ b$	桂江				
	右江	0.345 83			
	郁江	0.322 39	0.084 29		
	左江	0.270 23	0.090 41	0.039 16	
D-loop	桂江				
	右江	0.265 65			
	郁江	0.292 74	0.087 23		
	左江	0.295 39	0.088 54	0.066 66	

八、鲤 Cyprinus carpio

采集江段：桂江、郁江、右江、左江。

(一)遗传多样性

通过线粒体 D-loop 序列和 $Cyt\ b$ 基因的分析(表 7-23)可知：鲤整体的 $Cyt\ b$ 基因呈

现高单倍型多样性($h>0.5$)和低核苷酸多样性($\pi<0.005$),而 D-loop 序列呈现高单倍型多样性($h>0.5$)和高核苷酸多样性($\pi>0.005$);4 个江段各群体也表现出同样的状况,鲤在广西整体及各个江段的单倍型多样性高,核苷酸多样性偏低。

表 7-23 鲤群体遗传多样性

群体	单倍型多样性(h)		核苷酸多样性(π)	
	$Cyt\ b$	D-loop	$Cyt\ b$	D-loop
右江	0.806 22	0.815 03	0.004 34	0.006 34
左江	0.674 24	0.786 02	0.004 01	0.006 95
桂江	0.811 33	0.903 04	0.004 10	0.007 11
郁江	0.717 11	0.869 01	0.003 68	0.007 30
总体	0.791 02	0.899 01	0.004 28	0.007 61

(二)遗传结构

1. 遗传变异

通过 AMOVA 分析(表 7-24)可知:鲤群体 F_{ST} 分别为 0.0784(D-loop)和 0.0775($Cyt\ b$),大于 0.05 而小于 0.15,说明群体间存在中等程度的遗传变异;4 个鲤群体的遗传变异绝大部分来自于其群体内,变异百分率分别为 92.16%(D-loop)和 92.25%($Cyt\ b$)。

表 7-24 鲤群体遗传变异分析

	变异来源	平方和	方差组分	变异百分率/%	F_{ST}	P
	群体间	23.251	0.190 83	7.75	0.077 5	0.000 0
$Cyt\ b$	群体内	251.966	2.269 97	92.25		
	总计	275.217	2.460 80			
	群体间	25.125	295.252	7.84	0.078 4	0.000 0
D-loop	群体内	270.127	2.433 58	92.16		
	总计	295.252	297.685 6			

2. 遗传分化

通过成对遗传分化分析(表 7-25)可知:郁江与右江群体间、桂江与左江群体间均只有极小的遗传分化($F_{ST}<0.05$),其他各江段群体间的遗传分化为中度($0.05<F_{ST}<0.15$),说明鲤在广西各群体间遗传变异小,群体间遗传相似度高。

表 7-25 鲤群体间遗传分化

	群体	右江	左江	桂江	郁江
	右江				
	左江	0.124 61			
$Cyt\ b$	桂江	0.104 80	0.022 68		
	郁江	0.010 28	0.125 38	0.099 45	

续表

群体		右江	左江	桂江	郁江
D-loop	右江				
	左江	0.130 44			
	桂江	0.120 52	0.002 12		
	郁江	0.032 74	0.095 08	0.073 84	

九、鲫 *Carassius auratus*

采集江段：桂江、郁江、右江、左江。

(一)遗传多样性

通过线粒体 D-loop 序列和 *Cyt b* 基因的分析(表 7-26)可知：鲫整体呈现高单倍型多样性($h>0.5$)和高核苷酸多样性($\pi>0.005$)；4 个江段各群体也呈现同样状态。这表明鲫在广西整体及各个江段的遗传多样性丰富，均有稳定的遗传群体，对环境变化适应能力强。

表 7-26　鲫群体遗传多样性

群体	单倍型多样性(h)		核苷酸多样性(π)	
	Cyt b	D-loop	*Cyt b*	D-loop
桂江	0.701 40	0.789 02	0.005 24	0.007 44
右江	0.745 22	0.876 04	0.009 71	0.011 14
郁江	0.894 34	0.946 03	0.011 47	0.013 43
左江	0.549 31	0.821 02	0.006 38	0.007 02
总体	0.722 23	0.949 01	0.008 96	0.011 32

(二)遗传结构

1. 遗传变异

通过 AMOVA 分析(表 7-27)可知：F_{ST} 分别为 0.1447(D-loop)和 0.1100(*Cyt b*)，均小于 0.15，说明群体间存在中等程度的遗传变异；4 个鲫群体的遗传变异大部分是来自于其群体内，变异百分率分别为 85.53%(D-loop)和 89.00%(*Cyt b*)。

表 7-27　鲫群体遗传变异分析

	变异来源	平方和	方差组分	变异百分率/%	F_{ST}	P
Cyt b	群体间	56.333	0.492 98	11.00	0.110 0	0.000 0
	群体内	462.667	3.988 51	89.00		
	总计	519.000	4.481 49			
D-loop	群体间	64.376	0.593 49	14.47	0.144 7	0.000 0
	群体内	410.310	3.506 92	85.53		
	总计	474.686	4.100 41			

2. 遗传分化

通过成对遗传分化分析(表 7-28)可知:桂江与左江群体间存在极大的遗传分化($F_{ST}>$ 0.25),而桂江与右江群体间只有极小的遗传分化($F_{ST}<0.05$),其余群体间的遗传分化为极小至高度(0.012 69~0.237 24)。

表 7-28　鲫群体间遗传分化

		桂江	右江	郁江	左江
Cyt b	桂江				
	右江	0.048 33			
	郁江	0.069 54	0.012 69		
	左江	0.259 83	0.130 18	0.140 96	
D-loop	桂江				
	右江	0.043 01			
	郁江	0.127 77	0.072 32		
	左江	0.258 32	0.146 86	0.237 24	

十、鲢 *Hypophthalmichthys molitrix*

采集江段:桂江、郁江、右江。

(一)遗传多样性

通过线粒体 D-loop 序列和 *Cyt b* 基因的分析(表 7-29)可知:鲢整体呈现高单倍型多样性($h>0.5$)和高核苷酸多样性($\pi>0.005$);3 个江段各群体也呈现同样状态。这表明鲢在广西整体及各个江段的遗传多样性丰富,均有稳定的遗传群体,对环境变化适应能力强。

表 7-29　鲢群体遗传多样性

群体	单倍型多样性(h)		核苷酸多样性(π)	
	D-loop	*Cyt b*	D-loop	*Cyt b*
桂江	0.933 02	0.911 00	0.081 42	0.044 23
右江	0.962 03	0.795 21	0.030 20	0.016 15
郁江	0.905 04	0.899 32	0.032 84	0.017 89
总体	0.994 90	0.864 24	0.051 42	0.026 37

(二)遗传结构

1. 遗传变异

通过 AMOVA 分析(表 7-30)可知:F_{ST} 分别为 0.0986(D-loop)和 0.0380(*Cyt b*),表示群体间存在中等以下的遗传变异($F_{ST}<0.15$);3 个鲢群体的遗传变异大部分是来自于其群体内部,变异百分率分别为 90.14%(D-loop)和 96.20%(*Cyt b*)。

表 7-30　鲢群体遗传变异分析

	变异来源	平方和	方差组分	变异百分率/%	F_{ST}	P
	群体间	76.166	1.622 51	9.86	0.098 6	0.000 0
D-loop	群体内	638.073	14.838 90	90.14		
	总计	714.239	16.461 41			
	群体间	43.060	0.484 48	3.80	0.038 0	0.000 0
Cyt b	群体内	687.448	12.275 86	96.20		
	总计	730.508	12.760 34			

2. 遗传分化

通过成对遗传分化分析(表 7-31)可知:右江群体与郁江群体间的遗传分化极小($F_{ST}<$0.05),右江群体与桂江群体间的遗传分化为中度($0.05<F_{ST}<0.15$)。

表 7-31　鲢群体间遗传分化

	群体	桂江	右江	郁江
	桂江			
D-loop	右江	0.128 86		
	郁江	0.164 48	0.009 14	
	桂江			
Cyt b	右江	0.062 90		
	郁江	0.023 38	0.010 55	

十一、卷口鱼 *Ptychidio jordani*

采集江段:郁江、右江、左江。

(一)遗传多样性

通过线粒体 D-loop 序列和 *Cyt b* 基因的分析(表 7-32)可知:卷口鱼整体呈现高单倍型多样性($h>0.5$)和高核苷酸多样性($\pi>0.005$),表明卷口鱼在广西整体遗传多样性水平高;比较 3 个江段各群体,左江群体也属于高单倍型多样性($h>0.5$)和高核苷酸多样性($\pi>0.005$),而右江和郁江卷口鱼群体均属于高单倍型多样性($h>0.5$)和低核苷酸多样性($\pi<0.005$),表明卷口鱼的左江群体遗传多样性丰富,有稳定的遗传群体,对环境变化适应能力强,而右江和郁江群体的遗传多样性水平偏低。

表 7-32　卷口鱼群体遗传多样性

群体	单倍型多样性(h)		核苷酸多样性(π)	
	Cyt b	D-loop	*Cyt b*	D-loop
左江	0.777 24	0.857 01	0.039 16	0.034 68
右江	0.705 42	0.762 04	0.003 15	0.004 90
郁江	0.701 33	0.789 02	0.000 95	0.002 44
总体	0.728 10	0.830 03	0.014 42	0.009 51

(二)遗传结构

1. 遗传变异

通过 AMOVA 分析(表 7-33)可知:3 个卷口鱼群体间的变异百分率分别为 47.46%($Cyt\,b$)和 43.72%(D-loop),其 F_{ST} 分别为 0.4372(D-loop)和 0.4746($Cyt\,b$),群体间存在极大的遗传变异($F_{ST}>0.25$)。

表 7-33　卷口鱼群体遗传变异分析

	变异来源	平方和	方差组分	变异百分率/%	F_{ST}	P
$Cyt\,b$	群体间	404.104	7.959 99	47.46	0.474 6	0.000 0
	群体内	643.330	8.812 74	52.54		
	总计	1 047.434	16.772 73			
D-loop	群体间	237.059	4.855 32	43.72	0.437 2	0.000 0
	群体内	431.274	6.250 35	56.28		
	总计	668.333	11.105 67			

2. 遗传分化

通过成对遗传分化分析(表 7-34)可知:郁江与左江和右江 2 个群体间均存在极大遗传分化($F_{ST}>0.25$),左江群体与右江群体间的遗传分化存在中等遗传分化($0.05<F_{ST}<0.15$),3 个卷口鱼各群体间遗传相似度低。

表 7-34　卷口鱼群体间遗传分化

	群体	左江	右江	郁江
$Cyt\,b$	左江			
	右江	0.129 97		
	郁江	0.411 23	0.506 64	
D-loop	左江			
	右江	0.124 59		
	郁江	0.473 08	0.383 78	

十二、鲮 *Cirrhinus molitorella*

采集江段:右江、左江、郁江。

(一)遗传多样性

通过线粒体 D-loop 序列和 $Cyt\,b$ 基因的分析(表 7-35)可知:鲮整体呈现高单倍型多样性($h>0.5$)和高核苷酸多样性($\pi>0.005$);3 个江段各群体也呈现同样状态。这表明鲮在广西整体及各个江段的遗传多样性丰富,均有稳定的遗传群体,对环境变化适应能力强。

表 7-35　鲮群体遗传多样性

群体	单倍型多样性/h		核苷酸多样性/π	
	Cyt b	D-loop	*Cyt b*	D-loop
右江	0.797 11	0.895 03	0.005 84	0.010 44
左江	0.903 22	0.946 02	0.005 41	0.009 65
郁江	0.784 00	0.945 04	0.005 50	0.010 41
总体	0.830 32	0.948 01	0.005 52	0.010 12

(二)遗传结构

1. 遗传变异

通过 AMOVA 分析(表 7-36)可知：鲮群体间的变异百分率分别为 0.68%(*Cyt b*)和 0.51%(D-loop)，F_{ST} 分别为 0.0068(*Cyt b*)和 0.0051(D-loop)，说明群体间遗传分化极小(F_{ST}<0.05)。鲮群体的遗传变异绝大部分来自于其群体内，变异百分率分别为 99.49%(D-loop)和 99.328%(*Cyt b*)。

表 7-36　鲮群体遗传变异分析

	变异来源	平方和	方差组分	变异百分率/%	F_{ST}	P
	群体间	4.989	0.020 17	0.68	0.006 8	0.000 0
Cyt b	群体内	215.144	2.988 12	99.328		
	总计	220.133	3.008 29			
	群体间	8.061	0.018 34	0.51	0.005 1	0.000 0
D-loop	群体内	257.859	3.581 38	99.49		
	总计	265.920	3.599 72			

2. 遗传分化

通过成对遗传分化分析(表 7-37)可知：各个群体间的遗传分化均极小(F_{ST}<0.05)，说明左江、右江、郁江 3 个鲮群体间遗传相似度高。

表 7-37　鲮群体间遗传分化

	群体	右江	左江	郁江
	右江			
Cyt b	左江	0.000 41		
	郁江	0.030 23	0.004 34	
	右江			
D-loop	左江	0.009 00		
	郁江	0.011 05	0.013 68	

十三、鳙 *Aristichthys nobilis*

采集江段：桂江、郁江、右江。

(一)遗传多样性

通过线粒体 D-loop 序列和 *Cyt b* 基因的分析(表 7-38)可知：鳙整体呈现高单倍型多样性($h>0.5$)和高核苷酸多样性($\pi>0.005$)，表明鳙在广西整体的遗传多样性水平高；比较 3 个江段各群体，右江群体也呈现高单倍型多样性和高核苷酸多样性，表明右江群体遗传多样性丰富，有稳定的遗传群体，对环境变化适应能力强；鳙的郁江群体则呈现高单倍型多样性和低核苷酸多样性，遗传多样性水平偏低。

表 7-38　鳙群体遗传多样性

群体	单倍型多样性(h)		核苷酸多样性(π)	
	Cyt b	D-loop	*Cyt b*	D-loop
右江	0.778 00	0.868 02	0.013 19	0.021 58
桂江	0.893 01	0.893 00	0.002 01	0.006 09
郁江	0.536 12	0.892 04	0.000 48	0.003 24
总体	0.778 24	0.8850 3	0.007 87	0.017 45

(二)遗传变异

通过 AMOVA 分析(表 7-39)可知：3 个鳙群体 F_{ST} 分别为 0.0103 (D-loop)和 0.0077 (*Cyt b*)，说明群体间遗传变异极小($F_{ST}<0.05$)。鳙群体的遗传变异大部分来自于其群体内，变异百分率分别为 98.97% (D-loop)和 99.23% (*Cyt b*)。

表 7-39　鳙群体遗传变异分析

	变异来源	平方和	方差组分	变异百分率/%	F_{ST}	P
	群体间	9.978	0.041 91	0.77	0.007 7	0.000 0
Cyt b	群体内	213.260	5.468 20	99.23		
	总计	223.238	5.510 11			
	群体间	8.810	0.050 71	1.03	0.010 3	0.000 0
D-loop	群体内	194.404	4.984 71	98.97		
	总计	203.214	5.035 42			

十四、粗唇鲮 *Cirrhinus molitorella*

采集江段：左江、右江、郁江。

(一)遗传多样性

通过线粒体 D-loop 序列和 *Cyt b* 基因的分析(表 7-40)可知：粗唇鲮整体呈现低单倍

型多样性($h<0.5$)和低核苷酸多样性($\pi<0.005$)；3 个江段各群体也呈现同样状态。这表明粗唇鮊在广西整体及各个江段的遗传多样性极低，遗传群体不稳定。

表 7-40　粗唇鮊群体遗传多样性

群体	单倍型多样性(h)		核苷酸多样性(π)	
	$Cyt\ b$	D-loop	$Cyt\ b$	D-loop
左江	0.499 03	0.563 02	0.000 50	0.000 71
右江	0.421 12	0.131 04	0.000 41	0.000 19
郁江	0.370 14	0.253 03	0.000 35	0.001 87
总体	0.390 20	0.456 00	0.000 37	0.001 83

（二）遗传变异

通过 AMOVA 分析（表 7-41）可知：3 个粗唇鮊群体的总体 F_{ST} 分别为 0.0250（D-loop）和 0.0306（$Cyt\ b$），说明群体间的遗传变异极低（$F_{ST}<0.05$）。群体内变异百分率分别为 97.50%（D-loop）和 96.94%（$Cyt\ b$），说明粗唇鮊群体的遗传变异绝大部分来自于其群体内部。

表 7-41　粗唇鮊群体遗传变异分析

	变异来源	平方和	方差组分	变异百分率/%	F_{ST}	P
	群体间	0.045	0.006 00	3.06	0.030 6	0.000 0
$Cyt\ b$	群体内	17.584	0.202 11	96.94		
	总计	17.629	0.208 11			
	群体间	0.849	0.006 16	2.50	0.025 0	0.000 0
D-loop	群体内	20.857	0.239 73	97.50		
	总计	21.706	0.245 89			

综合各项数据，在广西境内，南方拟鳌、鳌、大眼华鳊、大刺鳅、卷口鱼、海南鲌、鲇、鲤、鲫等在各江段群体间存在中等至极大的遗传分化，这些鱼类总体遗传多样性水平高，具有强的环境适应能力；而草鱼、鲮、鳙、粗唇鮊等鱼类各江段群体间仅存在极小的遗传分化，特别是粗唇鮊群体的遗传多样性水平极低，遗传群体不稳定。

参 考 文 献

曹文宣. 2005. 中国的淡水鱼类与资源保护问题. 淡水渔业, (z1): 172.

陈庆伟, 刘兰芬, 刘昌明. 2007. 筑坝对河流生态系统的影响及水库生态调度研究. 北京师范大学学报 (自然科学版), 43(5): 578-582.

陈宜瑜. 1998. 中国动物志 硬骨鱼纲鲤形目(中卷). 北京: 科学出版社.

丁庆秋, 彭建华, 杨志, 等. 2015. 三峡水库高、低水位下汉丰湖鱼类资源变化特征. 水生态学杂志, 36(3): 01-09.

段中华. 1994. 网湖鲫鱼的生长与资源评估. 湖泊科学, 6(3): 257-266.

费鸿年, 何宝全. 1983. 广东大陆架鱼类生态学参数和生活史类型//淡水渔业研究中心. 水产科技论文集: 第二集. 北京: 农业出版社: 6-16.

费鸿年, 张诗全. 1990. 水产资源学. 北京: 中国科学技术出版社.

广西壮族自治区水产研究所. 1984. 广西壮族自治区内陆水域渔业自然资源调查研究报告. 南宁: 广西 壮族自治区水产研究所.

广西壮族自治区水产研究所. 2006. 广西淡水鱼类志. 2版. 南宁: 广西人民出版社.

广西壮族自治区水利厅. 2014. 广西水资源公报[EB/OL]. http://www.gxwater.gov.cn/zwgk/jbgb/szygb/ 201509/t20150915_29996.html[2018-2-6].

郭丽丽, 严云志, 席贻龙. 2009. 长江芜湖段赤眼鳟的年龄与生长. 水生生物学报, 33(1): 130-135.

何宝全, 李辉权. 1988. 珠江河口棘头梅童鱼的资源评估. 水产学报, 2: 125-134.

蒋志刚. 1997. 保护生物学. 杭州: 浙江科学技术出版社.

乐佩琦. 2000. 中国动物志 硬骨鱼纲 鲤形目(下). 北京: 科学出版社.

李宝林, 王玉亭. 1995. 达赉湖的餐条鱼生物学. 水产学杂志, 2: 47-49.

李强, 赵俊, 钟良明, 等. 2009. 北江餐(*Hemiculter leucisculus*)生长研究. 广州大学学报(自然科学版), 8(04): 38-41.

李圣法. 2005. 东海大陆架鱼类群落生态学研究——空间格局及其多样性. 上海: 华东师范大学博士毕 业论文.

李增崇, 罗绍鹏. 2001. 左江渔业资源的调查与建议. 广西水产科技, 3: 8-12.

刘建康, 曹文宣. 1992. 长江流域的鱼类资源及其保护对策. 长江流域资源与环境, (01): 17-23.

陆炳群. 2013. 广西壮族自治区第一次水利普查公报. 广西水利水电, 3: 92-94.

陆奎贤. 1990. 珠江水系渔业资源. 广州: 广东科技出版社.

皮洛 E C. 1991. 数学生态学. 2版. 卢泽愚译. 北京: 科学出版社.

茹辉军, 王海军, 赵伟华, 等. 2010. 黄河干流鱼类群落特征及其历史变化. 生物多样性, 18(2): 169-174.

覃永义, 韦慕兰, 唐秀剑, 等. 2014. 桂江鱼类资源调查研究. 现代农业科技, 5: 279-280.

肖调义, 章怀云, 王晓清, 等. 2003. 洞庭湖黄颡鱼生物学特性. 动物学杂志, 38(5): 83-88.

谢平. 2017. 三峡工程对两湖的生态影响. 长江流域资源与环境, 26(10): 1607-1618.

杨彩根, 宋学宏, 王志林, 等. 2003. 澄湖黄颡鱼生物学特性及其资源增殖保护技术初探. 水生态学杂志, 23(5): 27-28.

叶昌臣, 王有君. 1964. 辽东湾小黄鱼生长的研究 II 生长的比较研究. 辽宁省海洋水产研究所调查研究报告, 20: 1-6.

叶昌臣. 1978. 剩余产量模式的简单介绍. 水产科技情报, 6: 7-10.

易雨君, 王兆印. 2009. 大坝对长江水域洄游鱼类的影响. 水利水电技术, 40(1): 29-33.

殷名称. 1993. 鱼类生态学. 北京: 中国农业出版社.

尤炳赞. 1986. 珠江水系渔业资源调查通过评审验收. 中国水产, (6): 27.

詹秉义. 1995. 渔业资源评估. 北京: 中国农业出版社.

张衡, 陆健健. 2007. 鱼类分类多样性估算方法在长江河口区的应用. 华东师范大学学报(自然科学版), (2): 11-22.

张家波, 樊启学, 王卫民. 1998. 老江河鲤鱼种群动态研究. 华中农业大学学报, 4: 395-400.

郑慈英. 1989. 珠江鱼类志. 北京: 科学出版社.

周辉明, 刘引兰, 李飞. 2011. 广西右江鱼类资源研究. 江西水产科技, 3: 22-25.

周解. 2006. 珠江渔业管理中渔业生态环境保护的突出问题——来自珠江中上游广西的报告. 广西水产科技, 1: 31-35.

朱书礼, 李新辉, 李跃飞, 等. 2013. 西江广东肇庆段赤眼鳟的年龄鉴定及生长研究. 南方水产科学, 9(2): 27-31.

Araújo F G, Azevedo M C C D. 2001. Assemblages of Southeast-South Brazilian Coastal Systems Based on the Distribution of Fishes. Estuarine Coastal and Shelf Science, 52(6): 729-738.

Arroyo-Rodríguez V, Rös M, Escobar F, et al. 2013. Plant β-diversity in fragmented rain forests: testing floristic homogenization and differentiation hypotheses. Journal of Ecology, 101: 1449-1458.

Arthington A H, Blühdorn D R. 1994. Distribution, genetics, ecology and status of the introduced cichlid, *Oreochromis mossambicus*, in Australia. SIL Communications, 1953-1996, 24(1): 53-62.

Benke A C. 1990. A Perspective on America's Vanishing Streams. Journal of the North American Benthological Society, 9(1): 77-88.

Bernard D R. 1981. Multivariate analysis as a means of comparing growth in fish. Canadian Journal of Fisheries & Aquatic Sciences, 38(38): 233-236.

Beverton R J H, Holt S J. 1957. On the dynamics of exploited fish populations. Fish Invest, London, 19(2): 1-533.

Braak C J F T, Smilauer P. 2002. CANOCO Reference Manual and CanoDraw for Windows User's Guide: Software for Canonical Community Ordination (version 4.5). Ithaca NY USA: www.canoco.com.

Bunn S E, Arthington A H. 2002. Basic principles and ecological consequences of altered flow regimes for aquatic biodiversity. Environmental Management, 30(4): 492-507.

Chapin F S, Zavaleta E S, Eviner V T, et al. 2000. Consequences of changing biodiversity. Nature, 405: 234-242.

Clarke K R, Warwick R M. 2001. Afurther biodiversity index applicable to species lists: variation in taxonomic distinctness. Mar Ecol Progr Ser, 216: 265-278.

Da Silva M I A O L. 1988. The Portuguese in the Amazon Valley, 1872-1920(Brazil). Interdisciplinary Journal of Portuguese Diaspora Studies.

Dudgeon D. 1992. Endangered ecosystems: a review of the conservation status of tropical Asian rivers. Hydrobiologia, 248: 167-191.

Dynesius M, Nilsson C. 1994. Fragmentation and flow regu-lation of river systems in the northern third of the world. Science, 266: 753-762.

Gayanilo F C Jr, Sparre P, Pauly D. 2005. FAO-ICLARM Stock Assessment Tools II (User's Guide). Rome: World Center, FAO.

Goudswaard P C, Witte F, Chapman L J. 2002. Decline of the African lungfish (*Protopterus aethiopicus*) in Lake Victoria (East Africa). Afr J Ecol, 40: 42-52.

Gozlan R E, Britton J R, Cowx I, et al. 2010. Current knowledge on non-native freshwater fish introductions. Journal of Fish Biology, 76(4): 751-786.

Grant W S, Bowen B W. 1998. Shallow population histories in deep evolutionary lineages of marine fishes: insights for sardines and anchovies and lessons for conservation. Journal of Heredity, 89: 415-426.

Gulland J A. 1983. Fish Stock Assessment. A Manual of Basic Methods. NewYork: John Wiley & Sons.

Guo Z Q, Liu J S, Lek S. 2012. Habitat segregation between two congeneric and introduced goby species. Fundam Appl Limnol, 181: 241-251.

Hilborn R, Mangel M. 1997. The ecological detective: confronting models with data. New Jersey, Princeton: Princetion University Press.

Hilborn R, Walters C J. 1992. Role of Stock Assessment in Fisheries Management. Boston: Springer US.

Jackson R B, Running S W. 2001. Water in a changing world. Ecological Applications, 11: 1027-1045.

Kanehl P D, Lyons J, Nelson J E. 1997. Changes in the Habitat and Fish Community of the Milwaukee River, Wisconsin, Following Removal of the Woolen Mills Dam. North American Journal of Fisheries Management, 17(2): 387-400.

Koehn J D. 2004. Carp (*Cyprinus carpio*) as a powerful invader in Australian waterways. Freshw Biol, 49: 882-894.

Laffaille P, Feunteun E, Lefeuvre J C. 2000. Composition of Fish Communities in a European Macrotidal Salt Marsh (the Mont Saint-Michel Bay, France). Estuarine Coastal & Shelf Science, 51(4): 429-438.

March J G, Benstead J P, Pringle C M, et al. 2003. Damming tropical island streams: problems, solutions, and alternatives. Bioscience, 53(11): 1069-1078.

Marchetti M P, Lockwood J L, Light T. 2006. Effects of ur-banization on California's fish diversity: differentiation, homogenization and the influence of spatial scale. Biologi-cal Conservation, 127: 310-318.

Margalef R. 1958. Information theory in ecology. General System, (3): 36-71.

Martin C W, Valentine M M, Valentine J F. 2010. Competitive interactions between invasive Nile tilapia and native fish: the potential for altered trophic exchange and modification of food webs. PLoS ONE, 5: e14395.

Nei M. 1987. Molecular Evolutionary Genetics. New York: Columbia University Press.

Nicholson M D, Jennings S. 2004. Testing candidate indicators to support ecosystem–based management: the power of monitoring surveys to detect temporal trends in fish community metrics. ICES J MAR SCI, 61: 35-42.

Öhman J. 2006. Pluralism and criticism in environmental education and education for sustainable development: a practical understanding. Environmental Education Research, 12(2): 149-163.

Olden J D. 2006. Biotic homogenization: a new research agenda for conservation biogeography. Journal of Biogeography, 33(12): 2027-2039.

Pauly D, David N. 1981. ELEFAN I. a basic program for the objective extraction of growth parameters from length-frequency data. Meeresforschung, 28(4): 205-211.

Pauly D. 1980. On the interrelationships between natural mortality, growth parameters, and mean environmental temperature in 175 fish stocks. Ices Journal of Marine Science, 39(2): 175-192.

Pauly D. 1986. Some practical extensions to Beverton and Holt's relative yield-per-recruit model. The First Asian Fisheries Forum. Manila: Asian Fisheries Society: 491-496.

Pauly D. 1990. Length-converted catch curves and the seasonal growth of fishes. Fishbyte, 8: 33-38.

Pielou E C. 1975. Ecological Diversity. New York: John Wiley and Sons: 1-165.

Power M E, Dietrich W E, Finlay J C. 1996. Dams and downstream aquatic biodiversity: potential food web consequences of hydrologic and geomorphic change. Environmental Management, 20(6): 887-895.

Power M E, Stout R J, Cushing C E, et al. 1988. Biotic and abiotic controls in river and stream communities. Journal of the North American Benthological Society, 7(4): 456-479.

Rahel F J. 2003. Homogenization of freshwater faunas. Annual Review of Ecology & Systematics, 33(4): 291-315.

Ricker W E. 1973. Linear regressions in fishery research. Journal of the Fisheries Research Board of Canada, 30(3): 409-434.

Romero J M, Aguilar-palomino B, Lucano-kam G, et al. 1998. Demersal fish assemblages of the continental shelf of Colima and Jalisco. Ciencias Marinas, 24(1): 35-54.

Salazar J G. 2000. Damming the Child of the Ocean: the Three Gorges Project. Journal of Environment & Development, 9: 160-174.

Santucci V J, Stephen R G, Stephen M P. 2005. Effects of Multiple Low-Head Dams on Fish, Macroinvertebrates, Habitat, and Water Quality in the Fox River, Illinois. North American Journal of Fisheries Management, 25(3): 975-992.

Scherrer B. 1984. Biostatistique. Montreal: Morin.

Schmolcke U, Ritchie K. 2010. A new method in palaeoecology: fish community structure indicates environmental changes. International Journal of Earth Sciences, 99(8): 1763-1772.

Shaklee J B, Tamaru C S, Waples R S. 1982. Speciation and evolution of marine fishes studied by the electrophoretic analysis of proteins. Pacific Science, 36: 141-157.

Shannon C E, Weaver W. 1949. The Mathematical Theory of Communication. Illinois: University of Illinois.

Simpson E H. 1949. Measurement of diversity. Nature, 163: 688.

Swain D P, Sinclair A F. 2000. Pelagic fishes and the COD recruitment dilemma in the Northwest Atlantic. Canadian Journal of Fisheries & Aquatic Sciences, 57(57): 1321-1325.

Tajima F. 1983. Evolutionary relationship of DNA sequences in finite populations. Genetics, 105: 437-460.

Travnichek V H, Zale A V, Fisher W L. 1993. Entrainment of ichthyoplankton by a warm water hydroelectric facility. Transactions of the American Fisheries Society, 122 (5): 709-716.

von Bertalanffy L. 1938. A quantitative theory of organic growth (Inquiries on growth laws. II). Hum Biology, 10: 181-213.

Warwick R M. 1986. A new method for detecting pollution effects on marine macrobenthic communities. Mar Biol Marine Biology, 92 (4): 557-562.

Welcomme R L. 1985. River fisheries. FAO Fisheries Technical Paper, 262: 1-318.

Wright S. 1965. The interpretation of population structure by *F*-statistics with special regard to systems of mating. Evolution, 19 (3): 395-420.

Yang J X. 1996. The exotic and native fishes in Yunnan: the study of impact ways and degrees and other related problems. Biodiversity Conservation for China (Part two). Beijing: China Environmental Science Press: 129.

附 录

附录1 珠江流域广西主要江河鱼类名录（2013～2015年）

目	科	属	种	拉丁名	桂江	郁江	右江	左江	红水河	柳江	贺江
鲱形目	鳀科	鲚属	七丝鲚	*Coilia grayii*		+					
鳗鲡目	鳗鲡科	鳗鲡属	花鳗鲡	*Anguilla marmorata*					+	+	
			日本鳗鲡	*Anguilla japonica*	+	+			+	+	+
鲑形目	银鱼科	白肌银鱼属	白肌银鱼	*Leucosoma chinensis*	+			+			+
		新银鱼属	太湖新银鱼	*Neosalanx taihuensis*				+	+	+	
脂鲤目	脂鲤科	巨脂鲤属	短盖巨脂鲤	*Piaractus brachypomus*					+	+	
	鲮脂鲤科	鲮脂鲤属	条纹鲮脂鲤	*Prochilodus lineatus*				+	+		
鲤形目	鳅科	小条鳅属	美丽小条鳅	*Traccatichthys pulcher*	+			+	+	+	+
		间条鳅属	郑氏间条鳅	*Heminoemacheilus zhengbaoshani*					+		
		云南鳅属	丽纹云南鳅	*Yunnanilus pulcherrimus*					+		
		南鳅属	无斑南鳅	*Schistura incerta*			+				
			横纹南鳅	*Schistura fasciolata*	+		+	+	+	+	
		沙鳅属	壮体沙鳅	*Sinibotia robusta*	+	+	+	+	+	+	
			美丽沙鳅	*Sinibotia pulchra*	+	+	+	+	+	+	
		副沙鳅属	花斑副沙鳅	*Parabotia fasciata*			+	+	+	+	+
		薄鳅属	大斑薄鳅	*Leptobotia pellegrini*					+	+	
			斑纹薄鳅	*Leptobotia zebra*	+		+				
		花鳅属	中华花鳅	*Cobitis sinensis*	+		+	+	+	+	
			沙花鳅	*Cobitis arenae*			+				
		泥鳅属	泥鳅	*Misgurnus anguillicaudatus*	+	+	+	+	+	+	+
		副泥鳅属	大鳞副泥鳅	*Paramisgurnus dabryanus*					+		
	鲤科	波鱼属	南方波鱼	*Rasbora steineri*					+		
		鱲属	宽鳍鱲	*Zacco platypus*	+		+	+	+	+	+
		马口鱼属	马口鱼	*Opsariichthys bidens*	+	+	+	+	+	+	
		瑶山鲤属	瑶山鲤	*Yaoshanicus arcus*						+	
		青鱼属	青鱼	*Mylopharyngodon piceus*	+	+	+	+	+	+	
		草鱼属	草鱼	*Ctenopharyngodon idellus*	+	+	+	+	+	+	+
		鳡属	鳡	*Ochetobius elongatus*					+	+	
		鳤属	鳤	*Elopichthys bambusa*					+	+	

续表

目	科	属	种	拉丁名	桂江	郁江	右江	左江	红水河	柳江	贺江
		丁鱥属	丁鱥	*Tinca tinca*					+		
		赤眼鳟属	赤眼鳟	*Squaliobarbus curriculus*		+	+	+	+	+	
		原鲌属	红鳍原鲌	*Cultrichthys erythropterus*		+	+	+	+	+	+
		飘鱼属	飘鱼	*Pseudolaubuca sinensis*		+	+	+	+	+	
			寡鳞飘鱼	*Pseudolaubuca engraulis*			+			+	
		鳊属	鳊	*Parabramis pekinensis*	+	+	+		+		
		似鲚属	海南似鲚	*Toxabramis houdemeri*	+	+	+	+	+		
		鲞属	鲞	*Hemiculter leucisculus*	+	+	+	+	+	+	+
		细鳊属	细鳊	*Rasborinus lineatus*					+		
			台细鳊	*Rasborinus formosae*			+				
		拟鲞属	南方拟鲞	*Pseudohemiculter dispar*	+	+	+	+	+	+	+
			海南拟鲞	*Pseudohemiculter hainanensis*	+					+	
		鲂属	三角鲂	*Megalobrama terminalis*					+	+	
			团头鲂	*Megalobrama amblycephala*						+	+
		鲌属	翘嘴鲌	*Culter alburnus*	+	+	+	+	+		
			海南鲌	*Culter recurviceps*	+	+	+	+	+	+	+
			蒙古鲌	*Culter mongolicus mongolicus*					+	+	+
		华鳊属	大眼华鳊	*Sinibrama macrops*	+	+	+			+	
			海南华鳊	*Sinibrama melrosei*	+		+			+	
		近红鲌属	大眼近红鲌	*Ancherythroculter lini*			+	+	+	+	
		圆吻鲴属	圆吻鲴	*Distoechodon tumirostris*	+	+		+	+	+	
		鲴属	银鲴	*Xenocypris argentea*	+	+	+	+	+	+	
			黄尾鲴	*Xenocypris davidi*					+	+	
			细鳞鲴	*Xenocypris microlepis*					+	+	+
		鳙属	鳙	*Aristichthys nobilis*	+	+	+	+	+	+	+
		鲢属	鲢	*Hypophthalmichthys molitrix*	+	+	+	+	+	+	+
		鲭属	唇鲭	*Hemibarbus labeo*	+	+	+	+			+
			间鲭	*Hemibarbus medius*	+	+	+	+	+	+	
			花鲭	*Hemibarbus maculatus*	+	+	+	+	+	+	
		麦穗鱼属	麦穗鱼	*Pseudorasbora parva*	+	+	+	+	+	+	+
		鳈属	小鳈	*Sarcocheilichthys parvus*	+						
			江西鳈	*Sarcocheilichthys kiangsiensis*	+						+
			黑鳍鳈	*Sarcocheilichthys nigripinnis*	+			+		+	
		银鮈属	银鮈	*Squalidus argentatus*	+	+	+	+	+	+	+

目	科	属	种	拉丁名	桂江	郁江	右江	左江	红水河	柳江	贺江
			点纹银鮈	*Squalidus wolterstorffi*	+		+	+	+	+	
			暗斑银鮈	*Squalidus atromaculatus*	+						
		棒花鱼属	棒花鱼	*Abbottina rivularis*	+	+	+	+	+	+	+
		吻鮈属	吻鮈	*Rhinogobio typus*							+
		小鳔鮈属	福建小鳔鮈	*Microphysogobio fukiensis*						+	+
		似鮈属	似鮈	*Pseudogobio vaillanti*							+
			桂林似鮈	*Pseudogobio guilinensis*	+						
		蛇鮈属	蛇鮈	*Saurogobio dabryi*	+	+	+	+	+	+	
		鳅鮀属	南方鳅鮀	*Gobiobotia meridionalis*			+		+		+
			海南鳅鮀	*Gobiobotia kolleri*			+				
		鱊属	大鳍鱊	*Acheilognathus macropterus*					+		
			短须鱊	*Acheilognathus barbatulus*		+				+	
			越南鱊	*Acheilognathus tonkinensis*	+		+	+			+
		副鱊属	广西副鱊	*Paracheilognathus meridianus*	+	+	+	+			
		鳑鲏属	高体鳑鲏	*Rhodeus ocellatus*	+	+	+	+	+	+	+
			彩石鳑鲏	*Rhodeus lighti*					+		
			中华鳑鲏	*Rhodeus sinensis*							+
		小鲃属	条纹小鲃	*Puntius semifasciolatus*	+		+	+	+		+
		倒刺鲃属	光倒刺鲃	*Spinibarbus hollandi*	+		+	+	+	+	
			倒刺鲃	*Spinibarbus denticulatus denticulatus*	+	+		+		+	
		光唇鱼属	侧条光唇鱼	*Acrossocheilus parallens*	+					+	+
			带半刺光唇鱼	*Acrossocheilus hemispinus cinctus*	+		+				
			细身光唇鱼	*Acrossocheilus elongatus*	+		+			+	
			多耙光唇鱼	*Acrossocheilus clivosius*					+		
			长鳍光唇鱼	*Acrossocheilus longipinnis*					+		
		白甲鱼属	白甲鱼	*Onychostoma simum*		+					
			南方白甲鱼	*Onychostoma gerlachi*			+	+	+	+	
		结鱼属	瓣结鱼	*Folifer brevifilis*					+		
		华鲮属	桂华鲮	*Sinilabeo decorus*						+	
		野鲮属	露斯塔野鲮	*Labeo rohita*		+	+	+	+		+
		鲮属	鲮	*Cirrhinus molitorella*		+	+	+	+		+
			麦瑞加拉鲮	*Cirrhinus mrigala*		+	+	+			
		纹唇鱼属	纹唇鱼	*Osteochilus salsburyi*		+	+	+	+	+	+

续表

目	科	属	种	拉丁名	桂江	郁江	右江	左江	红水河	柳江	贺江
		直口鲮属	直口鲮	*Rectoris posehensis*			+	+	+	+	
		拟缨鱼属	巴马拟缨鱼	*Pseudocrossocheilus bamaensis*					+		
			柳城拟缨鱼	*Pseudocrossocheilus liuchengensis*						+	
		异华鲮属	异华鲮	*Parasinilabeo assimilis*	+						+
		唇鲮属	唇鲮	*Semilabeo notabilis*					+		
		卷口鱼属	卷口鱼	*Ptychidio jordani*		+	+	+	+		
			大眼卷口鱼	*Ptychidio macrops*				+			
		黑头鱼属	东方墨头鱼	*Garra orientalis*			+	+	+	+	
		盘鮈属	四须盘鮈	*Discogobio tetrabarbatus*	+	+	+	+			
		盘口鲮属	伍氏盘口鲮	*Discocheilus wui*					+	+	
		原鲤属	乌原鲤	*Procypris merus*					+		
		鲤属	三角鲤	*Cyprinus multitaeniata*				+	+		
			龙州鲤	*Cyprinus longzhouensis*				+			
			鲤	*Cyprinus carpio*	+	+	+	+	+	+	+
		鲫属	鲫	*Carassius auratus*	+	+	+	+	+	+	+
	平鳍鳅科	原缨口鳅属	平舟原缨口鳅	*Vanmanenia pingchowensis*	+				+		
		爬岩鳅属	贵州爬岩鳅	*Beaufortia kweichowensis kweichowensis*				+		+	
		华平鳅属	广西华平鳅	*Sinohomaloptera kwangsiensis*	+					+	+
		华吸鳅属	伍氏华吸鳅	*Sinogastromyzon wui*						+	
鲇形目	鲇科	鲇属	西江鲇	*Silurus gilberti*	+						
			越南鲇	*Silurus cochinchinensis*	+				+		
			鲇	*Silurus asotus*	+	+	+	+	+	+	+
			都安鲇	*Silurus duanensis*					+		
	胡子鲇科	胡子鲇属	胡子鲇	*Clarias fuscus*	+	+	+	+	+	+	+
			革胡子鲇	*Clarias gariepinus*	+	+	+	+	+	+	
	长臀鮠科	长臀鮠属	长臀鮠	*Cranoglanis bouderius*	+	+				+	
	鲿科	黄颡鱼属	黄颡鱼	*Pelteobagrus fulvidraco*	+	+				+	+
			中间黄颡鱼	*Pelteobagrus intermedius*							+
			瓦氏黄颡鱼	*Pelteobagrus vachelli*	+	+	+	+	+		
		鮠属	粗唇鮠	*Leiocassis crassilabris*	+	+			+	+	
			纵带鮠	*Leiocassis argentivittatus*					+		
		拟鲿属	越南拟鲿	*Pseudobagrus kyphus*						+	

目	科	属	种	拉丁名	桂江	郁江	右江	左江	红水河	柳江	贺江
			细体拟鲿	*Pseudobagrus pratti*	+						
			白边拟鲿	*Pseudobagrus albomarginatus*					+		
		鲿属	斑鲿	*Mystus guttatus*	+	+	+	+	+	+	+
			大鳍鲿	*Mystus macropterus*	+		+			+	
	鮡科	纹胸鮡属	福建纹胸鮡	*Glyptothorax fukiensis fukiensis*	+		+		+	+	+
		鮡属	长尾鮡	*Pareuchiloglanis longicauda*					+		
	钝头鮠科	修仁鮠属	巨修仁鮠	*Xiurenbagrus gigas*					+		
	鮰科	鮰属	斑点叉尾鮰	*Ictalurus punctatus*	+	+	+	+			+
	甲鲇科	翼甲鲇属	多条鳍吸口鲇	*Pterygoplichthys multiradiatus*		+					
合鳃鱼目	合鳃鱼科	黄鳝属	黄鳝	*Monopterus albus*	+	+	+	+	+	+	+
	刺鳅科	刺鳅属	刺鳅	*Mastacembelus aculeatus*	+	+	+	+			
			大刺鳅	*Mastacembelus armatus*	+	+	+	+	+	+	+
鲈形目	鮨科	少鳞鳜属	中国少鳞鳜	*Coreoperca whiteheadi*	+		+	+		+	
		鳜属	柳州鳜	*Siniperca liuzhouensis*	+					+	
			波纹鳜	*Siniperca undulata*	+						
			斑鳜	*Siniperca scherzeri*	+	+	+	+	+	+	+
			大眼鳜	*Siniperca kneri*	+	+	+	+	+	+	+
			鳜	*Siniperca chuatsi*					+		
	丽鱼科	岁非鱼属	莫桑比克罗非鱼	*Oreochromis mossambicus*	+	+	+	+		+	+
			尼罗罗非鱼	*Oreochromis niloticus*	+	+	+	+	+	+	+
	塘鳢科	塘鳢属	黑体塘鳢	*Eleotris melanosoma*					+		
		细齿塘鳢属	海南细齿塘鳢	*Philypnus chalmersi*					+		
	沙塘鳢科	沙塘鳢属	中华沙塘鳢	*Odontobutis sinensis*	+						
		小黄黝鱼属	侧扁小黄黝鱼	*Micropercops compressocephalus*						+	
	虾虎鱼科	吻虾虎鱼属	子陵吻虾虎鱼	*Rhinogobius giurinus*	+	+	+	+	+	+	+
	斗鱼科	斗鱼属	叉尾斗鱼	*Macropodus opercularis*	+			+	+	+	+
	鳢科	鳢属	斑鳢	*Channa maculata*	+	+	+	+	+		
			乌鳢	*Channa argus*					+		
			月鳢	*Channa asiatica*	+	+	+	+	+	+	+
鲀形目	鲀科	东方鲀属	弓斑东方鲀	*Takifugu ocellatus*					+		

附录 2　珠江流域广西主要江河 20 世纪 80 年代和本次调查鱼类种类组成变化

未见物种（46 种）	共有物种（119 种）	新增物种（39 种）
暗色唇鲮 Semilabeoo bscurus	白肌银鱼 Leucosoma chinensis	暗斑银鮈 Squalidus atromaculatus
秉氏爬岩鳅 Beaufortia pingi	白甲鱼 Onychostoma simum	巴马拟缨鱼 Pseudocrossocheilus bamaensis
赤虹 Dasyatis akajei	斑鳜 Siniperca scherzeri	白边拟鲿 Pseudobagrus albomarginatus
大刺鳊 Hemibarbus macracanthus	斑鳠 Mystus guttatus	斑点叉尾鮰 Ictalurus punctatus
单纹似鳡 Luciocyprinus langsoni	斑鳢 Channa maculata	彩石鳑鲏 Rhodeus lighti
点面副沙鳅 Parabotia maculosa	斑纹薄鳅 Leptobotia zebra	侧扁小黄黝鱼 Micropercops compressocephalus
桂林薄鳅 Leptobotia guilinens	瓣结鱼 Folifer brevifilis	大鳞副泥鳅 Paramisgurnus dabryanus
桂林金线鲃 Sinocyclocheilus guilinensis	棒花鱼 Abbottina rivularis	大鳍鱊 Acheilognathus macropterus
桂林鳅鲉 Gobiobotia guilinensis	鳊 Parabramis pekinensis	丁鱥 Tinca tinca
花棘鳊 Hemibarbus umbrifer	波纹鳜 Siniperca undulata	都安鲇 Silurus duanensis
华鳈 Sarcocheilichthys sinensis sinensis	鳘 Hemiculter leucisculus	短盖巨脂鲤 Piaractus brachypomus
颊鳞异条鳅 Paranemacheilus genilepis	草鱼 Ctenopharyngodon idellus	多耙光唇鱼 Acrossocheilus clivosius
建德小鳔鮈 Microphysogobio tafangensis	侧条光唇鱼 Acrossocheilus parallens	多条鳍吸口鲇 Pterygoplichthys multiradiatus
乐山小鳔鮈 Microphysogobio kiatingensis	叉尾斗鱼 Macropodus opercularis	革胡子鲇 Clarias gariepinus
漓江副沙鳅 Parabotia lijiangensis	赤眼鳟 Squaliobarbus curriculus	弓斑东方鲀 Takifugu ocellatus
漓江鳜 Siniperca loona	唇鳊 Hemibarbus labeo	鳜 Siniperca chuatsi
南鳢 Channa gachua	唇鲮 Semilabeo notabilis	黑体塘鳢 Eleotris melanosoma
拟平鳅 Liniparhomaloptera disparis disparis	刺鳅 Mastacembelus aculeatus	花鳗鲡 Anguilla marmorata
拟细鲫 Nicholsicypris normalis	粗唇鮠 Leiocassis crassilabris	间鳊 Hemibarbus medius
片唇鮈 Platysmacheilus exiguus	大斑薄鳅 Leptobotia pellegrini	江西鳈 Sarcocheilichthys kiangsiensis
平头平鳅 Oreonectes platycephalus	大刺鳅 Mastacembelus armatus	巨修仁鮏 Xiurenbagrus gigas
青鳉 Oryzias latipes	大鳍鳠 Mystus macropterus	丽纹云南鳅 Yunnanilus pulcherrimus
清徐胡鮈 Huigobio chinssuensis	大眼鳜 Siniperca kneri	柳城拟缨鱼 Pseudocrossocheilus liuchengensis
食蚊鱼 Gambusia affinis	大眼华鳊 Sinibrama macrops	柳州鳜 Siniperca liuzhouensis
丝鳍吻虾虎鱼 Rhinogobius filamentosus	大眼近红鲌 Ancherythroculter lini	露斯塔野鲮 Labeo rohita
无眼平鳅 Oreonectes anophthalmus	大眼卷口鱼 Ptychidio macrops	麦瑞加拉鲮 Cirrhinus mrigala
伍氏半鳘 Hemiculterella wui	带半刺光唇鱼 Acrossocheilus hemispinus cinctus	莫桑比克罗非鱼 Oreochromis mossambicus
伍氏华鲮 Sinilabeo wui	倒刺鲃 Spinibarbus denticulatus denticulatus	尼罗罗非鱼 Oreochromis niloticus
武昌副沙鳅 Parabotia banarescui	点纹银鮈 Squalidus wolterstorffi	沙花鳅 Cobitis arenae

续表

未见物种 (46 种)	共有物种 (119 种)	新增物种 (39 种)
稀有白甲鱼 Onychostoma rara	东方墨头鱼 Garra orientalis	太湖新银鱼 Neosalanx taihuensis
溪吻虾虎鱼 Rhinogobius duospilus	短须鳕 Acheilognathus barbatulus	条纹鲮脂鲤 Prochilodus lineatus
细尾白甲鱼 Onychostoma leptura	福建纹胸鮡 Glyptothorax fukiensis fukiensis	团头鲂 Megalobrama amblycephala
小口白甲鱼 Onychostoma lini	福建小鳔鮈 Microphysogobio fukiensis	吻鮈 Rhinogobio typus
修仁鉠 Xiurenbagrus xiurenensis	鳡 Elopichthys bambusa	乌鳢 Channa argus
须鲫 Carassioides cantonensis	高体鳑鲏 Rhodeus ocellatus	伍氏盘口鲮 Discocheilus wui
须鱊 Acheilognathus barbatus	寡鳞飘鱼 Pseudolaubuca engraulis	越南拟鲿 Pseudobagrus kyphus
叶结鱼 Tor zonatus	鳤 Ochetobius elongatus	长尾鮡 Pareuchiloglanis longicauda
银似鱎 Toxabramis argentifer	光倒刺鲃 Spinibarbus hollandi	郑氏间条鳅 Heminoemacheilus zhengbaoshani
圆体爬岩鳅 Beaufortia cyclica	广西副鱊 Paracheilognathus meridianus	中华鳑鲏 Rhodeus sinensis
云南光唇鱼 Acrossocheilus yunnanensis	广西华平鳅 Sinohomaloptera kwangsiensis	
黏皮鲻虾虎鱼 Mugilogobius myxodermus	贵州爬岩鳅 Beaufortia kweichowensis kweichowensis	
长体小鳔 Microphysogobio elongatus	桂华鲮 Sinilabeo decorus	
长吻鲬 Hemibarbus longirostris	桂林似鮈 Pseudogobio guilinensis	
中华原吸鳅 Protomyzon sinensis	海南鲌 Culter recurviceps	
珠江卵形白甲鱼 Onychostoma ovalis rhomboides	海南华鳊 Sinibrama melrosei	
鲸 Luciobrama macrocephalus	海南拟餐 Pseudohemiculter hainanensis	
	海南鳅鮀 Gobiobotia kolleri	
	海南似鱎 Toxabramis houdemeri	
	海南细齿塘鳢 Philypnus chalmersi	
	黑鳍鳈 Sarcocheilichthys nigripinnis	
	横纹南鳅 Schistura fasciolata	
	红鳍原鲌 Cultrichthys erythropterus	
	胡子鲇 Clarias fuscus	
	花斑副沙鳅 Parabotia fasciata	
	花鲭 Hemibarbus maculatus	
	黄颡鱼 Pelteobagrus fulvidraco	
	黄鳝 Monopterus albus	
	黄尾鲴 Xenocypris davidi	
	鲫 Carassius auratus	

未见物种(46 种)	共有物种(119 种)	新增物种(39 种)
	卷口鱼 *Ptychidio jordani*	
	宽鳍鱲 *Zacco platypus*	
	鲤 *Cyprinus carpio*	
	鲢 *Hypophthalmichthys molitrix*	
	鲮 *Cirrhinus molitorella*	
	龙州鲤 *Cyprinus longzhouensis*	
	马口鱼 *Opsariichthys bidens*	
	麦穗鱼 *Pseudorasbora parva*	
	美丽沙鳅 *Sinibotia pulchra*	
	美丽小条鳅 *Traccatichthys pulcher*	
	蒙古鲌 *Culter mongolicus mongolicus*	
	南方白甲鱼 *Onychostoma gerlachi*	
	南方波鱼 *Rasbora steineri*	
	南方拟鳘 *Pseudohemiculter dispar*	
	南方鳅鮀 *Gobiobotia meridionalis*	
	泥鳅 *Misgurnus anguillicaudatus*	
	鲇 *Silurus asotus*	
	飘鱼 *Pseudolaubuca sinensis*	
	平舟原缨口鳅 *Vanmanenia pingchowensis*	
	七丝鲚 *Coilia grayii*	
	翘嘴鲌 *Culter alburnus*	
	青鱼 *Mylopharyngodon piceus*	
	日本鳗鲡 *Anguilla japonica*	
	三角鲂 *Megalobrama terminalis*	
	三角鲤 *Cyprinus multitaeniata*	
	蛇鮈 *Saurogobio dabryi*	
	似鮈 *Pseudogobio vaillanti*	
	四须盘鮈 *Discogobio tetrabarbatus*	
	台细鳊 *Rasborinus formosae*	
	条纹小鲃 *Puntius semifasciolatus*	

未见物种(46 种)	共有物种(119 种)	新增物种(39 种)
	瓦氏黄颡鱼 *Pelteobagrus vachelli*	
	纹唇鱼 *Osteochilus salsburyi*	
	乌原鲤 *Procypris merus*	
	无斑南鳅 *Schistura incerta*	
	伍氏华吸鳅 *Sinogastromyzon wui*	
	西江鲇 *Silurus gilberti*	
	细鳊 *Rasborinus lineatus*	
	细鳞鲴 *Xenocypris microlepis*	
	细身光唇鱼 *Acrossocheilus elongatus*	
	细体拟鲿 *Pseudobagrus pratti*	
	小鳈 *Sarcocheilichthys parvus*	
	瑶山鲤 *Yaoshanicus arcus*	
	异华鲮 *Parasinilabeo assimilis*	
	银鲴 *Xenocypris argentea*	
	银鮈 *Squalidus argentatus*	
	鳙 *Aristichthys nobilis*	
	圆吻鲴 *Distoechodon tumirostris*	
	月鳢 *Channa asiatica*	
	越南鲇 *Silurus cochinchinensis*	
	越南鱊 *Acheilognathus tonkinensis*	
	长鳍光唇鱼 *Acrossocheilus longipinnis*	
	长臀鮠 *Cranoglanis bouderius*	
	直口鲮 *Rectoris posehensis*	
	中国少鳞鳜 *Coreoperca whiteheadi*	
	中华花鳅 *Cobitis sinensis*	
	中华沙塘鳢 *Odontobutis sinensis*	
	中间黄颡鱼 *Pelteobagrus intermedius*	
	壮体沙鳅 *Sinibotia robusta*	
	子陵吻虾虎鱼 *Rhinogobius giurinus*	
	纵带鮠 *Leiocassis argentivittatus*	

附录 3 20 世纪 80 年代和本次调查相比部分江河鱼类物种更替名录

江河	未见物种	共有物种	新增物种
桂江	白甲鱼 Onychostoma simum	白肌银鱼 Leucosoma chinensis	暗斑银鮈 Squalidus atromaculatus
	瓣结鱼 Folifer brevifilis	斑鳜 Siniperca scherzeri	斑点叉尾鮰 Ictalurus punctatus
	秉氏爬岩鳅 Beaufortia pingi	斑鱯 Mystus guttatus	棒花鱼 Abbottina rivularis
	赤眼鳟 Squaliobarbus curriculus	斑鳢 Channa maculata	革胡子鲇 Clarias gariepinus
	唇鲮 Semilabeo notabilis	斑纹薄鳅 Leptobotia zebra	广西华平鳅 Sinohomaloptera kwangsiensis
	大斑薄鳅 Leptobotia pellegrini	鳊 Parabramis pekinensis	海南华鳊 Sinibrama melrosei
	大眼近红鲌 Ancherythroculter lini	波纹鳜 Siniperca undulata	间鲌 Hemibarbus medius
	单纹似鳡 Luciocyprinus langsoni	餐 Hemiculter leucisculus	江西鳈 Sarcocheilichthys kiangsiensis
	点面副沙鳅 Parabotia maculosa	草鱼 Ctenopharyngodon idellus	宽鳍鱲 Zacco platypus
	东方墨头鱼 Garra orientalis	侧条光唇鱼 Acrossocheilus parallens	柳州鳜 Siniperca liuzhouensis
	短须鱊 Acheilognathus barbatulus	叉尾斗鱼 Macropodus opercularis	莫桑比克罗非鱼 Oreochromis mossambicus
	福建小鳔鮈 Microphysogobio fukiensis	唇鲭 Hemibarbus labeo	尼罗罗非鱼 Oreochromis niloticus
	鳡 Elopichthys bambusa	刺鳅 Mastacembelus aculeatus	
	鳤 Ochetobius elongatus	粗唇鮠 Leiocassis crassilabris	
	贵州爬岩鳅 Beaufortia kweichowensis kweichowensis	大刺鳅 Mastacembelus armatus	
	桂华鲮 Sinilabeo decorus	大鳍鳠 Mystus macropterus	
	桂林薄鳅 Leptobotia guilinensis	大眼鳜 Siniperca kneri	
	桂林金线鲃 Sinocyclocheilus guilinensis	大眼华鳊 Sinibrama macrops	
	桂林鳅鮀 Gobiobotia guilinensis	带半刺光唇鱼 Acrossocheilus hemispinus cinctus	
	海南鳅鮀 Gobiobotia kolleri	倒刺鲃 Spinibarbus denticulatus denticulatus	
	海南细齿塘鳢 Philypnus chalmersi	点纹银鮈 Squalidus wolterstorffi	
	花斑副沙鳅 Parabotia fasciata	福建纹胸鲱 Glyptothorax fukiensis fukiensis	
	华鳈 Sarcocheilichthys sinensis	高体鳑鲏 Rhodeus ocellatus	
	黄尾鲴 Xenocypris davidi	光倒刺鲃 Spinibarbus hollandi	
	建德小鳔鮈 Microphysogobio tafangensis	广西副鱊 Paracheilognathus meridianus	
	乐山小鳔鮈 Microphysogobio kiatingensis	桂林似鮈 Pseudogobio guilinensis	
	漓江副沙鳅 Parabotia lijiangensis	海南鲌 Culter recurviceps	
	漓江鳜 Siniperca loona	海南拟餐 Pseudohemiculter hainanensis	
	鲮 Cirrhinus molitorella	海南似鳊 Toxabramis houdemeri	

江河	未见物种	共有物种	新增物种
桂江	南方白甲鱼 Onychostoma gerlachi	黑鳍鰁 Sarcocheilichthys nigripinnis	
	南方鳅鮀 Gobiobotia meridionalis	横纹南鳅 Schistura fasciolata	
	拟平鳅 Liniparhomaloptera disparis	胡子鲇 Clarias fuscus	
	片唇鮈 Platysmacheilus exiguus	花鱎 Hemibarbus maculatus	
	飘鱼 Pseudolaubuca sinensis	黄颡鱼 Pelteobagrus fulvidraco	
	平头平鳅 Oreonectes platycephalus	黄鳝 Monopterus albus	
	七丝鲚 Coilia grayii	鲫 Carassius auratus	
	清徐胡鮈 Huigobio chinssuensis	鲤 Cyprinus carpio	
	三角鲂 Megalobrama terminalis	鲢 Hypophthalmichthys molitrix	
	三角鲤 Cyprinus multitaeniata	马口鱼 Opsariichthys bidens	
	食蚊鱼 Gambusia affinis	麦穗鱼 Pseudorasbora parva	
	似鮈 Pseudogobio vaillanti	美丽沙鳅 Sinibotia pulchra	
	丝鳍吻虾虎鱼 Rhinogobius filamentosus	美丽小条鳅 Traccatichthys pulcher	
	纹唇鱼 Osteochilus salsburyi	南方拟䱗 Pseudohemiculter dispar	
	乌原鲤 Procypris merus	泥鳅 Misgurnus anguillicaudatus	
	无斑南鳅 Schistura incerta	鲇 Silurus asotus	
	伍氏半䱗 Hemidulterella wui	平舟原缨口鳅 Vanmanenia pingchowensis	
	伍氏华鲮 Sinilabeo wui	翘嘴鲌 Culter alburnus	
	伍氏华吸鳅 Sinogastromyzon wui	青鱼 Mylopharyngodon piceus	
	武昌副沙鳅 Parabotia banarescui	日本鳗鲡 Anguilla japonica	
	稀有白甲鱼 Onychostoma rarus	蛇鮈 Saurogobio dabryi	
	溪吻虾虎鱼 Rhinogobius duospilus	四须盘鮈 Discogobio tetrabarbatus	
	细鳊 Rasborinus lineatus	条纹小鲃 Puntius semifasciolatus	
	小口白甲鱼 Onychostoma lini	瓦氏黄颡鱼 Pelteobagrus vachelli	
	修仁䱀 Liobagrus xiurenensis	西江鲇 Silurus gilberti	
	须鲫 Carassioides acuminatus	细身光唇鱼 Acrossocheilus elongatus	
	须鱊 Acheilognathus barbatus	细体拟鲿 Pseudobagrus pratti	
	瑶山鲤 Yaoshanicus arcus	小鳈 Sarcocheilichthys parvus	
	叶结鱼 Tor zonatus	异华鲮 Parasinilabeo assimilis	
	云南光唇鱼 Acrossocheilus yunnanensis	银鲴 Xenocypris argentea	
	长鳍光唇鱼 Acrossocheilus longipinnis	银鮈 Squalidus argentatus	
	长体小鳔鮈 Microphysogobio elongatus	鳙 Aristichthys nobilis	
	长吻鱎 Hemibarbus longirostris	圆吻鲴 Distoechodon tumirostris	
	中华原吸鳅 Protomyzon sinensis	月鳢 Channa asiatica	
	中间黄颡鱼 Pelteobagrus intermedius	越南鲇 Silurus cochinchinensis	

续表

江河	未见物种	共有物种	新增物种
桂江	珠江卵形白甲鱼 *Onychostoma rhomboides*	越南鱊 *Acheilognathus tonkinensis*	
	纵带鮠 *Leiocassis argentivittatus*	长臀鮠 *Cranoglanis bouderius*	
		中国少鳞鳜 *Coreoperca whiteheadi*	
		中华花鳅 *Cobitis sinensis*	
		中华沙塘鳢 *Odontobutis sinensis*	
		壮体沙鳅 *Sinibotia robusta*	
		子陵吻虾虎鱼 *Rhinogobius giurinus*	
郁江	白肌银鱼 *Leucosoma chinensis*	斑鱯 *Mystus guttatus*	白甲鱼 *Onychostoma simum*
	叉尾斗鱼 *Macropodus opercularis*	斑鳢 *Channa maculata*	斑点叉尾鮰 *Ictalurus punctatus*
	赤魟 *Dasyatis akajei*	鳊 *Parabramis pekinensis*	斑鳜 *Siniperca scherzeri*
	唇䱻 *Semilabeo notabilis*	鳘 *Hemiculter leucisculus*	棒花鱼 *Abbottina rivularis*
	大鳍鱊 *Hemibarbus macracanthus*	草鱼 *Ctenopharyngodon idellus*	刺鳅 *Mastacembelus aculeatus*
	大眼近红鲌 *Ancherythroculter lini*	赤眼鳟 *Squaliobarbus curriculus*	大眼华鳊 *Sinibrama macrops*
	大眼卷口鱼 *Ptychidio macrops*	唇䱻 *Hemibarbus labeo*	短须鱊 *Acheilognathus barbatulus*
	单纹似鳡 *Luciocyprinus langsoni*	粗唇鮠 *Leiocassis crassilabris*	多条鳍吸口鲇 *Pterygoplichthys multiradiatus*
	鳡 *Elopichthys bambusa*	大刺鳅 *Mastacembelus armatus*	高体鳑鲏 *Rhodeus ocellatus*
	寡鳞飘鱼 *Pseudolaubuca engraulis*	大眼鳜 *Siniperca kneri*	革胡子鲇 *Clarias gariepinus*
	鳤 *Ochetobius elongatus*	倒刺鲃 *Spinibarbus denticulatus denticulatus*	广西副鱊 *Paracheilognathus meridianus*
	光倒刺鲃 *Spinibarbus hollandi*	东方墨头鱼 *Garra orientalis*	间鱊 *Hemibarbus medius*
	桂华鲮 *Sinilabeo decorus*	海南鲌 *Culter recurviceps*	露斯塔野鲮 *Labeo rohita*
	花斑副沙鳅 *Parabotia fasciata*	海南似鳡 *Toxabramis houdemeri*	麦瑞加拉鲮 *Cirrhinus mrigala*
	黄尾鲴 *Xenocypris davidi*	红鳍原鲌 *Cultrichthys erythropterus*	美丽沙鳅 *Sinibotia pulchra*
	宽鳍鱲 *Zacco platypus*	胡子鲇 *Clarias fuscus*	莫桑比克罗非鱼 *Oreochromis mossambicus*
	蒙古鲌 *Culter mongolicus mongolicus*	花䱻 *Hemibarbus maculatus*	南方拟鳘 *Pseudohemiculter dispar*
	南方白甲鱼 *Onychostoma gerlachi*	黄颡鱼 *Pelteobagrus fulvidraco*	尼罗罗非鱼 *Oreochromis niloticus*
	南鳢 *Channa gachua*	黄鳝 *Monopterus albus*	四须盘鮈 *Discogobio tetrabarbatus*
	青鳉 *Oryzias latipes*	鲫 *Carassius auratus*	圆吻鲴 *Distoechodon tumirostris*
	三角鲂 *Megalobrama terminalis*	卷口鱼 *Ptychidio jordani*	壮体沙鳅 *Sinibotia robusta*
	食蚊鱼 *Gambusia affinis*	鲤 *Cyprinus carpio*	
	台细鳊 *Rasborinus formosae*	鲢 *Hypophthalmichthys molitrix*	
	条纹小鲃 *Puntius semifasciolatus*	鲮 *Cirrhinus molitorella*	
	乌原鲤 *Procypris merus*	马口鱼 *Opsariichthys bidens*	
	伍氏半鳘 *Hemidulterella wui*	麦穗鱼 *Pseudorasbora parva*	
	细鳊 *Rasborinus lineatus*	泥鳅 *Misgurnus anguillicaudatus*	

江河	未见物种	共有物种	新增物种
郁江	银似鲚 *Toxabramis argentifer*	鲇 *Silurus asotus*	
	越南鱊 *Acheilognathus tonkinensis*	飘鱼 *Pseudolaubuca sinensis*	
	黏皮鲻虾虎鱼 *Mugilogobius myxodermus*	七丝鲚 *Coilia grayii*	
	鳡 *Luciobrama macrocephalus*	翘嘴鲌 *Culter alburnus*	
		青鱼 *Mylopharyngodon piceus*	
		日本鳗鲡 *Anguilla japonica*	
		蛇鮈 *Saurogobio dabryi*	
		瓦氏黄颡鱼 *Pelteobagrus vachelli*	
		纹唇鱼 *Osteochilus salsburyi*	
		银鲴 *Xenocypris argentea*	
		银鮈 *Squalidus argentatus*	
		鳙 *Aristichthys nobilis*	
		月鳢 *Channa asiatica*	
		长臀鮠 *Cranoglanis bouderius*	
		子陵吻虾虎鱼 *Rhinogobius giurinus*	
右江	暗色唇鲮 *Semilabeo obscurus*	斑鳜 *Siniperca scherzeri*	斑点叉尾鮰 *Ictalurus punctatus*
	瓣结鱼 *Folifer brevifilis*	斑鱯 *Mystus guttatus*	斑纹薄鳅 *Leptobotia zebra*
	秉氏爬岩鳅 *Beaufortia pingi*	斑鳢 *Channa maculata*	棒花鱼 *Abbottina rivularis*
	叉尾斗鱼 *Macropodus opercularis*	鳊 *Parabramis pekinensis*	刺鳅 *Mastacembelus aculeatus*
	唇鲮 *Semilabeo notabilis*	䱗 *Hemiculter leucisculus*	粗唇鮠 *Leiocassis crassilabris*
	单纹似鳡 *Luciocyprinus langsoni*	草鱼 *Ctenopharyngodon idellus*	大鳍鱯 *Mystus macropterus*
	倒刺鲃 *Spinibarbus denticulatus denticulatus*	赤眼鳟 *Squaliobarbus curriculus*	大眼华鳊 *Sinibrama macrops*
	桂华鲮 *Sinilabeo decorus*	唇鲬 *Hemibarbus labeo*	大眼近红鲌 *Ancherythroculter lini*
	海南细齿塘鳢 *Philypnus chalmersi*	大刺鳅 *Mastacembelus armatus*	带半刺光唇鱼 *Acrossocheilus hemispinus cinctus*
	黑鳍鳈 *Sarcocheilichthys nigripinnis*	大眼鳜 *Siniperca kneri*	点纹银鮈 *Squalidus wolterstorffi*
	乐山小鳔鮈 *Microphysogobio kiatingensis*	东方墨头鱼 *Garra orientalis*	革胡子鲇 *Clarias gariepinus*
	日本鳗鲡 *Anguilla japonica*	福建纹胸鮡 *Glyptothorax fukiensis fukiensis*	寡鳞飘鱼 *Pseudolaubuca engraulis*
	三角鲂 *Megalobrama terminalis*	高体鳑鲏 *Rhodeus ocellatus*	广西副鱎 *Paracheilognathus meridianus*
	食蚊鱼 *Gambusia affinis*	光倒刺鲃 *Spinibarbus hollandi*	贵州爬岩鳅 *Beaufortia kweichowensis kweichowensis*
	乌原鲤 *Procypris merus*	海南鲌 *Culter recurviceps*	海南鳅鮀 *Gobiobotia kolleri*
	无眼平鳅 *Oreonectes anophthalmus*	海南华鳊 *Sinibrama melrosei*	红鳍原鲌 *Cultrichthys erythropterus*
	伍氏华鲮 *Sinilabeo wui*	海南似鲚 *Toxabramis houdemeri*	花鲭 *Hemibarbus maculatus*

续表

江河	未见物种	共有物种	新增物种
右江	溪吻虾虎鱼 *Rhinogobius duospilus*	横纹南鳅 *Schistura fasciolata*	黄颡鱼 *Pelteobagrus fulvidraco*
	细鳊 *Rasborinus lineatus*	胡子鲇 *Clarias fuscus*	间鳍 *Hemibarbus medius*
	细尾白甲鱼 *Onychostoma leptura*	花斑副沙鳅 *Parabotia fasciata*	露斯塔野鲮 *Labeo rohita*
	小鳈 *Sarcocheilichthys parvus*	黄鳝 *Monopterus albus*	麦瑞加拉鲮 *Cirrhinus mrigala*
	须鱊 *Acheilognathus barbatus*	鲫 *Carassius auratus*	美丽沙鳅 *Sinibotia pulchra*
	叶结鱼 *Tor zonatus*	卷口鱼 *Ptychidio jordani*	莫桑比克罗非鱼 *Oreochromis mossambicus*
	银似鲚 *Toxabramis argentifer*	宽鳍鱲 *Zacco platypus*	南方鳅鮀 *Gobiobotia meridionalis*
	长鳍光唇鱼 *Acrossocheilus longipinnis*	鲤 *Cyprinus carpio*	尼罗罗非鱼 *Oreochromis niloticus*
	长臀鮠 *Cranoglanis bouderius*	鲢 *Hypophthalmichthys molitrix*	飘鱼 *Pseudolaubuca sinensis*
	珠江卵形白甲鱼 *Onychostoma rhomboides*	鲮 *Cirrhinus molitorella*	翘嘴鲌 *Culter alburnus*
		马口鱼 *Opsariichthys bidens*	沙花鳅 *Cobitis arenae*
		麦穗鱼 *Pseudorasbora parva*	无斑南鳅 *Schistura incerta*
		南方白甲鱼 *Onychostoma gerlachi*	月鳢 *Channa asiatica*
		南方拟鳘 *Pseudohemiculter dispar*	直口鲮 *Rectoris posehensis*
		泥鳅 *Misgurnus anguillicaudatus*	中国少鳞鳜 *Coreoperca whiteheadi*
		鲇 *Silurus asotus*	
		青鱼 *Mylopharyngodon piceus*	
		蛇鮈 *Saurogobio dabryi*	
		四须盘鮈 *Discogobio tetrabarbatus*	
		台细鳊 *Rasborinus formosae*	
		条纹小鲃 *Puntius semifasciolatus*	
		瓦氏黄颡鱼 *Pelteobagrus vachelli*	
		纹唇鱼 *Osteochilus salsburyi*	
		细身光唇鱼 *Acrossocheilus elongatus*	
		银鲴 *Xenocypris argentea*	
		银鮈 *Squalidus argentatus*	
		鳙 *Aristichthys nobilis*	
		越南鱊 *Acheilognathus tonkinensis*	
		中华花鳅 *Cobitis sinensis*	
		壮体沙鳅 *Sinibotia robusta*	
		子陵吻虾虎鱼 *Rhinogobius giurinus*	
左江	瓣结鱼 *Folifer brevifilis*	斑鳜 *Siniperca scherzeri*	白肌银鱼 *Leucosoma chinensis*
	鳊 *Parabramis pekinensis*	斑鳠 *Mystus guttatus*	斑点叉尾鮰 *Ictalurus punctatus*
	赤魟 *Dasyatis akajei*	斑鳢 *Channa maculata*	棒花鱼 *Abbottina rivularis*
	唇鲮 *Semilabeo notabilis*	餐 *Hemiculter leucisculus*	刺鳅 *Mastacembelus aculeatus*

续表

江河	未见物种	共有物种	新增物种
左江	大斑薄鳅 Leptobotia pellegrini	草鱼 Ctenopharyngodon idellus	高体鳑鲏 Rhodeus ocellatus
	大刺鳊 Hemibarbus macracanthus	叉尾斗鱼 Macropodus opercularis	革胡子鲇 Clarias gariepinus
	大眼华鳊 Sinibrama macrops	赤眼鳟 Squaliobarbus curriculus	广西副鱲 Paracheilognathus meridianus
	带半刺光唇鱼 Acrossocheilus hemispinus cinctus	唇鳊 Hemibarbus labeo	海南鲌 Culter recurviceps
	单纹似鳡 Luciocyprinus langsoni	粗唇鮠 Leiocassis crassilabris	黑鳍鳈 Sarcocheilichthys nigripinnis
	福建纹胸鮡 Glyptothorax fukiensis fukiensis	大刺鳅 Mastacembelus armatus	红鳍原鲌 Cultrichthys erythropterus
	鳡 Ochetobius elongatus	大眼鳜 Siniperca kneri	间鳊 Hemibarbus medius
	广西华平鳅 Sinohomaloptera kwangsiensis	大眼近红鲌 Ancherythroculter lini	露斯塔野鲮 Labeo rohita
	桂华鲮 Sinilabeo decorus	大眼卷口鱼 Ptychidio macrops	麦瑞加拉鲮 Cirrhinus mrigala
	海南华鳊 Sinibrama melrosei	倒刺鲃 Spinibarbus denticulatus denticulatus	美丽小条鳅 Traccatichthys pulcher
	海南拟䱗 Pseudohemiculter hainanensis	点纹银鮈 Squalidus wolterstorffi	蒙古鲌 Culter mongolicus mongolicus
	海南鳅鮀 Gobiobotia kolleri	东方墨头鱼 Garra orientalis	莫桑比克罗非鱼 Oreochromis mossambicus
	海南细齿塘鳢 Philypnus chalmersi	光倒刺鲃 Spinibarbus hollandi	尼罗罗非鱼 Oreochromis niloticus
	花棘鳊 Hemibarbus umbrifer	海南似鲬 Toxabramis houdemeri	飘鱼 Pseudolaubuca sinensis
	颊鳞异条鳅 Paranemachilus genilepis	横纹南鳅 Schistura fasciolata	翘嘴鲌 Culter alburnus
	南方波鱼 Rasbora steineri	胡子鲇 Clarias fuscus	太湖新银鱼 Neosalanx taihuensis
	南方鳅鮀 Gobiobotia meridionalis	花斑副沙鳅 Parabotia fasciata	条纹鲮脂鲤 Prochilodus lineatus
	拟平鳅 Liniparhomaloptera disparis	花鳊 Hemibarbus maculatus	圆吻鲴 Distoechodon tumirostris
	拟细鲫 Nicholsicypris normalis	黄颡鱼 Pelteobagrus fulvidraco	
	清徐胡鮈 Huigobio chinssuensis	黄鳝 Monopterus albus	
	食蚊鱼 Gambusia affinis	黄尾鲴 Xenocypris davidi	
	丝鳍吻虾虎鱼 Rhinogobius filamentosus	鲫 Carassius auratus	
	台细鳊 Rasborinus formosae	卷口鱼 Ptychidio jordani	
	乌原鲤 Procypris merus	宽鳍鱲 Zacco platypus	
	伍氏华吸鳅 Sinogastromyzon wui	鲤 Cyprinus carpio	
	西江鲇 Silurus gilberti	鲢 Hypophthalmichthys molitrix	
	细鳊 Rasborinus lineatus	鲮 Cirrhinus molitorella	
	细身光唇鱼 Acrossocheilus elongatus	龙州鲤 Cyprinus longzhouensis	
	叶结鱼 Tor zonatus	马口鱼 Opsariichthys bidens	
	银似鲬 Toxabramis argentifer	麦穗鱼 Pseudorasbora parva	
	圆体爬岩鳅 Beaufortia cyclica	美丽沙鳅 Sinibotia pulchra	
	云南光唇鱼 Acrossocheilus yunnanensis	南方白甲鱼 Onychostoma gerlachi	

续表

江河	未见物种	共有物种	新增物种
左江	长鳍光唇鱼 Acrossocheilus longipinnis	南方拟鳘 Pseudohemiculter dispar	
	长体小鳔鮈 Microphysogobio elongatus	泥鳅 Misgurnus anguillicaudatus	
	中华沙塘鳢 Odontobutis sinensis	鲇 Silurus asotus	
	中华原吸鳅 Protomyzon sinensis	青鱼 Mylopharyngodon piceus	
	珠江卵形白甲鱼 Onychostoma rhomboides	三角鲤 Cyprinus multitaeniata	
		蛇鮈 Saurogobio dabryi	
		四须盘鮈 Discogobio tetrabarbatus	
		条纹小鲃 Puntius semifasciolatus	
		瓦氏黄颡鱼 Pelteobagrus vachelli	
		纹唇鱼 Osteochilus salsburyi	
		细鳞鲴 Xenocypris microlepis	
		银鲴 Xenocypris argentea	
		银鮈 Squalidus argentatus	
		鳙 Aristichthys nobilis	
		月鳢 Channa asiatica	
		越南鲇 Silurus cochinchinensis	
		越南鱊 Acheilognathus tonkinensis	
		长臀鮠 Cranoglanis bouderius	
		直口鲮 Rectoris posehensis	
		中国少鳞鳜 Coreoperca whiteheadi	
		中华花鳅 Cobitis sinensis	
		壮体沙鳅 Sinibotia robusta	
		子陵吻虾虎鱼 Rhinogobius giurinus	

注："未见物种"表示20世纪80年代有记录而本次调查中未发现的种类；"新增物种"表示20世纪80年代没有记录而本次调查中新出现的种类；"共有物种"表示20世纪80年代和本次调查均出现的种类

附表 1　广西境内 10 条江段鱼类遗传多样性数据参数

序号	鱼类名称	江段汇总		左江		右江		郁江		漓江		融江		桂江		红水河		黔江		浔江		柳江	
		π	h	π	h	π	h	π	h	π	h	π	h	π	h	π	h	π	h	π	h	π	h
1	银鲴 Squalidus argentatus	0.0200	0.9000	0.0077	0.4800	0.0088	0.8860	0.0073	0.8170	0.0391	0.9170	0.0046	0.8190	0.0217	0.9230	0.0034	0.7330	0.0101	0.8510	0.0060	0.6810		
2	鳘 Hemiculter leucisculus	0.0095	0.7900	0.0050	0.7910	0.0071	0.8320	0.0057	0.8200	0.0078	0.3490	0.0060	0.3200	0.0184	0.7830					0.0008	0.3780		
3	南方拟鳘 Pseudohemiculter dispar	0.0055	0.9390	0.0052	0.9390	0.0142	0.9420	0.0042	0.9030			0.0048	0.9790	0.0032	1.0000			0.0046	1.0000				
4	鲫 Carassius auratus	0.0113	0.9490	0.0070	0.8210	0.0111	0.8760	0.0134	0.9460					0.0074	0.7890	0.0144	0.9540						
5	鲤 Cyprinus carpio	0.0076	0.8990	0.0070	0.7860	0.0063	0.8150	0.0073	0.8690					0.0071	0.9030	0.0084	0.8750						
6	海南鲌 Culter recurviceps	0.0070	0.7250	0.0004	0.6417	0.0075	0.8266	0.0034	0.9643			0.0056	0.8968	0.0120	0.8417					0.0019	0.9000		
7	飘鱼 Pseudolaubuca sinensis	0.0013	0.6520	0.0009	0.5460	0.0014	0.6760	0.0014	0.6210			0.0020	0.8130										
8	鲮 Cirrhinus molitorella	0.0101	0.9480	0.0097	0.9460	0.0104	0.8950	0.0104	0.9450							0.0084	0.9540						
9	纹唇鱼 Osteochilus salsburyi	0.0009	0.3610	0.0004	0.2420	0.0006	0.4000	0.0010	0.3570							0.0004	0.2480	0.0009	0.3900	0.0005	0.3090		
10	大刺鳅 Mastacembelus armatus	0.0059	0.7610	0.0070	0.8620	0.0063	0.5860	0.0063	0.4810					0.0044	0.4420								
11	黄颡鱼 Pelteobagrus fulvidraco	0.0054	0.9440	0.0073	1.0000	0.0039	0.9410	0.0114	0.9840					0.0024	0.8680								
12	草鱼 Ctenopharyngodon idellus	0.0057	0.6040	0.0042	0.6180	0.0039	0.5300	0.0070	0.7940					0.0049	0.6840	0.0040	0.5440					0.0039	0.5750

续表

序号	鱼类名称	江段汇总 π	江段汇总 h	东江 π	东江 h	右江 π	右江 h	郁江 π	郁江 h	漓江 π	漓江 h	融江 π	融江 h	桂江 π	桂江 h	红水河 π	红水河 h	黔江 π	黔江 h	浔江 π	浔江 h	柳江 π	柳江 h
13	鮎 Silurus asotus	0.0482	0.8900	0.0474	0.9030	0.0591	0.8940	0.0451	0.8110					0.0406	0.8890	0.0305	0.9060					0.0210	0.7130
14	大眼鳜 Siniperca kneri	0.0047	0.8580	0.0030	0.5800	0.0047	0.8520	0.0045	0.9230							0.0045	0.8100					0.0048	0.7940
15	粗唇鮠 Leiocassis crassilabris	0.0018	0.4560	0.0007	0.5630	0.0002	0.1310	0.0019	0.2530														
16	蛇鮈 Saurogobio dabryi	0.0101	0.7100	0.0011	0.7230	0.0122	0.7590	0.0006	0.5000														
17	东方墨头鱼 Garra orientalis	0.0082	0.8690	0.0161	1.0000	0.0080	0.8600	0.0059	0.7430													0.0095	0.9710
18	卷口鱼 Ptychidio jordani	0.0095	0.8300	0.0347	0.8570	0.0049	0.7620	0.0024	0.7890														
19	泥鳅 Misgurnus anguillicaudatus	0.0094	0.8120	0.0093	0.8200	0.0096	0.6670																
20	子陵吻虾虎鱼 Rhinogobius giurinus	0.0388	0.9930	0.0338	0.9900	0.0352	1.0000			0.0450	0.9840	0.0500	1.0000			0.0351	1.0000						
21	斑鳢 Channa maculata	0.0045	0.6250	0.0051	0.4000	0.0028	0.4525			0.0007	0.5710	0.0011	0.6890	0.0035	0.6560	0.0039	0.7170						
22	横纹南鳅 Schistura fasciolata	0.0252	0.9110	0.0216	0.8570	0.0094	0.9230									0.0257	0.9270						
23	壮体沙鳅 Sinibotia robusta	0.0108	0.9960	0.0115	1.0000	0.0097	0.9890			0.0107	0.9740							0.0105	1.0000				
24	越南鱲 Acheilognathus tonkinensis	0.0112	0.7800	0.0079	0.4950	0.0143	0.7630			0.0080	0.8740												
25	美丽沙鳅 Sinibotia pulchra	0.0152	0.9890	0.0237	1.0000	0.0154	0.9810											0.0031	1.0000				

续表

序号	鱼类名称	江段汇总		左江		右江		郁江		漓江		融江		桂江		红水河		黔江		浔江		柳江	
		π	h	π	h	π	h	π	h	π	h	π	h	π	h	π	h	π	h	π	h	π	h
26	花斑副沙鳅 Parabotia fasciata	0.0064	0.8560	0.0065	0.5620													0.0055	0.9240				
27	中国少鳞鳜 Coreoperca whiteheadi	0.0015	0.6670	0.0015	0.6670							0.0015	0.6670										
28	黄尾鲴 Xenocypris davidi	0.0076	0.9090	0.0090	1.0000							0.0019	0.8000										
29	美丽小条鳅 Traccatichthys pulcher	0.0037	0.6240	0.0059	0.6570					0.0008	0.6000					0.0011	0.7000						
30	海南似鱎 Toxabramis houdemeri	0.0018	0.8620	0.0022	0.8840			0.0019	0.8730											0.0014	0.8090		
31	条纹小鲃 Puntius semifasciolatus	0.0073	0.8750	0.0159	1.0000					0.0098	0.9620					0.0021	0.3140			0.0075	0.8330		
32	麦穗鱼 Pseudorasbora parva	0.0026	0.6380							0.0020	0.5110	0.0029	0.6990					0.0014	0.2860				
33	黑鳍鳈 Sarcocheilichthys nigripinnis	0.0139	0.7800							0.0139	0.7800												
34	胡子鲇 Clarias fuscus	0.0035	0.9090			0.0019	0.7640	0.0040	0.9140											0.0037	0.9780		
35	鳙 Aristichthys nobilis	0.0175	0.8850			0.0216	0.8680	0.0032	0.8920					0.0061	0.8930	0.0045	0.8890						
36	鲢 Hypophthalmichthys molitrix	0.0514	0.9490			0.0302	0.9620	0.0328	0.9050					0.0814	0.9330								
37	大眼近红鲌 Ancherythroculter lini	0.0026	0.9890			0.0028	0.9757					0.0024	0.9739										
38	中华花鳅 Cobitis sinensis	0.0420	0.9120			0.0034	0.7720			0.0019	0.8330			0.0489	0.9420								

续表

序号	鱼类名称	江段汇总		左江		右江		郁江		澜江		融江		桂江		红水河		黔江		浔江		柳江	
		π	h	π	h	π	h	π	h	π	h	π	h	π	h	π	h	π	h	π	h	π	h
39	棒花鱼 *Abbottina rivularis*	0.0035	0.7760			0.0045	1.0000			0.0008	0.6670												
40	大眼华鳊 *Sinibrama macrops*	0.0067	0.6800					0.0073	0.7443			0.0039	0.5865	0.0042	0.7267								
41	赤眼鳟 *Squaliobarbus curriculus*	0.0080	0.9710					0.0082	0.9660							0.0073	0.9790						
42	唇䱻 *Hemibarbus labeo*	0.0207	0.7660							0.0207	0.7660												
43	圆吻鲴 *Distoechodon tumirostris*	0.0026	0.6210							0.0023	0.6920	0.0034	0.9000	0.0007	0.4050			0.0024	0.5610				
44	月鳢 *Channa asiatica*	0.0072	0.9620							0.0028	1.0000	0.0082	0.9520	0.0069	0.8330								
45	高体鳑鲏 *Rhodeus ocellatus*	0.0042	0.6430															0.0042	0.6430				
46	刺鳅 *Mastacembelus aculeatus*	0.0012	0.6870							0.0012	0.6870												
47	中华沙塘鳢 *Odontobutis sinensis*	0.0054	0.9260							0.0054	0.9260												
48	南方白甲鱼 *Onychostoma gerlachi*	0.0022	0.8000									0.0030	1.0000					0.0010	0.6670				
49	青鱼 *Mylopharyngodon piceus*	0.0096	0.9480													0.0073	0.9240					0.0161	1.0000

注：π 表示核苷酸多样性；h 表示单倍型多样性

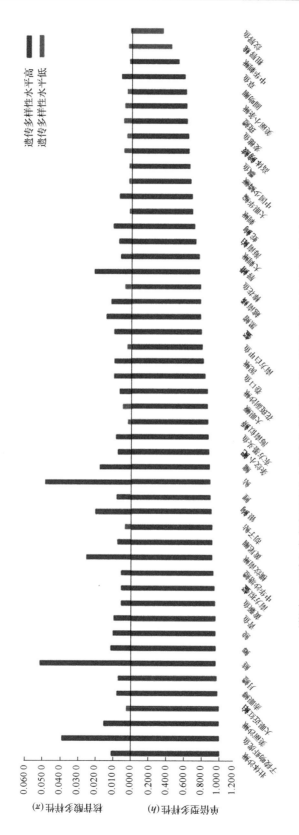

附图1　49种鱼类在广西境内水域遗传多样性参数一览图(彩图请扫书封底二维码)